U0172963

江苏·
优秀建筑设计选编
2020

SELECTION OF EXCELLENT ARCHITECTURAL DESIGN,
JIANGSU PROVINCE. 2020

江苏省住房和城乡建设厅　主编

中国建筑工业出版社

图书在版编目（CIP）数据

江苏·优秀建筑设计选编 . 2020 = SELECTION OF EXCELLENT ARCHITECTURAL DESIGN, JIANGSU PROVINCE. 2020 / 江苏省住房和城乡建设厅主编 . —北京：中国建筑工业出版社，2022.3

ISBN 978-7-112-27195-5

Ⅰ . ①江…　Ⅱ . ①江…　Ⅲ . ①建筑设计—作品集—江苏—现代　Ⅳ . ①TU206

中国版本图书馆 CIP 数据核字（2022）第 040781 号

责任编辑：宋　凯　张智芊
责任校对：芦欣甜　王　烨

江苏·优秀建筑设计选编 2020

SELECTION OF EXCELLENT ARCHITECTURAL DESIGN, JIANGSU PROVINCE. 2020

江苏省住房和城乡建设厅　主编

*

中国建筑工业出版社出版、发行（北京海淀三里河路 9 号）

各地新华书店、建筑书店经销

华之逸品书装设计制版

北京富诚彩色印刷有限公司印刷

*

开本：965 毫米 × 1270 毫米　1/16　印张：22　字数：767 千字

2022 年 6 月第一版　2022 年 6 月第一次印刷

定价：**180.00** 元

ISBN 978-7-112-27195-5

（39006）

江苏·优秀建筑设计选编2020　编委会

序 Preface

“当我们想起任何一种重要文明的时候，我们有一种习惯，就是用伟大的建筑来代表它。”伟大的新时代呼唤着伟大的建筑，推动时代建筑精品的塑造，不仅是时代赋予当代建筑师的使命和担当，也是我们建筑师的初心和责任。

江苏，是中华文明的发祥地之一，拥有悠久的历史和灿烂的文化。今天的江苏，至今保有大量优秀的历史建筑遗存和名人名作，是历史文化名城最多的省份。我曾经用“吴风楚韵、历久弥新；意蕴深绵、华夏中枢”来概括江苏建筑文化积淀丰厚并充满当代活力，在中国有其突出的地位。在这样深厚的文化本底上进行设计与建设，需要有更深的文化理解和更高的设计追求。

近年来，江苏围绕城乡空间品质提升和建筑文化开展了多元化探索，既有“建筑文化特质及提升策略”“传统建筑营造技艺调查”等丰厚的学术调查研究成果，又有政府政策机制层面推动行业人才、时代精品以及鼓励行业创新创优多元化平台的丰富实践。2011 年发布“江苏共识”提出创造时代建筑精品，2014 年起每年举办“紫金奖·建筑及环境设计大赛”，2019年创新举办“江苏·建筑文化讲堂”，在适应城乡巨变的同时致力于推动丰富多彩、与时俱进的建筑设计和建筑文化发展，在全省乃至全国都获得了良好反响和认可。

新时代、新要求、新期望，建筑师们结合对社会、对时代、对城市的思考和探索，在江苏大地上创作了一批适应社会需求、体现时代精神、具有地域文化特色的精品建筑，不仅为城市经济社会建设的飞跃发展和人居环境改善提供了有力的支持，也是城市时代变迁中的新面貌、新形象、新精神的生动写照。《江苏·优秀建筑设计选编2020》收录了全省 2020年度优秀建筑设计获奖作品，以图文并茂的形式呈现，让读者在翻阅中直观感受精品建筑魅力，体会先进设计理念，感悟优秀建筑文化。

在国家新型城镇化发展的大背景下，在举国上下重新关注、热议和探讨建筑价值的今天，建筑师群体面临着前所未有的历史机遇和挑战。站在两个一百年的历史交汇点上，本书既是一次精品梳理品读的总结思索，更是今后一段时间如何以高品质设计引领高质量建设的思想启迪。希望通过本书，让广大设计师和更多热爱建筑创作的人领略到精品建筑的独有风采，推动更多的创作创新创优，引导产生更多“留得下”“记得住”“可传世”的时代建筑佳作！

中国工程院院士
东南大学教授

前言 Foreword

习近平总书记指出，“建筑是富有生命的东西，是凝固的诗、立体的画、贴地的音符，是一座城市的生动面孔，也是人们的共同记忆和身份凭据”。今天，中国已经迈入注重文化内涵和空间品质的新时代。中央提出“创新、协调、绿色、开放、共享”的五大发展理念和“适用、经济、绿色、美观”的新时期建筑方针，设计作为高质量建设的前提和基础，持续推动建筑设计立足本土、创新创优，有序引导设计提升空间体验、传承历史文脉、打造宜居家园，是建设高品质人居环境的必然选择。江苏拥有悠久的城市建设史和丰厚的文化积淀，作为中国城镇化发展较快的地区之一，江苏顺应时代需求，注重引导行业发展，致力于以一流设计引领一流建设。自2000年以来，江苏通过每年开展全省城乡建设系统优秀勘察设计评选，强化优秀设计的展示和交流，鼓励和引导设计师创新创优，繁荣设计创作，提升设计水平，创建精品工程。

本书为2020年江苏省城乡建设系统优秀设计作品选编，涵盖公共建筑、城镇住宅和住宅小区、村镇建筑、地下建筑与人防工程、装配式建筑类别，针对设计理念、设计难点、方案特色等内容进行解读。建筑设计的传承与创新是永恒的课题，是设计师的历史责任，本书希望通过对优秀作品的选编，引导业内外人士对新时代建筑创作的广泛关注和深入思考。希望为引导设计创作提供参考，不断繁荣建筑创作，推动设计创新创优，以优秀设计引领建设方向。希望设计并建造出更多体现地域特征、具有时代精神的新时代建筑精品，让今天的建设成为明天的文化景观。

目录 Contents

一等奖作品

公共建筑

城镇住宅和住宅小区

村镇建筑

二等奖作品

公共建筑

目录 Contents

城镇住宅和住宅小区

村镇建筑

一等奖作品

江苏·优秀建筑设计作品
2020

杜克教育培训中心（一期）3号培育楼

项目类型：公共建筑
设计单位：中衡设计集团股份有限公司
建设地点：江苏省昆山市祖冲之路东侧、杜克大道北侧
用地面积：147030m^2
建筑面积：17807.86m^2
设计时间：2017.05—2017.08
竣工时间：2019.06
获奖信息：一等奖
设计团队：陆学君 高 黎 赵海峰 高笑平 徐轶群 仇亚军 谈丽华 陈 勇 薛学斌 陈绍军 丁 炯 冯 卫 韩愚拙 傅卫东 张 磊

设计简介

培育楼位于江苏省昆山杜克大学校区内，处于校区的南侧，可从城市道路水景大道经过校区南门进入，是一栋集教学、实验、办公为一体的多功能教学类建筑。培育楼延续了昆山杜克大学建筑单体的设计风格，建筑立面以石材、铝板、玻璃幕墙为主，通过体块的错落组合出了光影丰富、虚实变幻的造型效果。在环保节能和特殊工艺要求方面，通过了专门的声学设计，绿色建筑设计，专业幕墙深化设计。建筑周围精心设计了临湖平台、活动场地和绿植小品，在建设建筑单体的同时也为整个校区的空间景观增加了新的亮点。

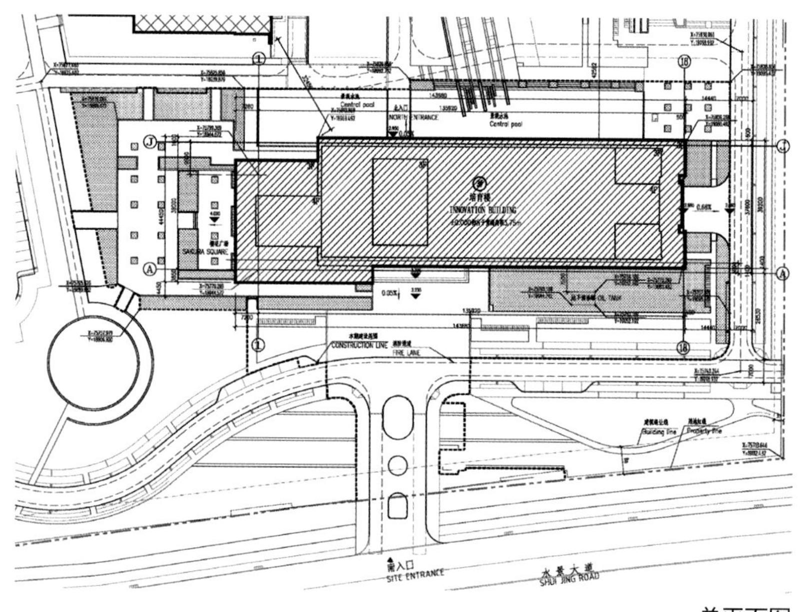

总平面图

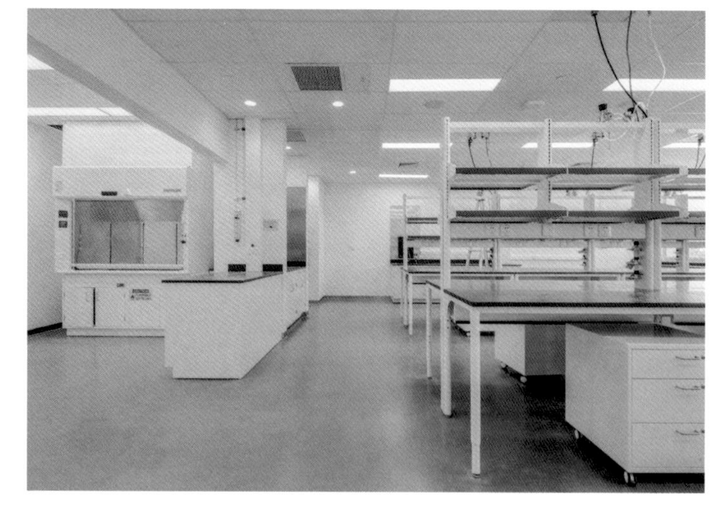

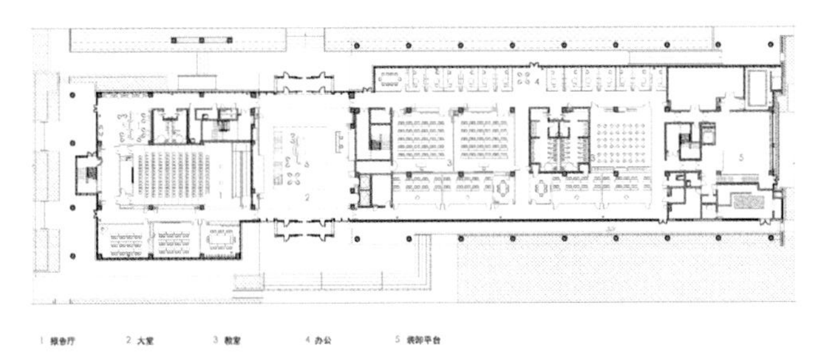

总平面图

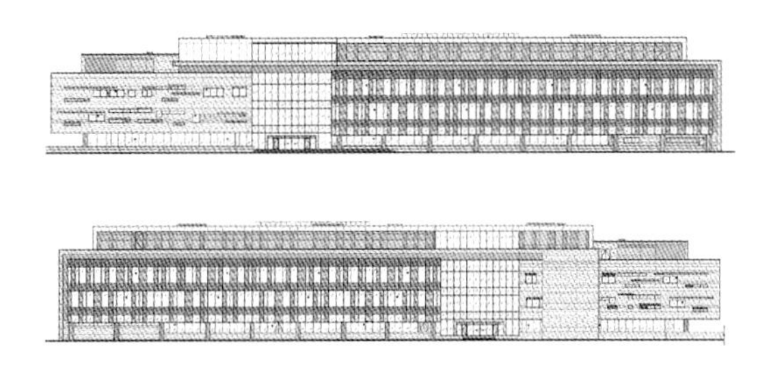

轴立面图

徐州回龙窝历史街区游客服务中心

项目类型： 公共建筑
设计单位： 中衡设计集团股份有限公司
建设地点： 徐州市建国东路以北，解放路以西，彭城路以东
用地面积： 1920.99m^2
建筑面积： 1167.15m^2
设计时间： 2015.03—2015.07
竣工时间： 2017.07
获奖信息： 一等奖
设计团队： 冯正功　蓝　峰　张　谨　张国良　陈蝶蝶
王志洪　宋纪青　许　理　张延成　陈　露
刘　晶　李国祥　刘亚原　潘霄峰　丁　炯

设计简介

本建筑位于城市道路的十字交叉口，地处整个历史街区的相对独立位置，通过现代的简约窗口造型，来协调和延续历史街区与周边环境的关系，隐喻着历史与现代的关系。

主体建筑的上部窗口造型采用灰色干挂石材幕墙，像是深灰色的巨大石块，与历史街区的清水灰砖墙面呼应，下部直接用回收的青石砌面和现代的玻璃幕墙，结合斜至二层平台的大草坡，衔接历史与现代。

地下城墙上方则采用通透的玻璃幕墙保护，同时玻璃幕墙作为玻璃城墙又是地下城墙的地上补充体现，与东侧快哉亭的地上复建城墙实现现代与传统的呼应，与南侧的巨大石块形成虚实的呼应。

一层地面有连廊跨过下沉庭院通至“玻璃城墙”，通过斜向坡道缓缓路过脚下的古老城墙上至二层，在路过的过程中能够隐约看到东侧马路对面的复建城墙，游客由连廊跨过下沉庭院上空回到石块内部，在石块内部的二层平台回望整个历史街区，回味历史与现代的不同感觉。

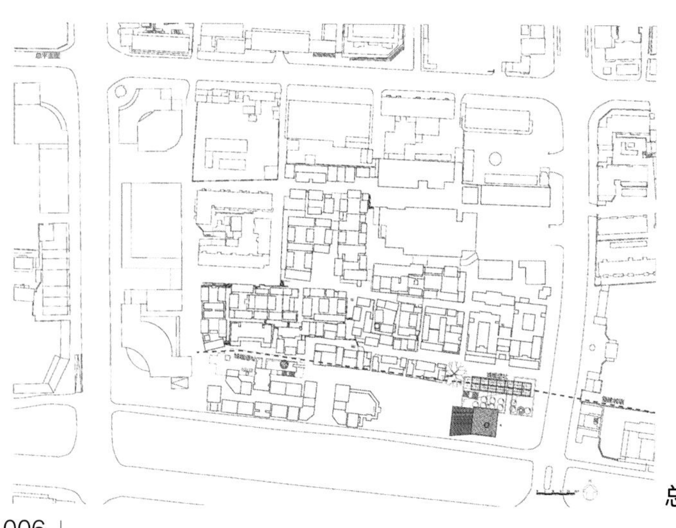
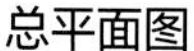

总平面图

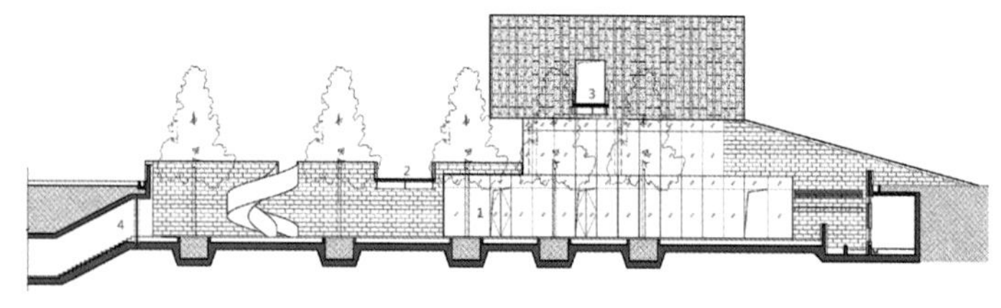

1-1 剖面图

东立面图

2-2 剖面图

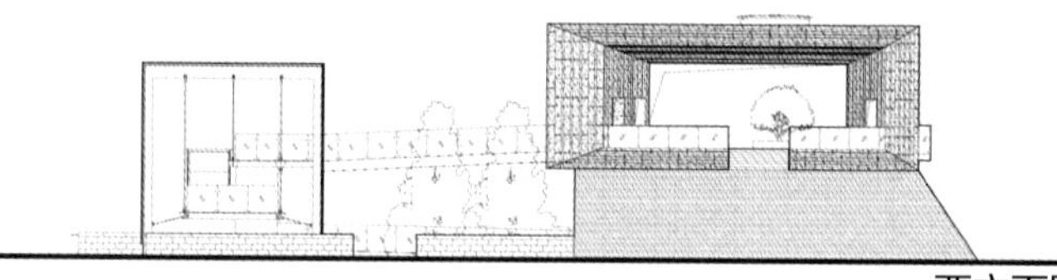

西立面图

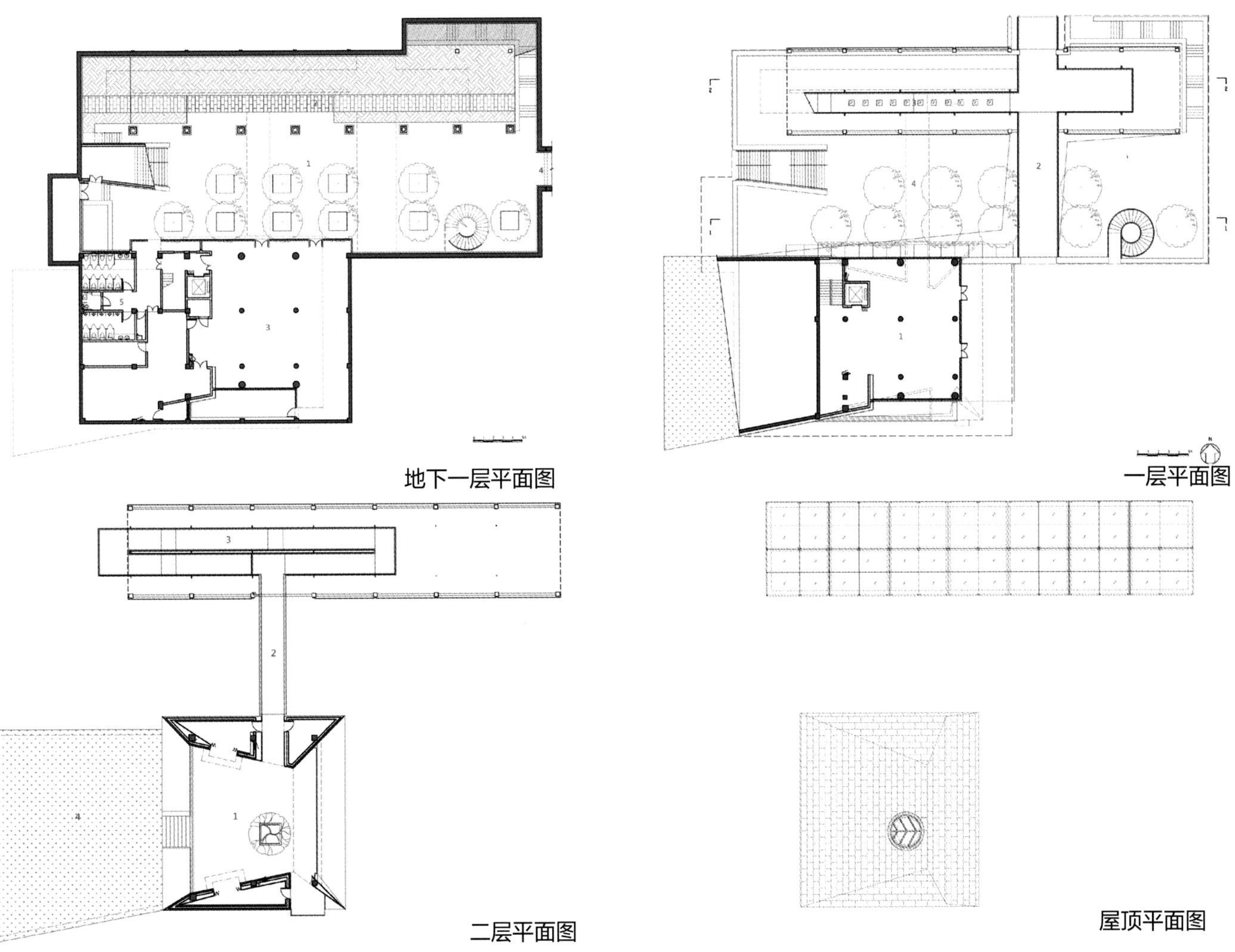

地下一层平面图

一层平面图

二层平面图

屋顶平面图

宿迁市宿城区文化体育中心

项目类型：公共建筑
设计单位：中衡设计集团股份有限公司
建设地点：宿城新区微山湖路
用地面积：56206.6m^2
建筑面积：79439m^2
设计时间：2014.04—2015.05
竣工时间：2019.06
获奖信息：一等奖
设计团队：平家华　张　谨　沈维健　路江龙
程　琛　杨律磊　杨昭珲　章　勇
曹　宇　顾圣鹏　沈晓明　王　祥
李　军　廖健敏　常　瀚

设计简介

方案从城市需求出发，致力于在高密度、高活性的周边环境中打造出城市的绿色呼吸空间，赋予该项目开放而多样的场所感，将休闲型、消费型、运动型场所空间融为一体。

项目空间布局、建筑设计、景观环境设计均对原有自然生态环境的保护与利用做出积极响应。设计利用基地周边水体，打造宜人舒适的生态公共环境。建筑布局、景观环境设计遵循基地原有生态肌理，尽可能实现人工与自然的融合。整个地块通过南北景观轴线连接场地南北两侧的城市景观区和滨河景观区，与东西两侧的体育广场公园相辅相成，形成了系统性景观底图。

方案借助坡道、空中连廊等竖向交通空间衔接，形成“漫步连廊”，该系统连接园区的各类功能，形成与滨水漫步系统交融的立体漫步系统，塑造“漫”生活的健康型、便于交流和交往的新型科技园区，构建多层次、立体化的步行交通网络，组织核心功能与服务功能的人流活动，创造丰富且极具趣味的步行空间体验。同时，尽可能将最原生态的自然元素引入室内外的景观配置设计中，通过体块中间的景观平台，让场地周围的景观融入建筑中。

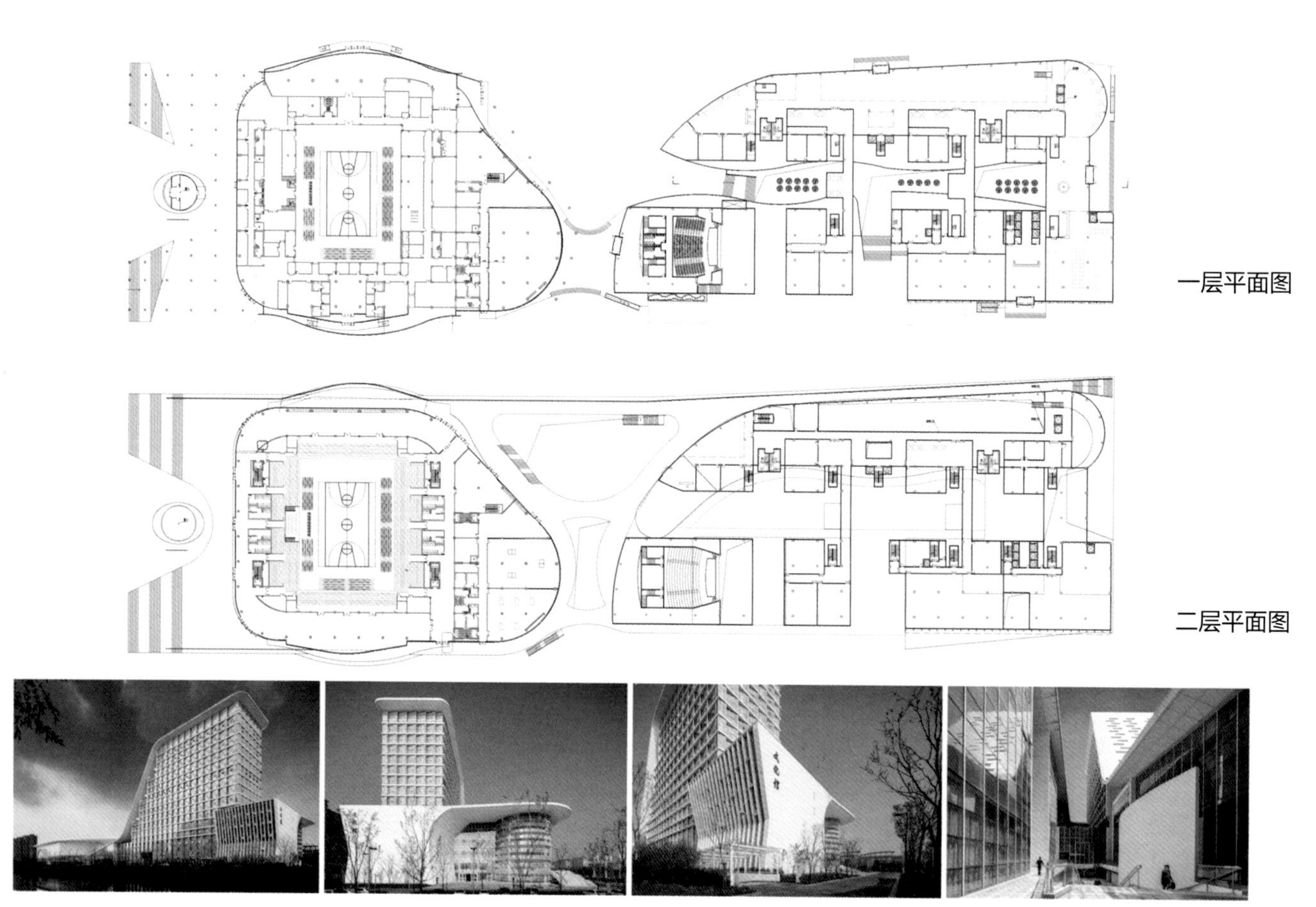

一层平面图

二层平面图

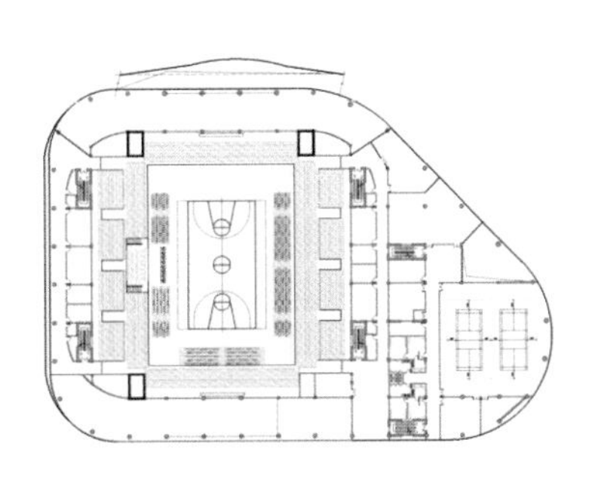

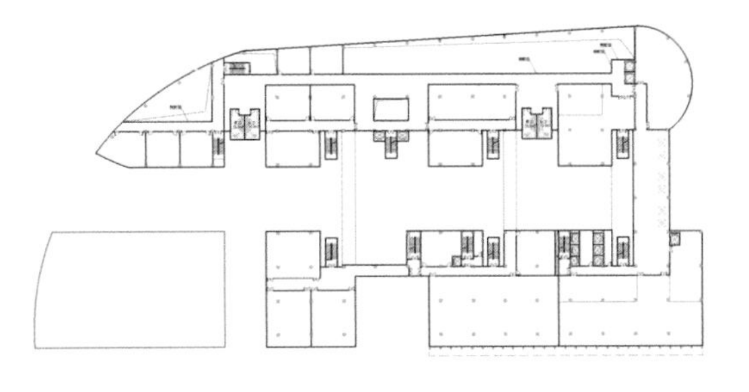

三层平面图

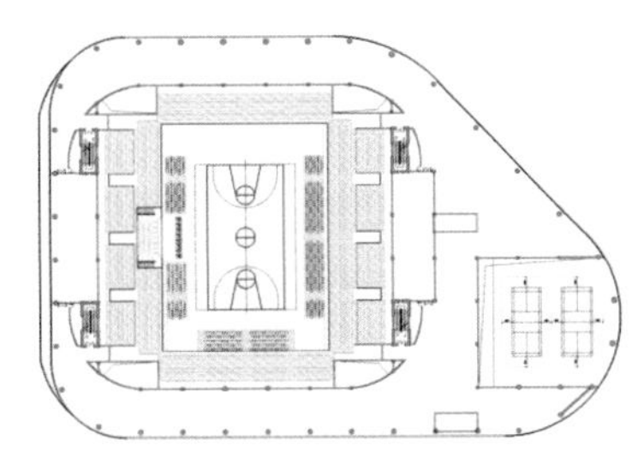

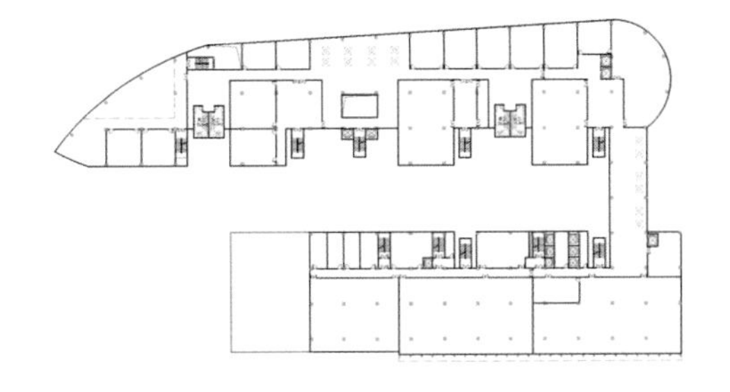

四层平面图

第十届江苏省园艺博览会（扬州仪征）博览园建设项目——主展馆项目

项目类型： 公共建筑
设计单位： 东南大学建筑设计研究院有限公司
南京工业大学建筑设计研究院（合作）
建设地点： 扬州仪征
用地面积： 32748m^2
建筑面积： 14281m^2
设计时间： 2017.02—2018.08
竣工时间： 2020.08
获奖信息： 一等奖
设计团队： 王建国　葛　明　徐　静　朱　雷　韩重庆
李　亮　许　轶　赵晋伟　王　玲　章敏婕
王志东　丁惠明　陆伟东　程小武　孙小弯

设计简介

第十届江苏省园博园选址于扬州枣林湾，主展馆坐落于博览园入口展示区，是园区内地标建筑。主展馆选取扬州当地山水建筑和园林特色的文化意象，以“别开林壑”之势表现扬州园林大开大合之美——南入口以高耸的凤凰阁展厅开门见山，与科技展厅相连的桥屋下设溪流叠石，并延续至北侧汇成水面，形成内外山水相贯之景。

主展厅建筑部分采用现代木结构技术。主要木构件均由工厂加工生产、现场装配建造，绿色建造不仅符合节能环保要求，而且还有效提升了施工效率，解决了工期紧张的问题，对绿色设计和可持续发展起到积极示范作用。由于展馆在博览会后将被改造为精品酒店，所以设计同时考虑兼顾了后续利用的合理性。展厅从入口的集中空间到北侧转变为三个精致合院，游人的观赏序列随层层跌落的水面依次展开。展厅与林壑交织的洄游式路径使得建筑与景观、室内与室外充分融合。

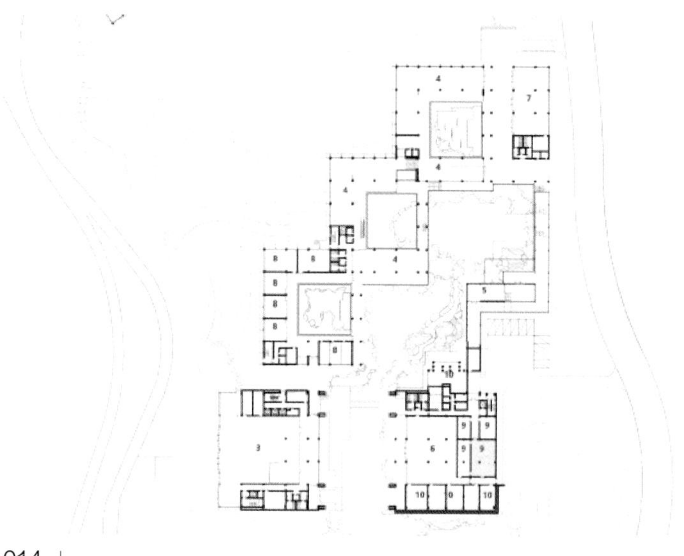

总平面图

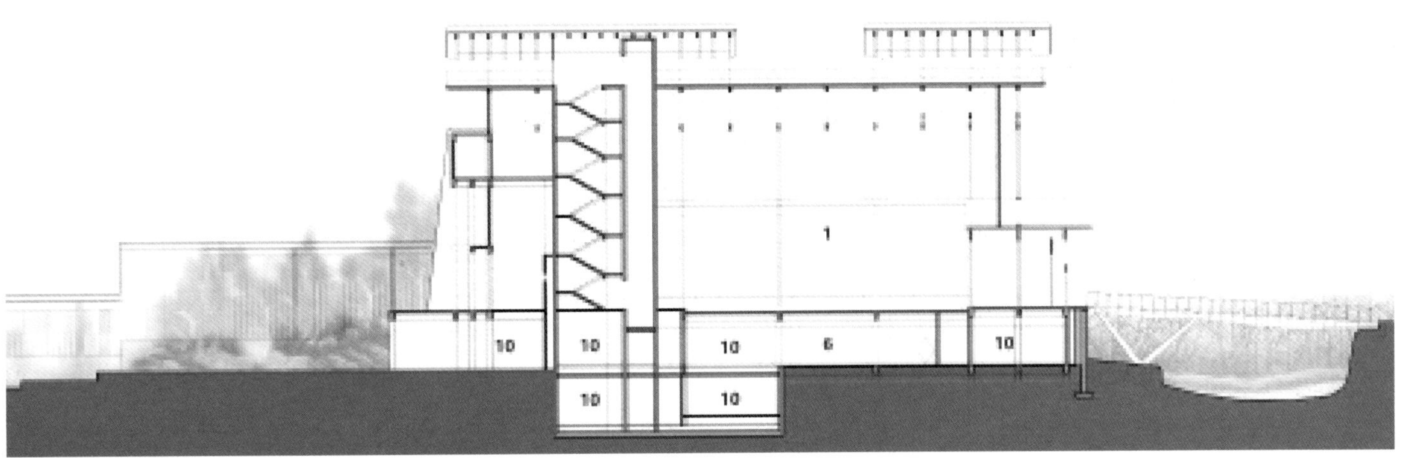

A-A 剖面图

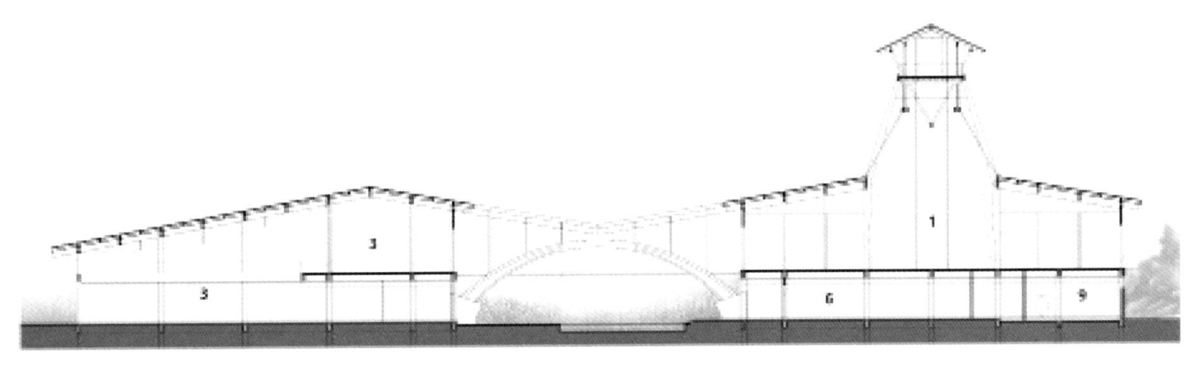

B-B 剖面图

启迪数字科技城（句容）科技园B地块展示中心

项目类型：公共建筑
设计单位：启迪设计集团股份有限公司
建设地点：江苏句容
用地面积：123437.16m²
建筑面积：4461.4m²
设计时间：2017.09—2018.02
竣工时间：2019.01
获奖信息：一等奖
设计团队：查金荣　严怀达　王　莺　汤一凡　苏　涛
张筠之　张智俊　张海纯　杜晓军　赵宏康
戴雅萍　仇志斌　石志敏　高展斌　张　文

设计简介

建筑作为环境形态构成的重要因素，承载着传承文化的使命。展示中心立意突出清华文化，严谨而富有内涵。结合清华科技园与启迪文化，提出“TUS-ICON”的设计理念构思。

通过对启迪企业特质和文化的提炼，以及建筑形体的演绎来诠释启迪项目控股从“三螺旋模式”到“集群式创新”的理论实践。设计将“TUS-ICON”的概念与三螺旋模式相结合，形成灵动的三片叶子。建筑整体造型由三片立体旋转上升的叶子及中间的裙体组合而成。叶片从中心点发散，通过变量长度、弧度及角度的变化控制形成底部及顶部叶子平面，同时添加控制点重构曲面，增加起伏关系，给予造型动态感。上下两组叶子可通过与中心点的距离与角度调控位置，并连接形成立面，同时添加了曲面关键控制点柔化造型。中间裙体在圆台体上增加控制曲线，形成轻盈的建筑形态。

总平面图

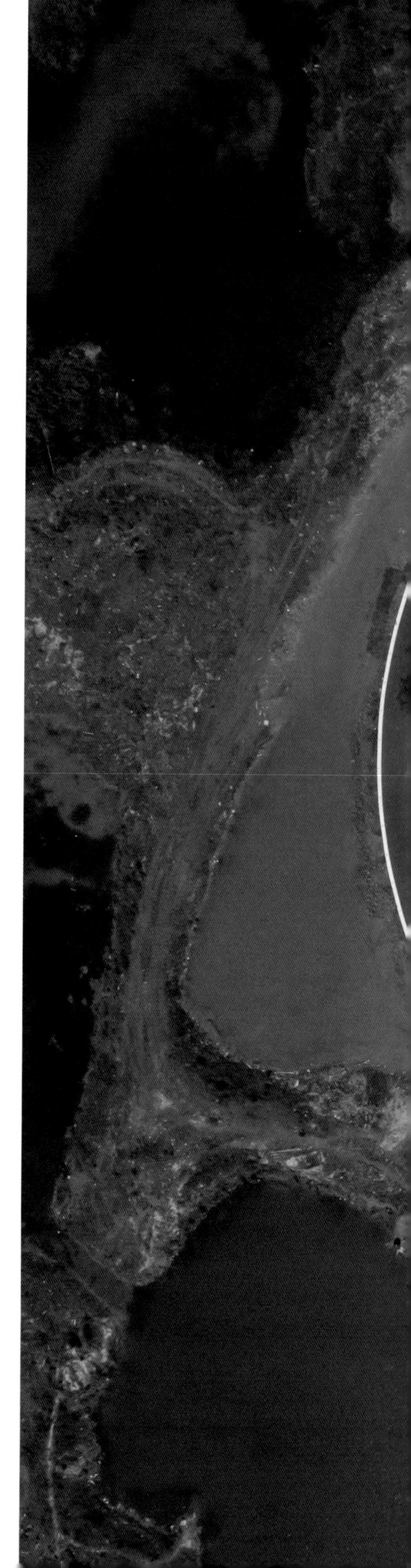

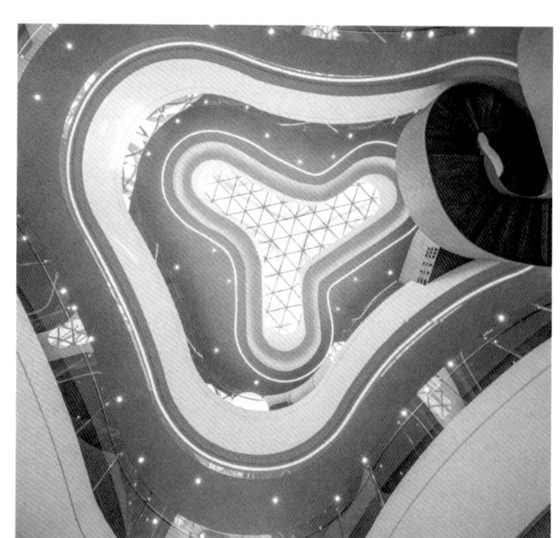

一层平面图

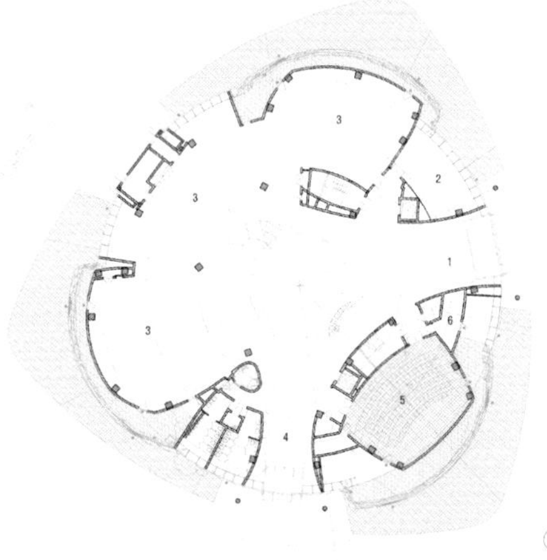

二层平面图

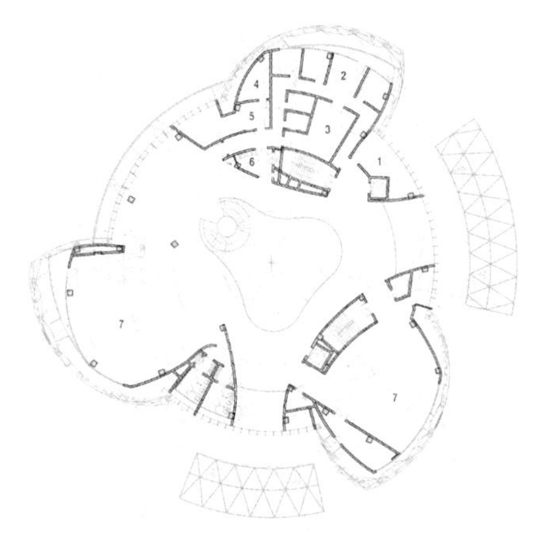

立面图

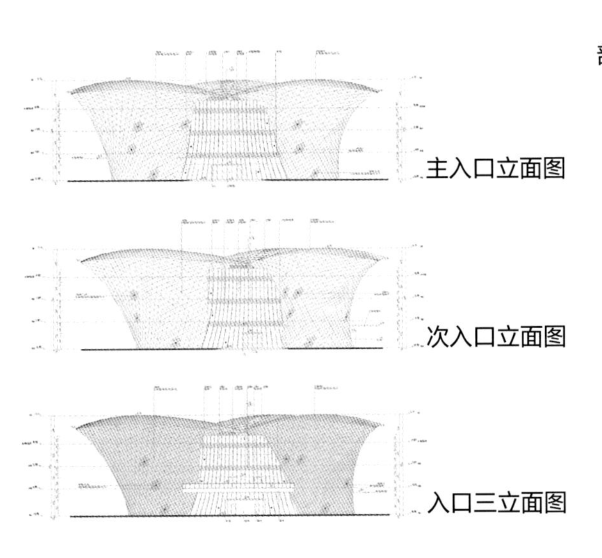

主入口立面图

次入口立面图

入口三立面图

剖面图

1-1 剖面图

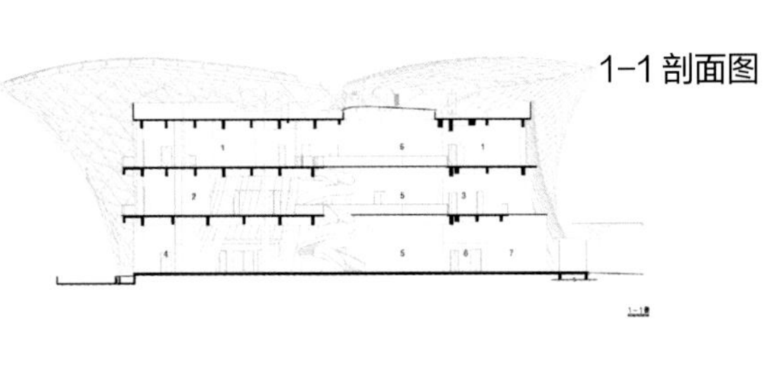

2-2 剖面图

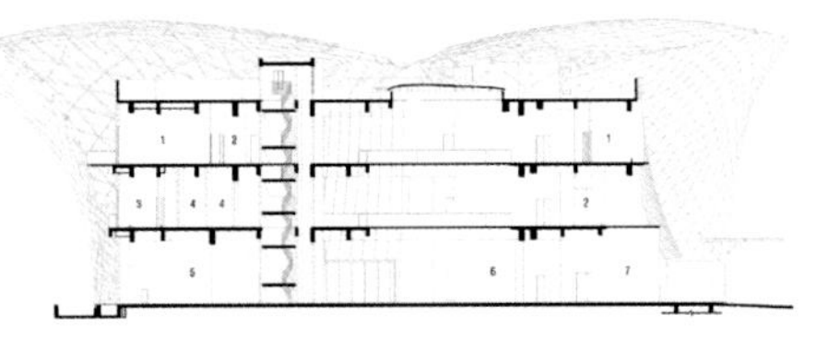

南京大学新建仙林校区新闻传播学院楼项目

项目类型：公共建筑
设计单位：南京大学建筑规划设计研究院有限公司
南京张雷建筑设计事务所有限公司（合作）
建设地点：南京市栖霞区南京大学仙林校区内
用地面积：147030m²
建筑面积：17807.86m²
设计时间：2015.06—2016.11
竣工时间：2018.09
获奖信息：一等奖
设计团队：张　雷　戚　威　张　芽　孙建国　蔡华明
董　婧　龚　桓　张英龙　费小娟　刘　婷
王连林　朱榴燕　高跃进　于　剑　蔡振华

设计简介

本方案位于南京大学仙林校区文科组团45地块，南侧为历史学院教学楼，北侧为山体保护区域的自然坡地，景观条件优越。方案尊重前期南京大学仙林校区总体规划的基调，强化公共性和多元性，延续了校园公共空间和景观系统，在和周边地块空间形态有机协调的基础上，形成了区域标志性场所，在校园空间上凸显了新闻传播学院对于整个校区的重要性。

建筑主体通过环形协调道路、周边地块建筑、自然景观的脉络关系，又同整个文科组团保持差异性，和而不同。建筑精致的表皮延续了组团的红、灰基调，细部更加纯净现代，配合建筑形态的变化、底层玻璃幕墙挑空处理，凸显学院的活力与个性。

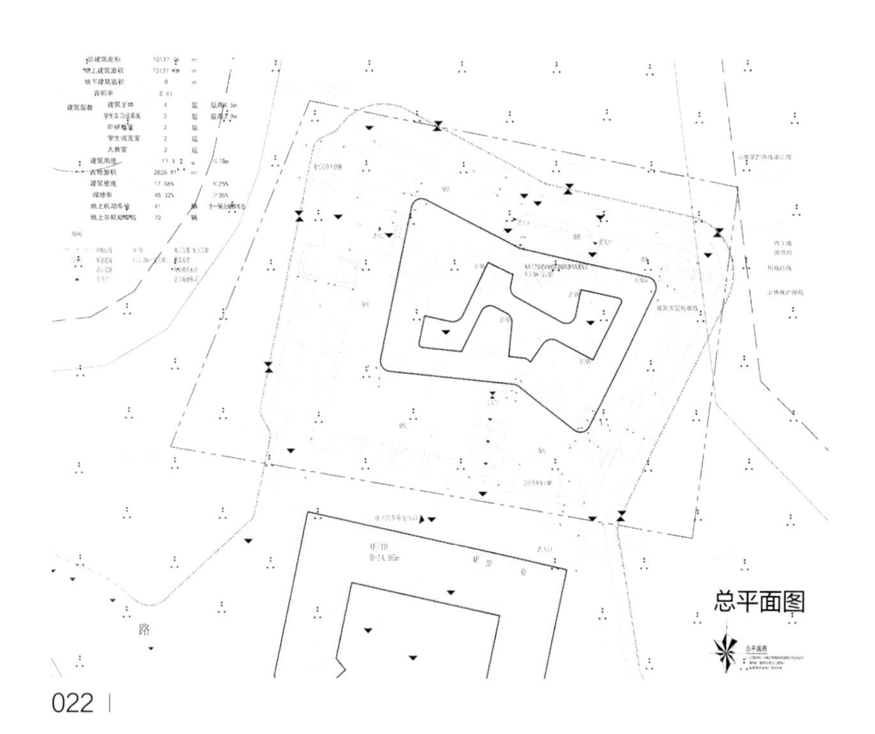

总平面图

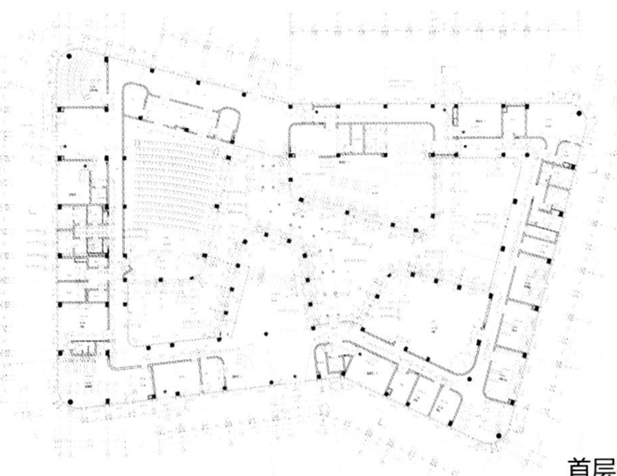

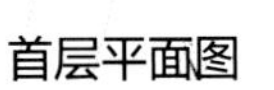

首层平面图

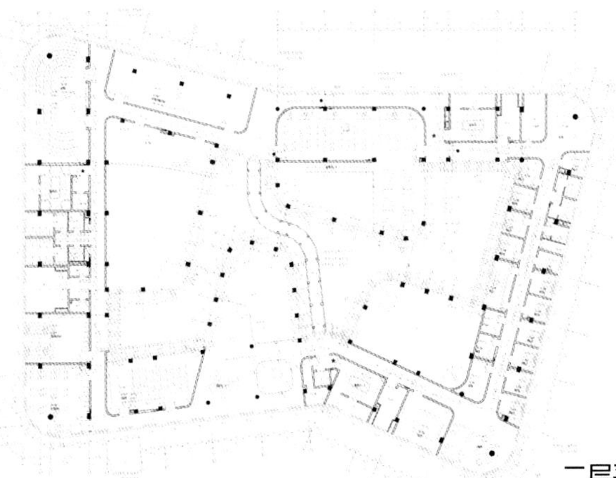

二层平面图

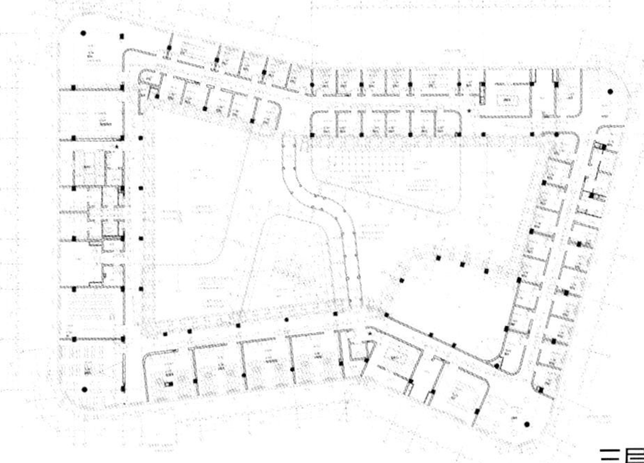

三层平面图

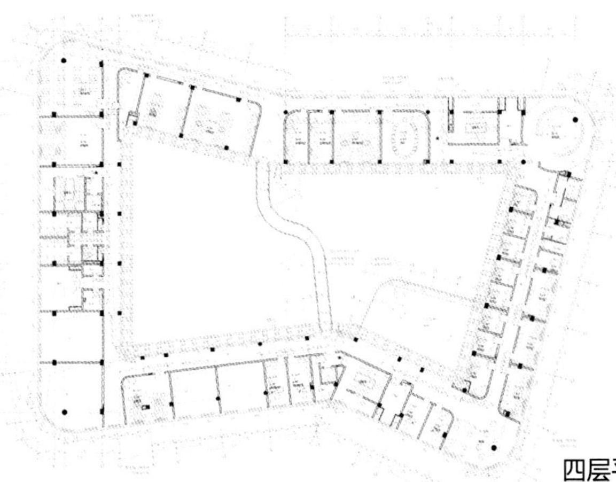

四层平面图

软件谷学校
——南京外国语学校雨花国际学校

项目类型： 公共建筑
设计单位： 东南大学建筑设计研究院有限公司
建设地点： 南京市雨花台区铁心桥街道宁双路88号
用地面积： 50928.83m^2
建筑面积： 86852.22m^2
设计时间： 2016.06—2017.06
竣工时间： 2019.06
获奖信息： 一等奖
设计团队： 谭　亮　高　崧　孙　菲　邹　康　薛丰丰
张　翀　袁　杰　周陈凯　赵晋伟　徐　疾
凌　洁　张　磊　周　泉　刘洁莹　黄　梅

设计简介

软件谷学校基于城市形态和校园建筑类型两方面的研究，在布局、空间和使用等方面探索了城市与校园整合创新的设计策略。首先，设计采用中廊式教学单元，南边普通教室与北边辅助教室相结合的方式大大提高了空间的利用效率；其次，通过院落式的空间布局提高东西向空间的利用效率，加强教学单元之间的交通联系，营造传统“书院”的人文氛围；最后，采用纵向空间的利用效率扩充室外公共活动空间，营造丰富多样的校园环境。

从城市和周边环境来看，由于校园建筑以院落空间作为内部组织模式，使建筑外轮廓得以舒畅延展，形成连续、富于韵律的城市界面。此外，从功能使用的角度看，围合式的院落布局灵活划分了各年龄组团的分合关系，既相对独立，又彼此联系。校园内南北贯通的多处庭院极大丰富了室外公共活动的场地，成为师生们乐于前往的交流活动空间，营造现代教育建筑良好的环境氛围。

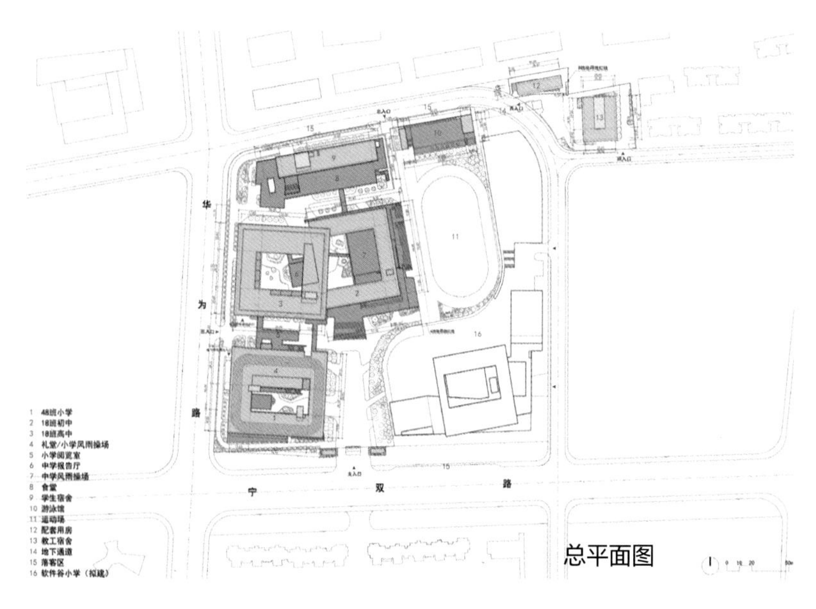

总平面图

公共空间剖透视图

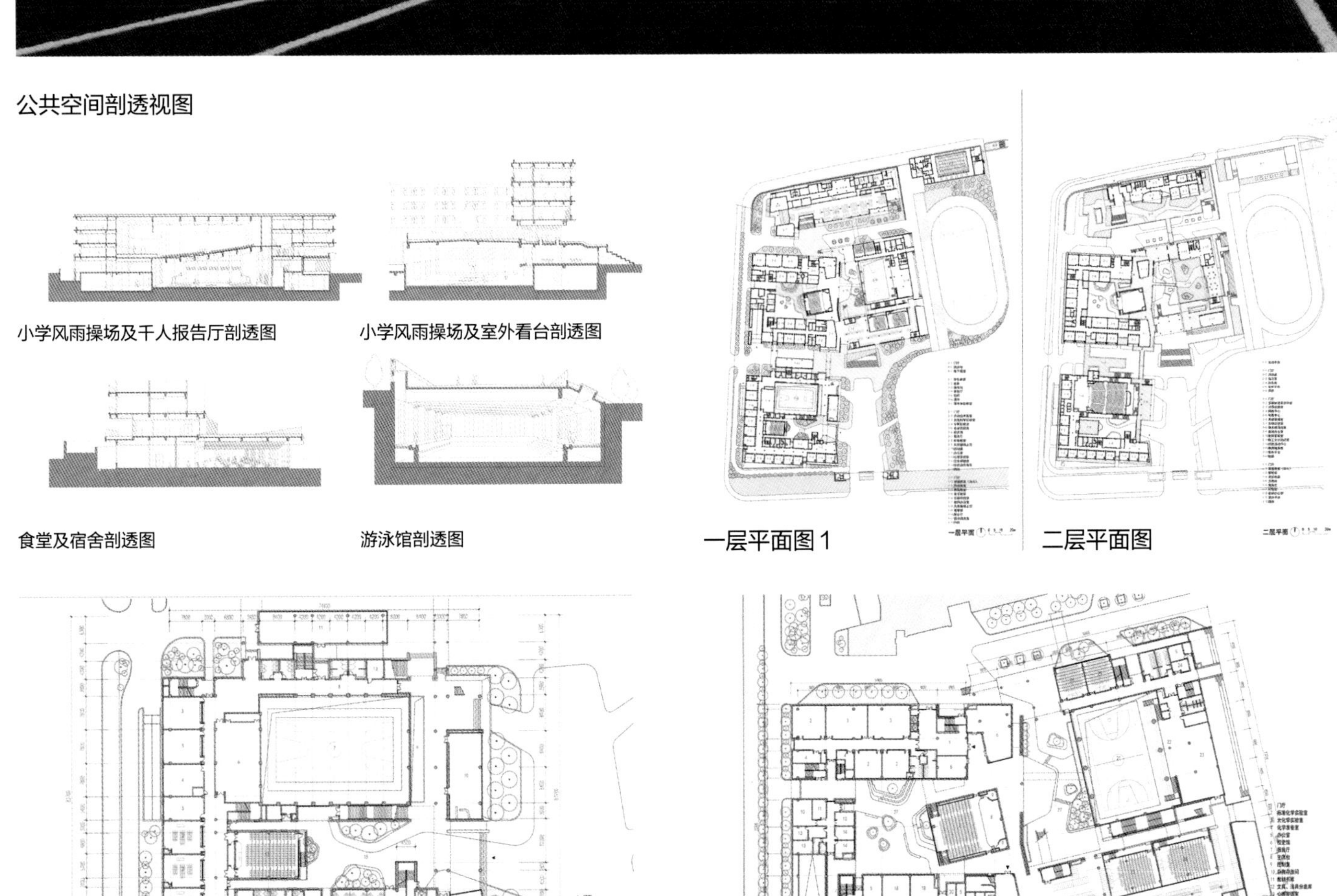

小学风雨操场及千人报告厅剖透图

小学风雨操场及室外看台剖透图

食堂及宿舍剖透图

游泳馆剖透图

一层平面图 1

二层平面图

一层平面图 2

一层平面图 3

西交利物浦大学（DK20100293地块）体育馆工程

项目类型： 公共建筑
设计单位： 江苏省建筑设计研究院有限公司
建设地点： 苏州市工业园区文景路南侧、雪堂街西侧（DK20100293号地块）
用地面积： 115622m^2
建筑面积： 20217.9m^2
设计时间： 2016.07—2016.12
竣工时间： 2019.06
获奖信息： 一等奖
设计团队： 徐延峰 彭 伟 王超进 黄 勇 瞿 琰 龚 沛 杨顺才 吴宏宇 刘 青 赵 静 王庚龙 张 嵘 龚 怡 李均基 薛建国

设计简介

为了使西交利物浦大学的体育教学、健身设施深度融入室外空间和整个苏州的国际化大环境。设计在功能分区、空间组织上，通过建筑功能的组合，合理布置篮球馆、健身中心、高尔夫中心、羽毛球馆、乒乓球室等，并设置中庭将内部空间分为三个体块，降低各功能区之间的相互干扰，同时利用空间高度设置攀岩墙。

在建筑造型上，东西侧主要立面采用波浪形铝板外表皮，结合蓝色、橙色、绿色的平行四边形色块的穿插过渡，动感且充满活力。为满足功能要求，结构设计采用9m×13m的大柱网，羽毛球馆屋面采用39米跨钢桁架梁，为了形成轻盈的形态效果，采用吊柱的结构形式和上部的桁架相连，桁架悬挑9米长。篮球馆设有3.5米宽单悬挑混凝土内走廊和单柱双悬挑4.8米看台。同时，设计落实绿色理念，大空间运动场所采用局部空调措施，结合屋顶设置可开启电动天窗，可有效利用自然通风措施，营造相对舒适的运动环境。

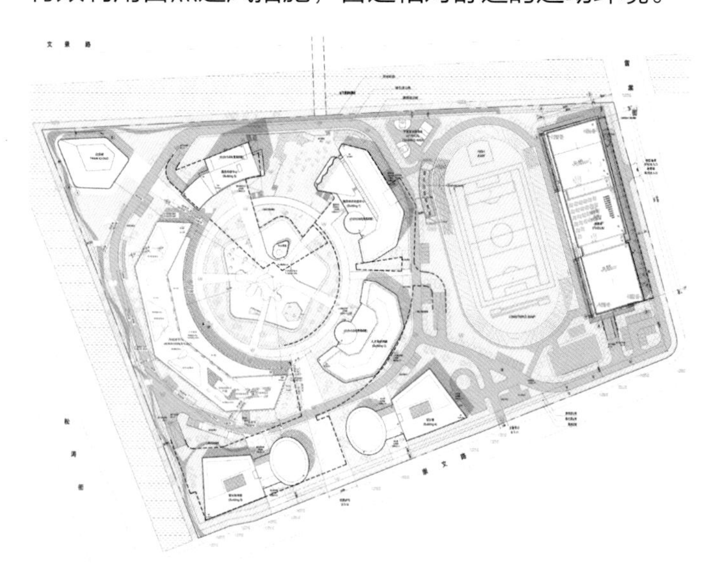

总平面图

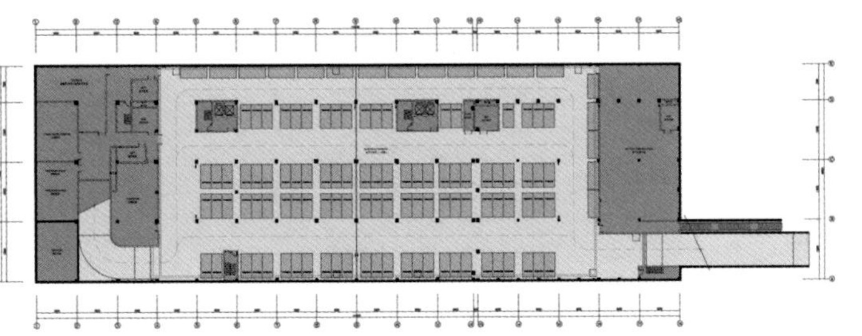

体育馆地下一层平面图

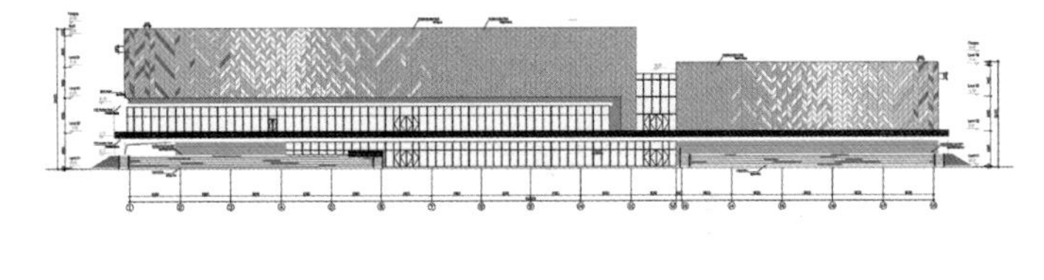

体育馆西南立面图

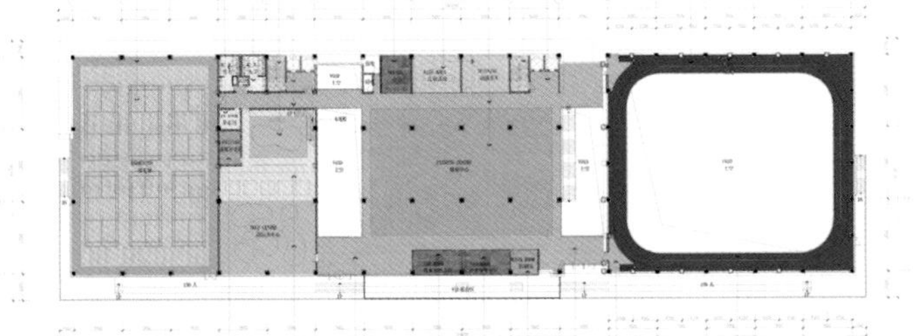

体育馆二层平面图

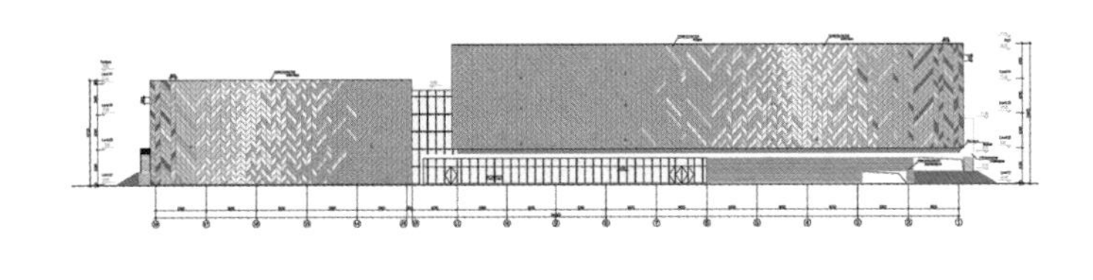

体育馆东北立面图

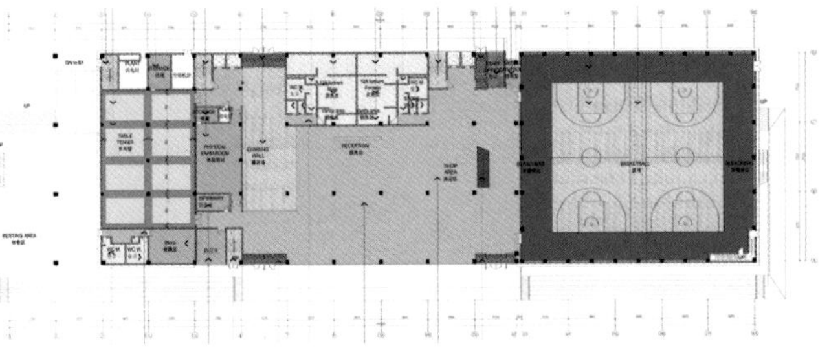

体育馆一层平面图

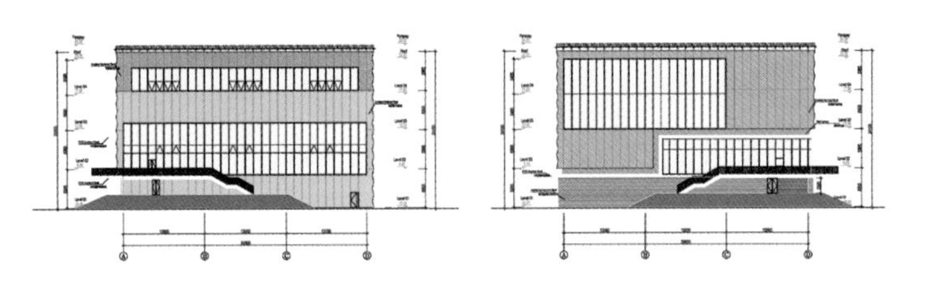

体育馆东南立面图　　体育馆西北立面图

皇粮浜地块改造项目（一期）

项目类型： 公共建筑
设计单位： 江苏筑森建筑设计有限公司
建设地点： 江苏省常州市钟楼区
用地面积： 223377.1m^2
建筑面积： 49755.97m^2
设计时间： 2018.09—2018.11
竣工时间： 2019.05
获奖信息： 一等奖
设计团队： 恽　超　张　旭　严　峰　李　铿　蒯冰倩
邱　亦　朱友洲　刘　恒　王同乐　王建军
周　玮　杨晓东　魏　婧　雷　栋　聂恬恬

设计简介

中吴宾馆作为常州市重要的五星级宾馆，为区域提供商务、会议、接待、住宿、休闲娱乐等酒店服务，同时也是常州市展示江南文化的舞台。

项目采用江南园林式的平面格局，建筑采用中轴对称，结合几进空间、四方中庭、外方院子形成江南特色建筑。通过精巧小园，质朴内敛的建筑形象及自然田园体现出江南的人文内涵与常州地域特色。

方案总体布置结合地形与周边现状，在考虑到各功能建筑的使用需求与分期建设，以人工湖为中心，单体建筑围绕湖展开，形成内向型组团景观。场地分为北侧的公共区域，南侧的贵宾接待区域。北侧的公共活动与南侧的住宿接待分区清楚，动静相宜。

总平面图

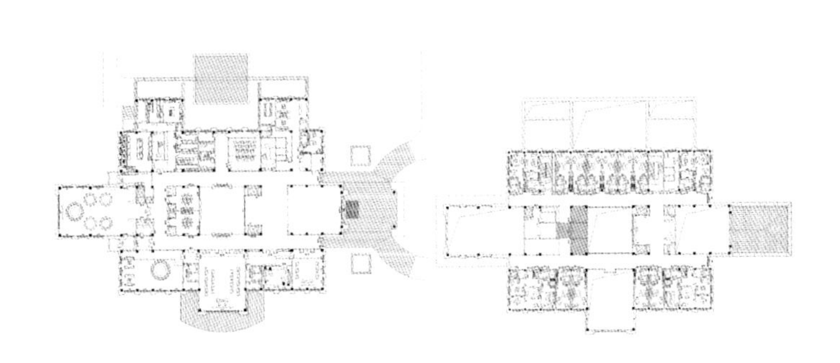

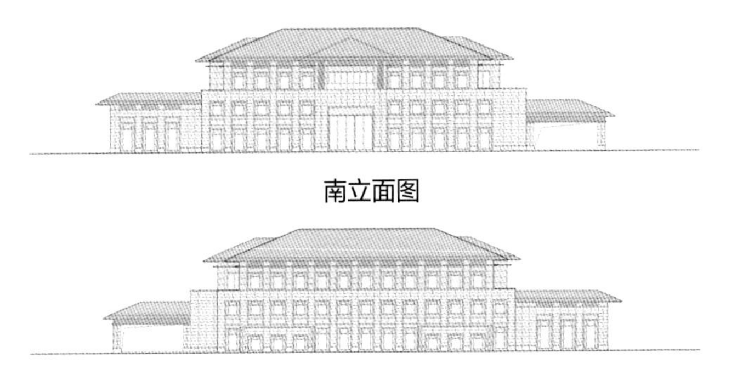

南立面图

北立面图

一层平面图

二层平面图

苏州高新区成大实验小学校

项目类型： 公共建筑
设计单位： 苏州九城都市建筑设计有限公司
建设地点： 苏州新区金屋路南，文化路东，东临京杭运河景观带
用地面积： 26922.4m^2
建筑面积： 37163.91m^2
设计时间： 2015.07—2016.10
竣工时间： 2018.03
获奖信息： 一等奖
设计团队： 张应鹏　王　凡　钟建敏　许　宁　张晓斌
唐超乐　苗平洲　刘兰珣　杨　威　姜进峰
沈晨晨　李琦波　梁羽晴　胡　鑫　赵　苗

设计简介

苏州高新区成大实验小学校将普通教室、专业教室、图书馆、风雨操场、食堂、行政办公等功能通过连廊、院墙整合在一个有机的建筑群体里，形成一个体量紧凑的教育综合体。

学校的主要出入口设置于金屋路上，考虑到小学生主要还是家长接送为主，入口处设置架空的等候休闲区，配置休息凳椅，公告展示墙，同时配置一定数量的停车位，更为人性地解决学生接送问题。文化路上设置次要出入口，主要作用为参观接待入口。靠近城市道路一侧（北侧和西侧）布置图书馆、体育馆、专业教室等公共素质教育用房，一方面把更好的建筑形象展示给城市，同时保证内侧普通教学更加安静，不受干扰。食堂布置在基地东北侧，最大限度地减少气味、油烟对学校的影响。教师办公等公共功能，交通便利，流线清晰，以利于到达。

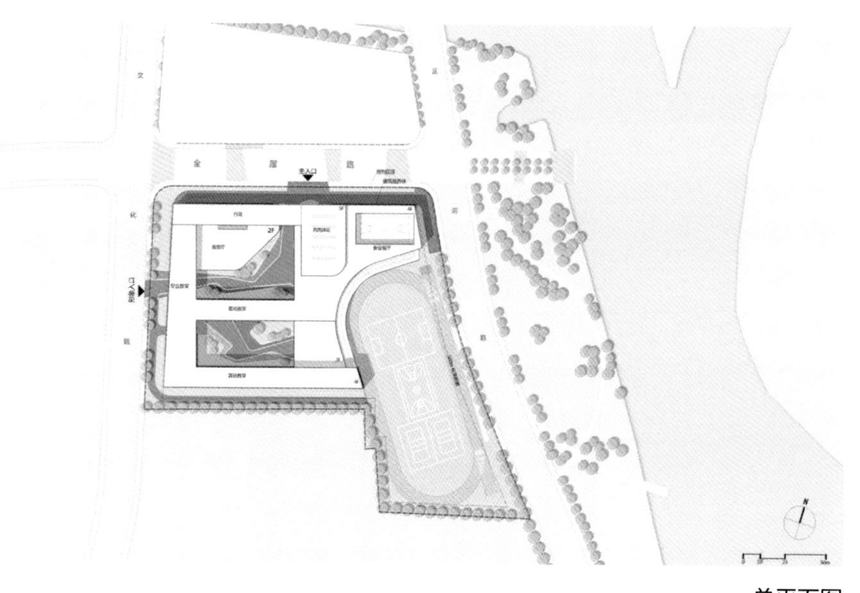

总平面图

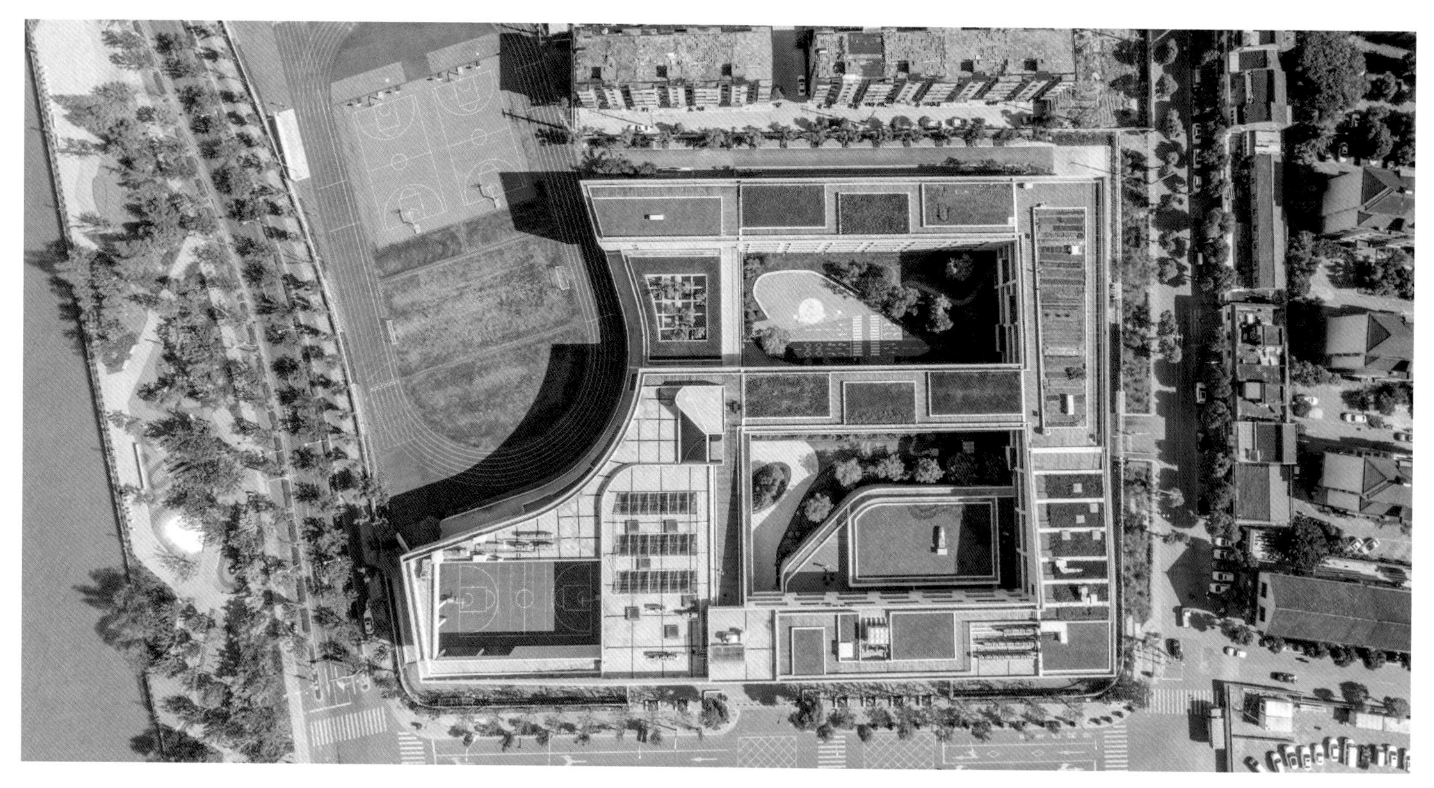

成才楼
成真楼
CHENGZHEN BUILDING

一层平面图

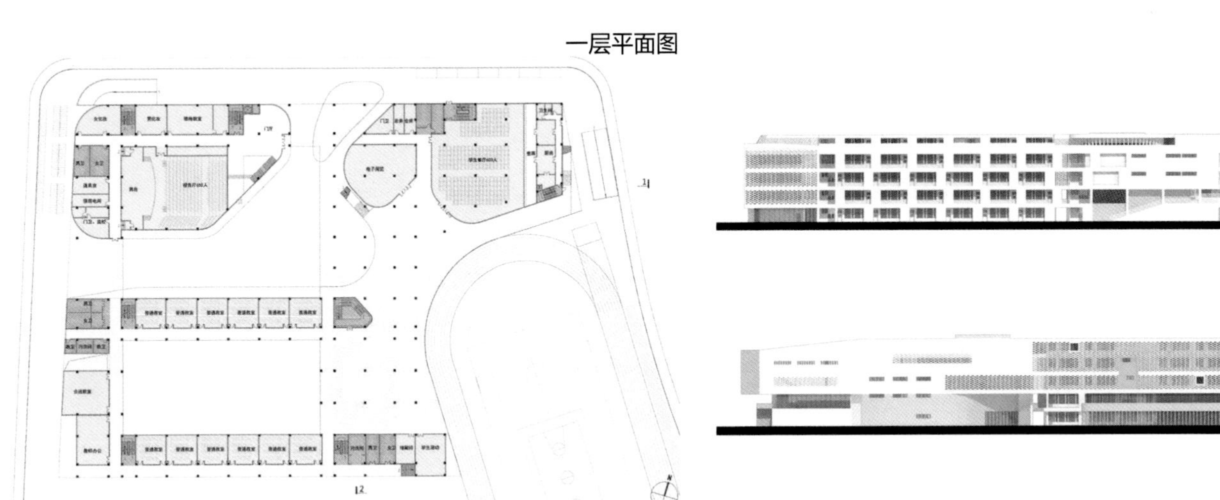

南立面图

北立面图

德基广场二期

项目类型： 公共建筑
设计单位： 南京市建筑设计研究院有限责任公司
美国Li Min Ching Associates（LMA Design LLC）
建筑设计公司（合作）
建设地点： 南京市中山路4—98号、塘坊桥1—8号
用地面积： 21350m²
建筑面积： 250000m²
设计时间： 2005.12—2010.07
竣工时间： 2019.03
获奖信息： 一等奖
设计团队： 左　江　蓝　健　路晓阳　陈　波　李永漪
江　韩　樊　嵘　刘　辉　黄志诚　张建忠
王幸强　刘　捷　陈晓虎　陈文杰　卢　颖

设计简介

南京德基广场位于南京市老城区新街口商业区的东北侧，与新百、东方商城、金陵饭店形成新街口的四个象限以及广场的围合界面。德基广场的主塔楼设置于北侧长江路与中央路的交接处，一、二期裙楼临近新街口广场设置。塔楼北置不仅减少了对新街口广场的压迫，更重要的是避免了对广场东北角保留的民国建筑（工商银行）的影响。

南京德基广场为国内较为知名的高端业态城市综合体，集商务办公、酒店、商业、文化娱乐于一体，具有城市综合体的多样性和复合性。总建筑面积约25万平方米，建筑总高度为326米。塔楼高区为丽兹卡尔顿酒店，中低区为高端写字楼，中部设置酒店大堂及配套。裙房为商业空间，采用线性空间布局。内部功能各区通过商业中庭组织，中庭自下而上逐步放大，商业峡谷形成层层递进的空间层次。

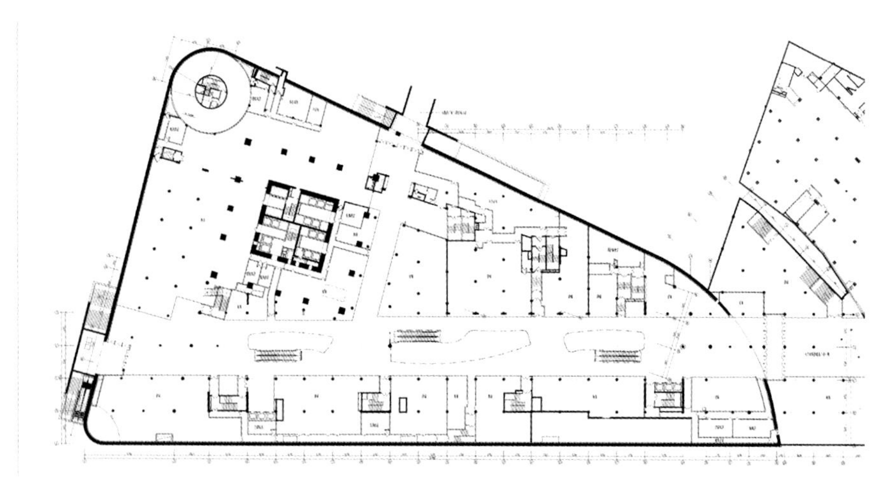

总平面图

菲呢克斯国际公寓
城中核心大宅
025-84501111

LOEWE
GIVENCHY
MaxMara

一层平面图

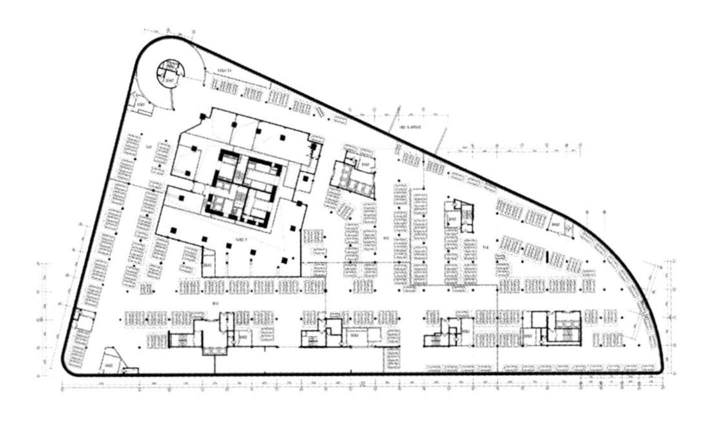

1-1 剖面图

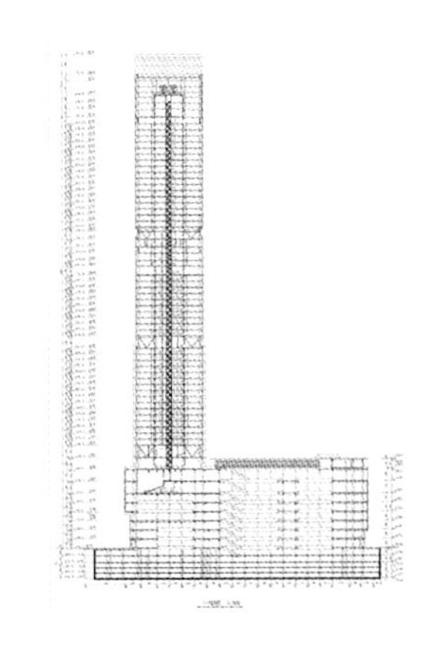

2-2 剖面图

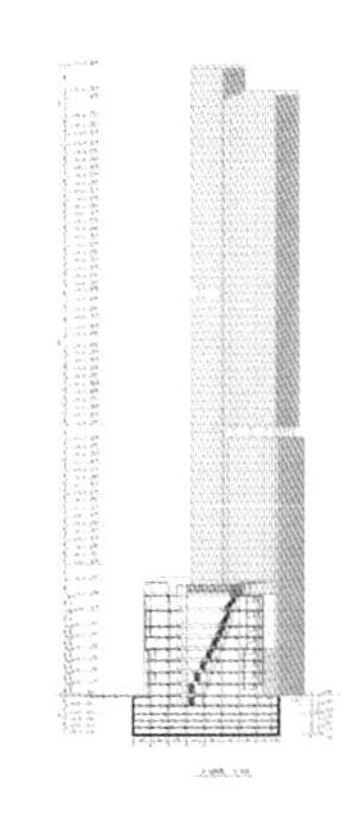

亳州市城市规划展览馆、城建档案馆

项目类型： 公共建筑
设计单位： 东南大学建筑设计研究院有限公司
建设地点： 亳州市南部新城
用地面积： 30000m^2
建筑面积： 31030m^2
设计时间： 2012.11—2013.10
竣工时间： 2017.11
获奖信息： 一等奖
设计团队： 鲍 莉 马 敏 孙友波 曹 荣 任祖昊 全国龙 朱绳杰 王智劼 钱浩澜 王晓晨 张继龙 张成宇 方 颖 景文娟 汤春芳

设计简介

本工程分为规划展览馆及城建档案馆两大部分。规划展览馆位于一层北侧及高起的三层体量中，城建档案馆位于一层南侧，及西南侧的五层体量（高层塔楼）中。地下一层为档案库房、设备用房及地下汽车库。底层四侧根据不同需要设置不同人流的出入口。北侧为规划展览馆主出入口，东侧为贵宾入口及城建档案馆对外服务入口。南侧为城建档案馆主入口。西侧面向规划中的科技馆设有次入口及通往平台的大台阶。

规划展览馆和城建档案馆前后两分，庭院相隔，共同围合出西北侧的城市公共空间，既具有较好的开放性与景观朝向，又便于与规划中西侧的科技馆共享。规划展览馆与城建档案馆呈对角之势左右错开布置，最大限度地减小干扰、享有公园景观面。功能上既互不干扰又便于联系。

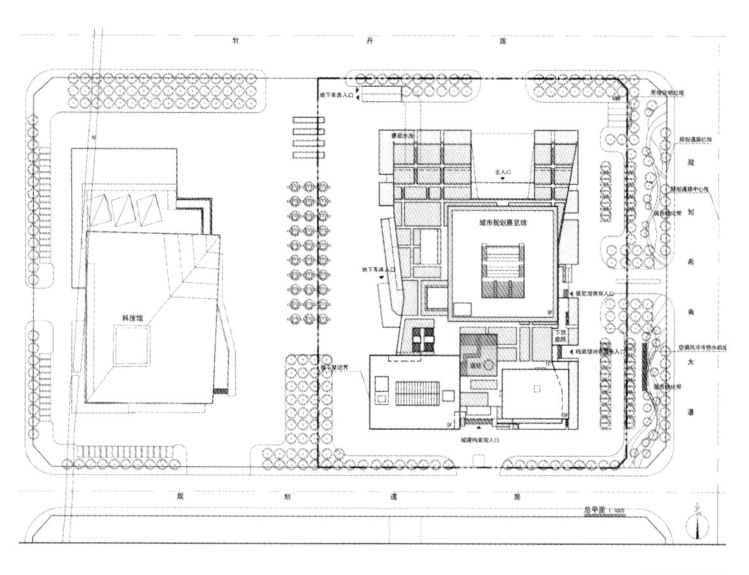

总平面图

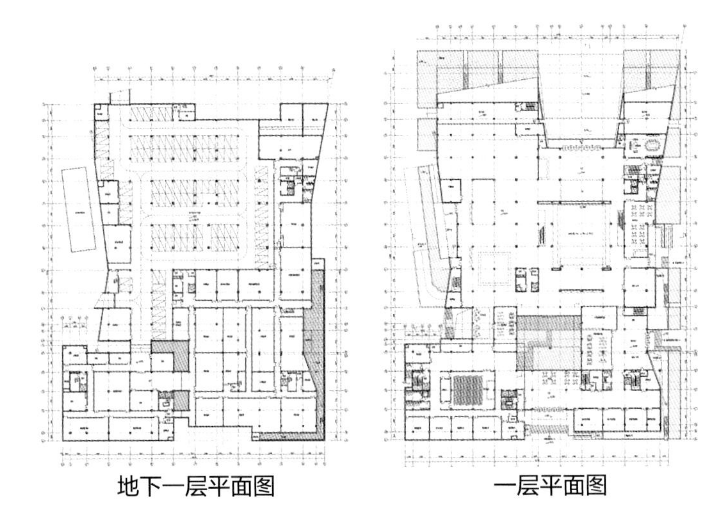

地下一层平面图

一层平面图

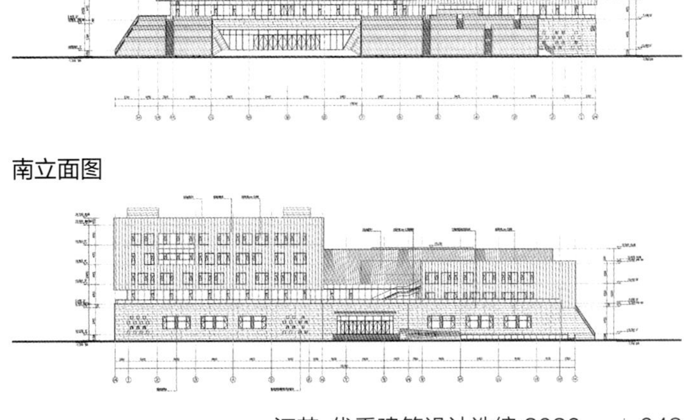

北立面图

南立面图

苏州第二图书馆

项目类型：公共建筑
设计单位：东南大学建筑设计研究院有限公司
GMP国际建筑事务所（合作）
建设地点：江苏省苏州市相城区
用地面积：23398m²
建筑面积：45332m²
设计时间：2015.03—2016.12
竣工时间：2019.03
获奖信息：一等奖
设计团队：曹　伟　袁　玮　徐　静　韩重庆　王志东
丁惠明　周桂祥　臧　胜　傅　强　叶　飞
章敏婕　赵晋伟　王若莹　潘　梅　严律己

设计简介

苏州第二图书馆其拥有国内第一座藏书容量达700万册的大型智能立体书库，设计充分利用智能立体书库占用面积极小的优势，将更多空间留给公共图书服务和公共活动，设有苏州文学馆、设计、数字、音乐、儿童等多种特色馆，以及展览、研究、培训、交流等公共文化设施。

设计构思以“书”为原点，图书馆的造型意象来源于旋转叠放的纸张或书籍，以“书页错动”的方式逐层向上旋转倾斜，从建筑形体上寻找与周边道路及环境的关系。建筑底层面积压缩，释放出更多的步行空间和景观空间。建筑体量向上逐层旋转和外倾，也使得上部楼层拥有更宽敞的阅览空间，以及朝向湖面、公园和城市的更好视野。景观设计结合建筑生成逻辑向外伸展，以“书签”的插入作为景观设计的语言，形成统一的设计理念。

建筑的独特功能“库”和“馆”通过实和虚的关系得到表达，极为封闭的书库和透明的公共图书阅览区之间形成互动。公共图书阅览区外墙类似旋转的纸张形态，微双曲的玻璃幕墙外立面，水平方向的轻质铝遮阳板营造一种波纹效果，像透过一层透明窗帘，将建筑的多个层面和结构呈现于人们面前。书库区木纹清水混凝土外墙的外观设计，打造出一种珍贵物品存放场所应有的坚固和安全的建筑形象，与公共图书阅览及活动区域的透明外墙形成鲜明对比。

建筑幕墙为微双曲面，同时向外倾斜悬挑，东南角部向外最大悬挑达26.5米。设计采用斜柱钢框架结构贴合建筑外倾造型及幕墙网格，很好地实现了建筑造型与结构受力的统一。幕墙玻璃利用单元板块翘曲值较小的特点，采用平板玻璃冷弯技术，以多块平板玻璃的压弯扭曲实现微双曲面的效果，降低难度、节约成本。干挂现浇木纹清水混凝土同样依托斜柱钢框架结构，贴合建筑外形旋转和外倾的逻辑，形成完整统一又互为衬托的效果，也在工艺上实现了一定程度的突破。

地下一层平面图

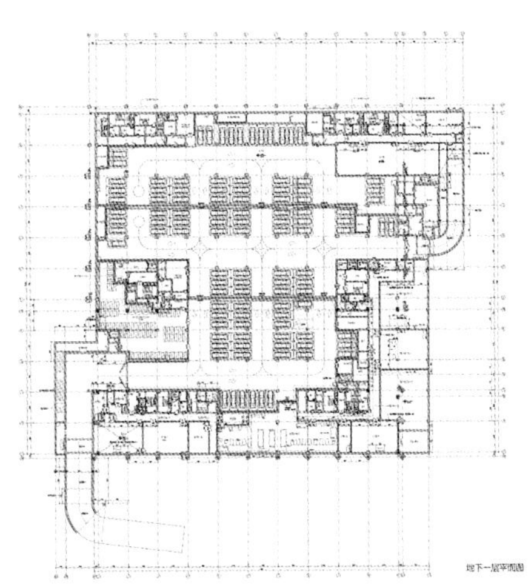

一层平面图

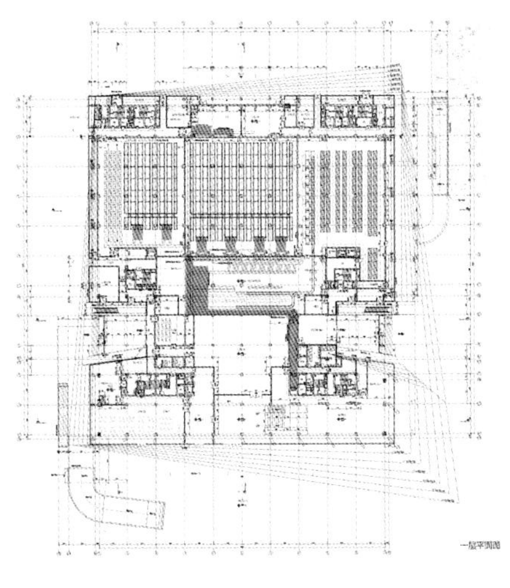

剖面透视图 1

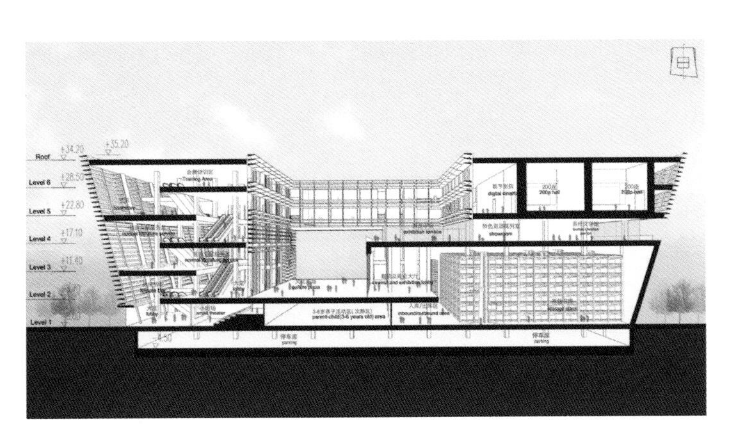

剖面透视图 2

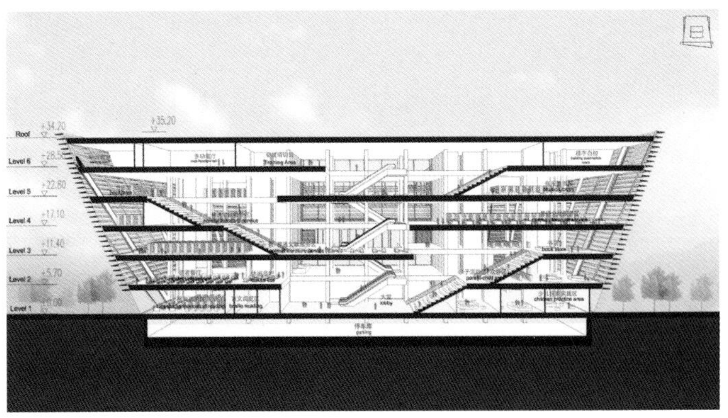

大兆瓦风机新园区项目

项目类型： 公共建筑
设计单位： 启迪设计集团股份有限公司
建设地点： 江苏省江阴市临港新城低碳产业园
用地面积： 40002.86m^2
建筑面积： 44014.26m^2
设计时间： 2013.03—2013.08
竣工时间： 2015.01
获奖信息： 一等奖
设计团队： 查金荣　蔡　爽　李新胜　吴卫保　汪　泱
叶　露　胡旭明　石晓燕　王云峰　钱成如
王开放　邓春燕　武川川　殷文荣　高展斌

设计简介

作为产业建筑，项目方案设计阶段以生产所需的工艺流线、空间尺度为主导，在满足业主所需的生产工艺前提下，梳理出其他附属配套功能。在用地条件紧张的情况下尝试不同计容方式的布局组合，以满足不同生产流线所需的不同建筑面积尺寸、建筑空间高度。其中餐厅综合楼和厂区贴临设计，由于生产的特殊性，厂房单层层高达到21.4米，贴临的综合楼则可以设计为四层建筑，在满足配套要求的前提下，在四层增加员工休闲娱乐区域，充分体现远景“激情、平等”的企业文化，塑造人性化办公模式和绿色活力空间形态。在三层办公区域设计了平台伸入生产车间，方便参观及检修。

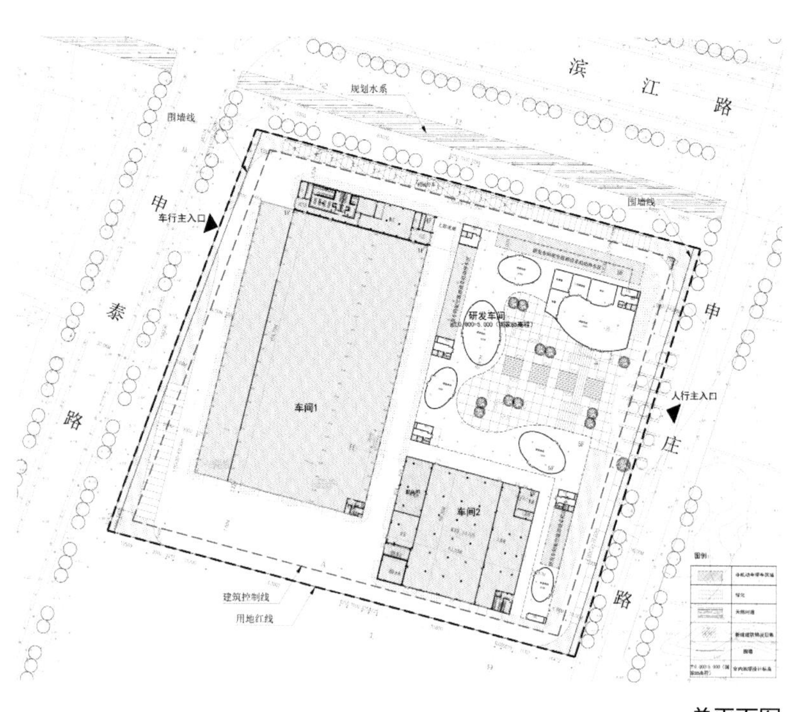

总平面图

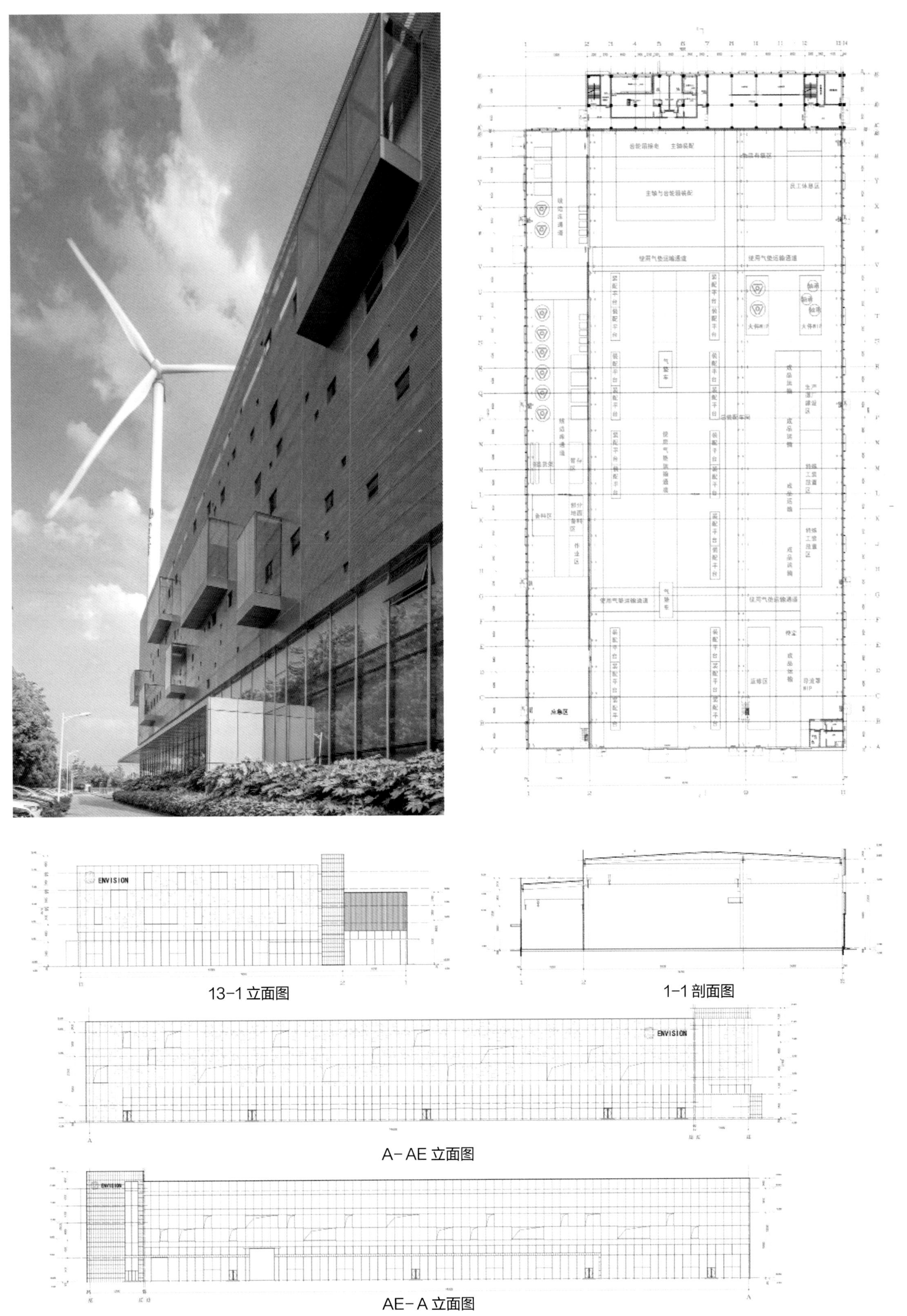

13-1 立面图

1-1 剖面图

A-AE 立面图

AE-A 立面图

文旅万和广场
（苏地2012-G-57号地块项目）

项目类型： 公共建筑
设计单位： 启迪设计集团股份有限公司
建设地点： 苏州高铁新城
用地面积： 10521m^2
建筑面积： 81707m^2
设计时间： 2012.09—2016.12
竣工时间： 2016.12
获奖信息： 一等奖
设计团队： 查金荣　靳建华　李新胜　张　慧　胡旭明
王苏毅　赵舒阳　郝怡婷　袁雪芬　钱忠磊
钱小列　张　帆　庄岳忠　石志敏　蔚玉路

设计简介

本方案位于苏州高铁新城商务核心区，定位为集商务会所、休闲娱乐及SOHO公馆于一体的现代城市商务中心。项目结合优越的交通资源和文化资源，形成独特的标识性，成为高铁新城商务核心区又一个高品质商务休闲门户。

本方案设计以高铁新城整体规划为依据，力求满足城市设计对该地块的要求。区域内高层林立，基地北侧的山水楼蜿蜒、生动的建筑形态成为核心区城市形象重要的标识之一。项目通过硬朗与挺拔的竖向线条与北侧建筑的柔软与延展的曲线对比，互相烘托陪衬，以突出各自的特点。并且通过两栋建筑塔楼间体块咬合交错的共性达成和谐一致。不仅使建筑表现出自己的个性，也为今后核心区城市空间形态的整体性奠定良好的基础。

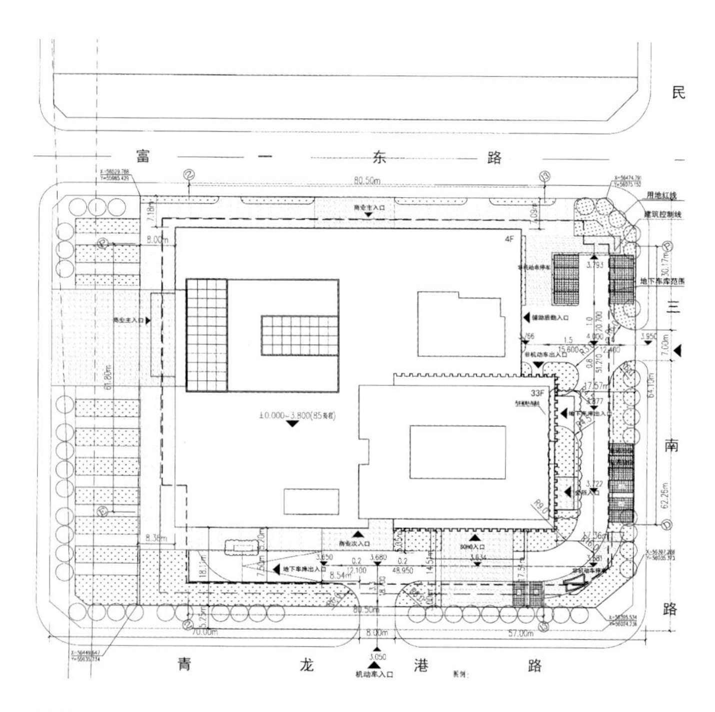

总平面图

消防总平面图

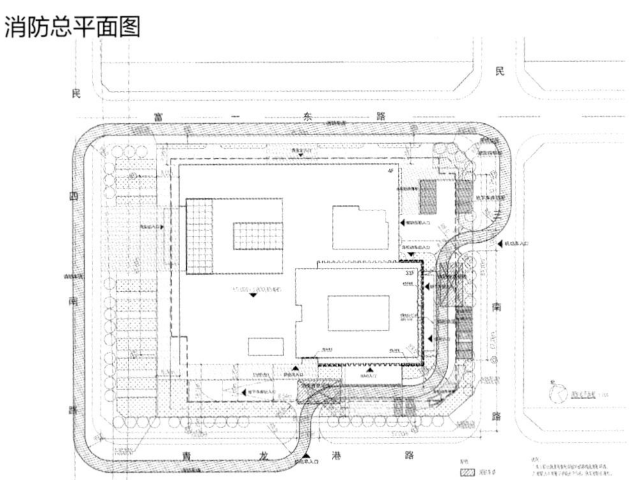

地下二层平面图

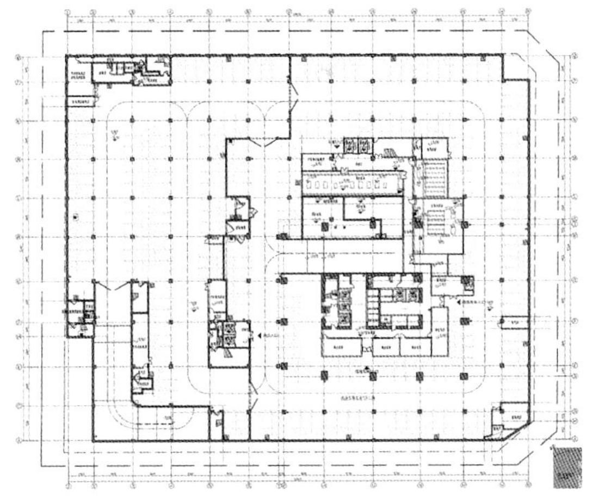

立面图 1

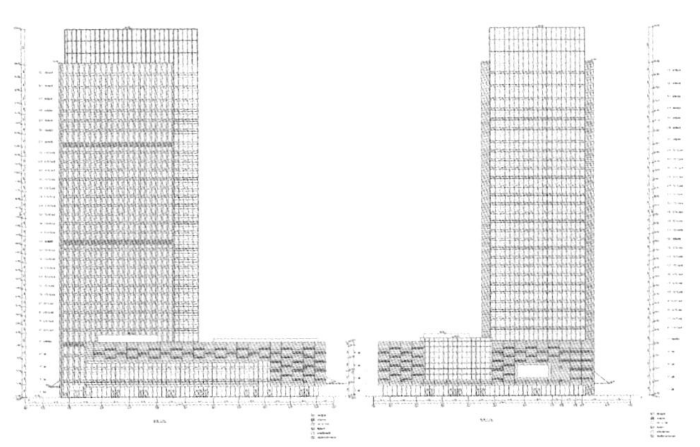

立面图 2

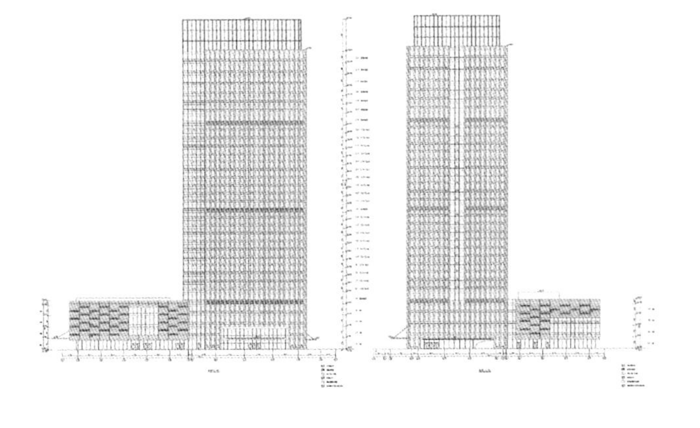

永康崇德学校

项目类型： 公共建筑
设计单位： 江苏中锐华东建筑设计研究院有限公司
建设地点： 永康南部，花白线以南，南都路以东，规划东西大道以北
用地面积： 80000m^2
建筑面积： 19587.57m^2
设计时间： 2017.12—2018.03
竣工时间： 2019.06
获奖信息： 一等奖
设计团队： 荣朝晖　冯　杰　刘　虎　聂礼鹏　谢　伟　董　鸣

设计简介

本项目分为三栋楼，分别按高、中、低三个年级段分开设置，底层设连廊联系，所有的功能均以教学功能填充，实用性满足教学要求。设计除了满足基本的教学功能外，在三栋教学楼的中间设置了一个三层连廊，除了满足功能交通及接送等候需求外，还引入了休闲咖啡吧、行走的图书馆、自然博物馆、家长接待区等多个功能，形成学习交流和交通共用的复合空间。

行走的图书馆和自然博物馆是设定连廊功能的出发点。对小学生行为模式的研究表明，由于活动能力受限，中低年级的小学生在课间的主要活动都停留在走廊和其所在楼层，因此，在他们活动的范围内让其感受到读书的快乐和自然的乐趣，能更多引发其自我学习的兴趣。设计在走廊、中庭、角落等位置，有序、随意地组合成自由的读书学习空间，他们或坐，或躺，知识在这里，一点一点汇聚成海洋。同时，把原来三栋中廊式教学楼的辅助功能置换出来，形成开放性空间，解决中廊原有的采光不足，并在教学单元外侧增加了很多开放性活动交流空间。走廊空间的移动式场景搭建，使传统教学空间产生了趣味性和场景感，给孩子创造了一个多变、愉悦的场所。

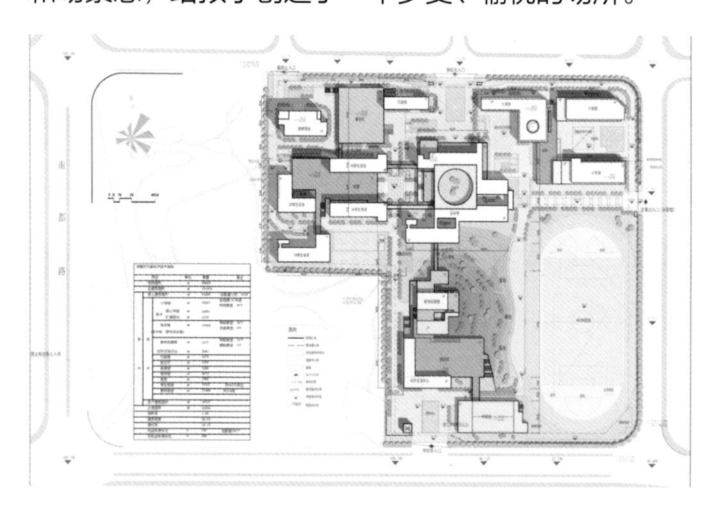

总平面图

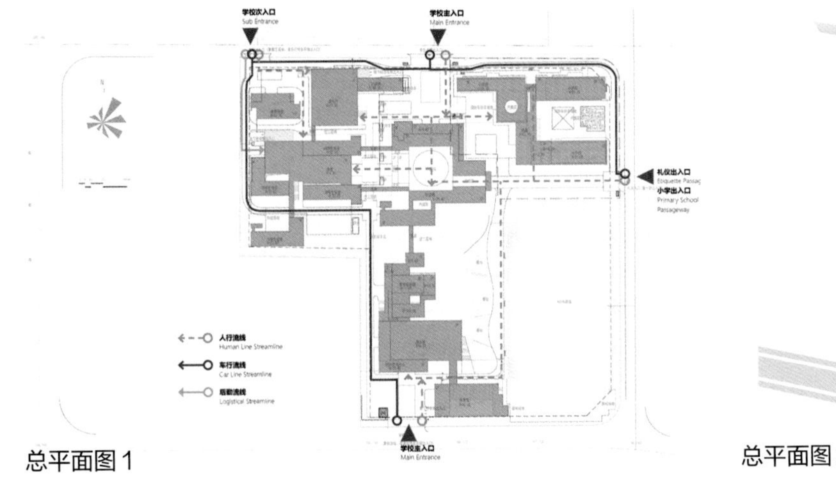
学校次入口
Sub Entrance
学校主入口
Main Entrance
礼仪出入口
小学出入口
Primary School
Passageway
人行流线
Human Line Streamline
车行流线
Car Line Streamline
后勤流线
Logistical Streamline
学校主入口
Main Entrance

总平面图 1

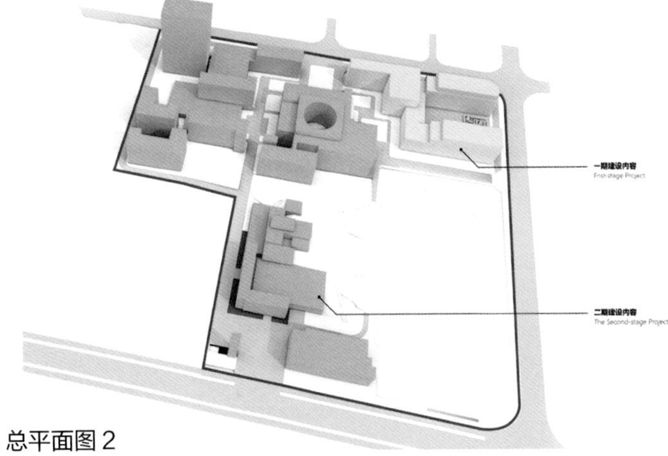
一期建设内容
First-stage Project
二期建设内容
The Second-stage Project

总平面图 2

宿州市政务服务中心综合大楼——市民广场

项目类型：公共建筑
设计单位：南京大学建筑规划设计研究院有限公司
建设地点：安徽省宿州市埇桥区汴阳三路城市规划展示馆北侧
用地面积：23398m^2
建筑面积：45332m^2
设计时间：2014.12—2016.05
竣工时间：2019.05
获奖信息：一等奖
设计团队：施　华　左亚黎　靳　松　陈　佳　丁玉宝
胡晓明　陈辉军　刘范春　李　满　董　婧
崔洧华　詹为春　李文瑾　王　倩　周助琴

设计简介

基于集中高效的用地需求，宿州市政务服务中心综合大楼项目采用点式布局，并且与已建的城市规划展示馆一样，强调四个方向均可便利进入建筑的可达性。

政务服务中心主要包含政务服务区、公共资源交易中心、办公区和会议服务区，这三大主要功能区各自相对独立，且均与总服务大厅直接连通。建筑南侧的总服务大厅则包括西侧一至三层的入口大厅，中部一至三层的交通大厅和东侧三至五层的交流共享大厅，并且在二层通过景观大台阶将其与东侧的市民公园连接，在注重总服务大厅与各功能区联系直接便捷的前提下，强化营造人们愉快交流、快乐办事的空间氛围。

政务服务中心各使用人员的流线组织清晰有效，借助智能化手段，不同诉求的人群都可以在预约时间内轻松便捷地到达目标空间快速办事，景观设计强化了各入口广场的功能性，通过草坪、树池、步道将人行空间与车行流线明确区分，基地东南角则通过绿化带和步道强调东西方向的导向感，使得建筑内部的公共空间，经由二层外侧景观大台阶的延展，与项目东侧的市民公园融为一体。

总平面图

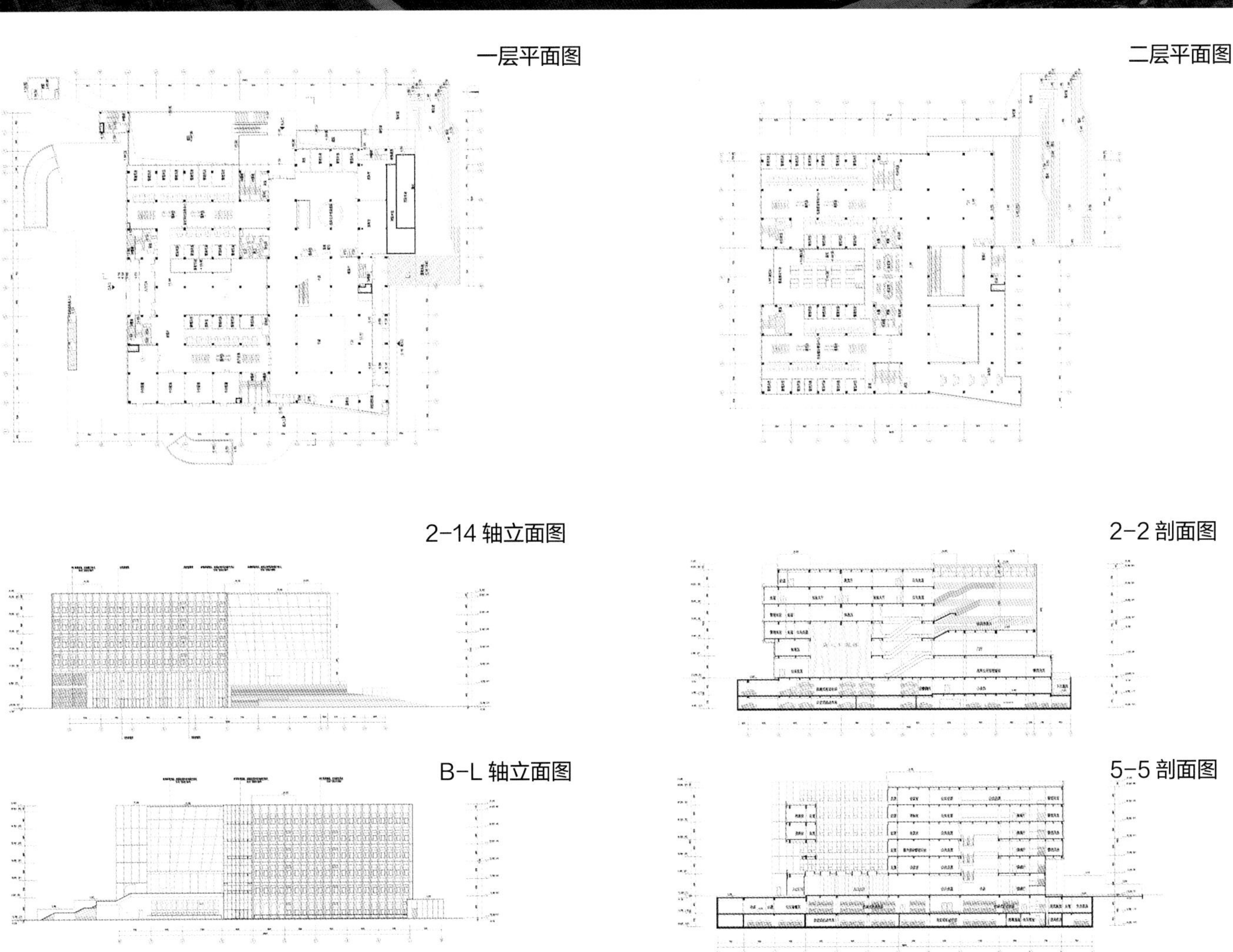
一层平面图
二层平面图
2-14 轴立面图
2-2 剖面图
B-L 轴立面图
5-5 剖面图

六合区文化城

项 目 类 型： 公共建筑
设 计 单 位： 东南大学建筑设计研究院有限公司
建 设 地 点： 六合区雄州主城，桥西新城内
用 地 面 积： 143752m^2
建 筑 面 积： 115930m^2
设 计 时 间： 2012.04—2013.01
竣 工 时 间： 2017.07
获 奖 信 息： 一等奖
设 计 团 队： 冷嘉伟 袁 玮 陈 烨 严 希 吴文竹 李宝童 杨 波 林 柳 张 翀 汪 建 叶 飞 张 辰 时荣剑 王 玲 张 磊

设计简介

文化城设计充分考虑和城市道路、轨道交通的衔接，与中央公园、滁河滨河风光带的景观融合，与周边地块的功能互动，合理组织人流车流，带动周边地块共同发展。通过和南面中央公园的有机结合，加上周边其他的公共设施和现代化社区，这里将成为富有特色、充满活力的文教设施聚集区。

作为六合区域最重要的公共建筑群，文化城的设计充分考虑独特性和文化性，以六合的石柱林、茉莉花、雨花石等文化元素为构思源泉，最终形态既体现了建筑自身特点，同时反映了时代精神。建筑体量模仿山石之雄壮气势，立面分隔采用石柱林意象，表达六合地方文化特色，引起市民的精神共鸣，从而营造出场所精神。

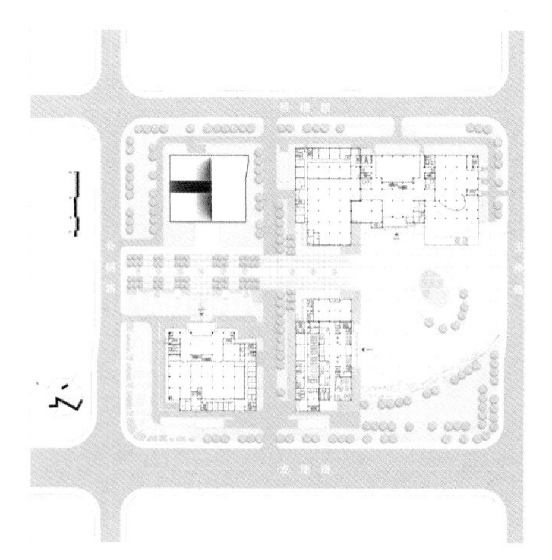

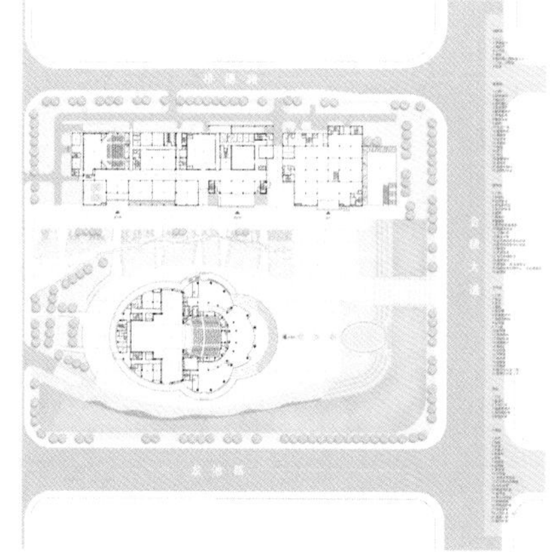

总平面图

首层平面图 1

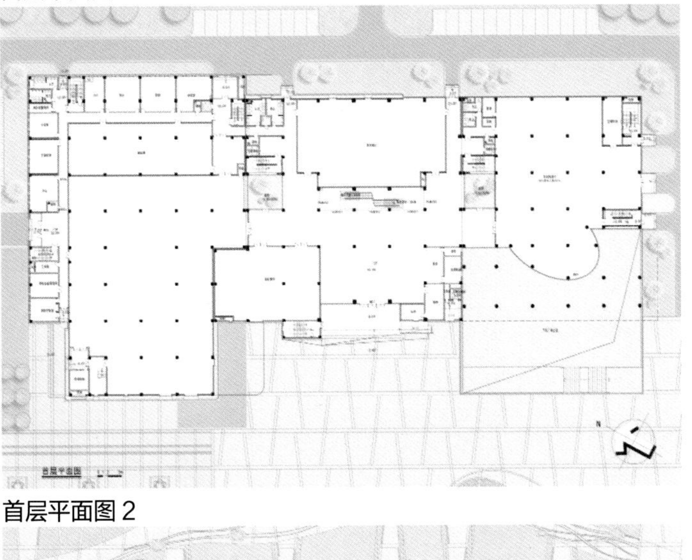

首层平面图 2

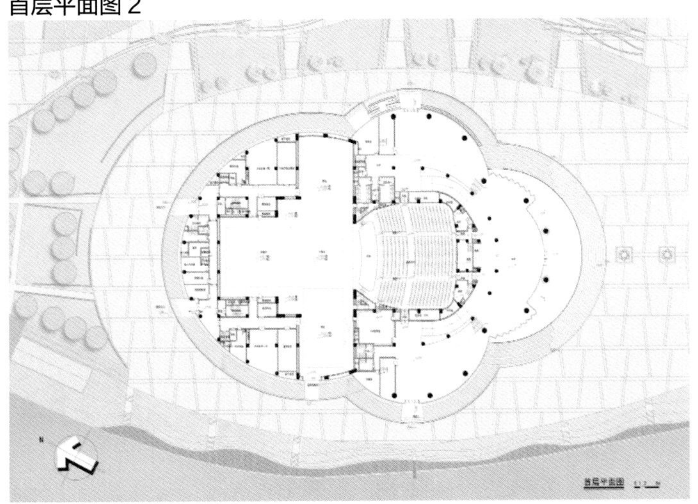

首层平面图 3

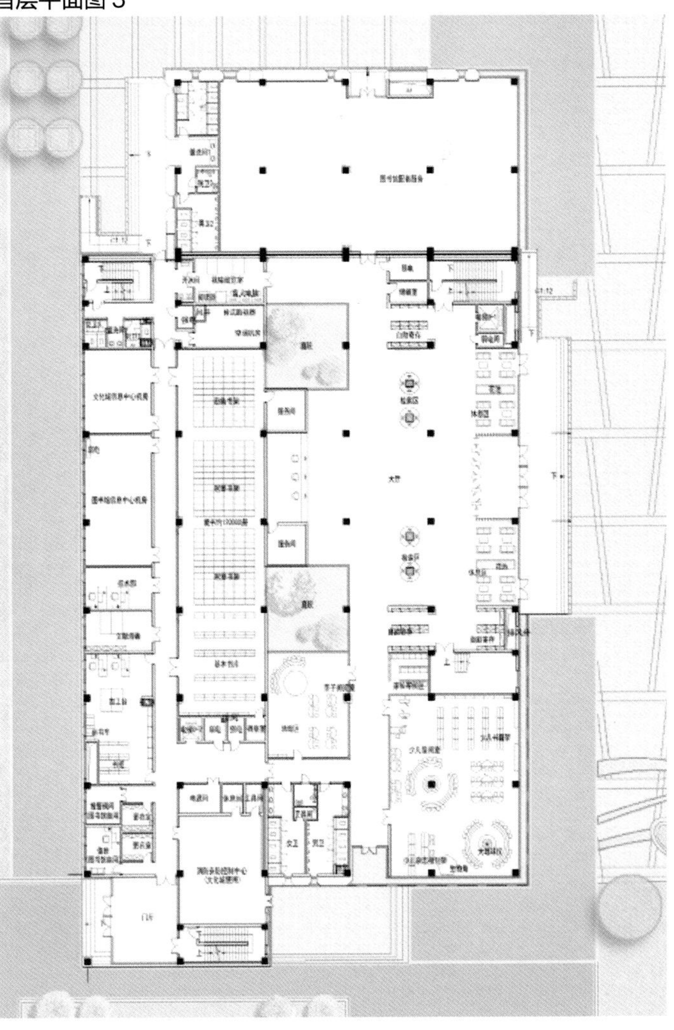

江苏省供销合作经济产业园项目

项 目 类 型： 公共建筑
设 计 单 位： 江苏省建筑设计研究院有限公司
建 设 地 点： 南京市凤台南路146号
用 地 面 积： 11028.88m²
建 筑 面 积： 109415.49m²
设 计 时 间： 2015.11—2016.06
竣 工 时 间： 2019.06
获 奖 信 息： 一等奖
设 计 团 队： 江 兵 张 斌 李江舟 贾 朦 赵 爽
徐 磊 陈 蓉 武 剑 周 文 陈 震
王 蓓 周淑艳 张 喆 宗 旭 刘 霞

设计简介

本设计综合考虑地形地貌，以企业的LOGO为切入点，提取建筑语言，形象演化，重塑建筑的体块组合，将建筑立面沿凤台南路展开，形成良好的沿街效果。同时将建筑体量一分为二，形成视觉廊道，弥补了低效用地的性能和空间劣势，创造出挺拔、新颖、实用和高能的创意空间，填补了城市节点的缺失，成为空间语言上重要的节点。开放空间和城市客厅集办公、消费和休闲的不同功能于一体。

建筑形象充分考虑形式、质感、采光与色彩要素，协调经济、环境、功能、技术等方面的相互关系，使设计充分展现现代气息，设计深入细致地考虑建筑空间组合、建筑风格形式，通过简洁的手法创造趣味的空间环境，着重展现建筑的空间感、结构美，力求完美地体现室内空间与开放空间的统一性。

建筑底层通过单元幕墙体系开窗，产生灵活的立面形式，设计充分考虑了实体墙与窗户的比例关系，增加了横向遮阳，水平色彩变化的组合，同时体现了绿色建筑的生态理念。南北立面则采用竖向线条，并针对南北导向立面的特征，设计60厘米宽的浅色垂直实体元素，组合深色横向楼层坎墙，产生地区标志性作用，结合泛光达到刺破青天锷未残的意境。

苏合集团

场地总平面
A 塔
B 塔

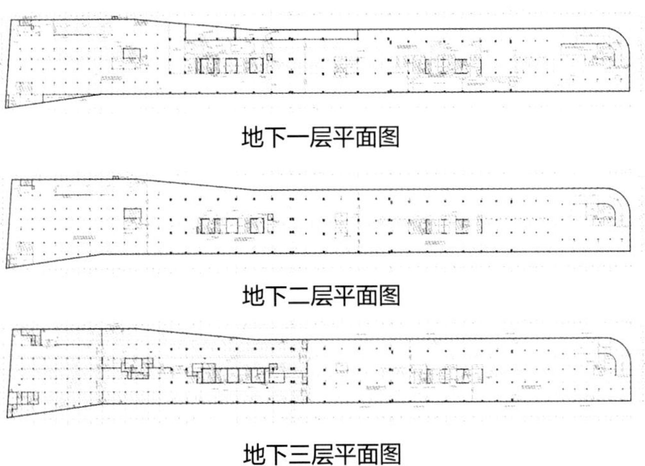

地下一层平面图

地下二层平面图

地下三层平面图

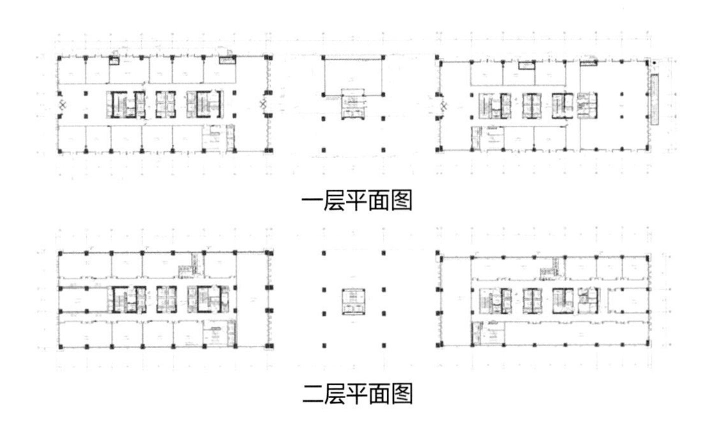

一层平面图

二层平面图

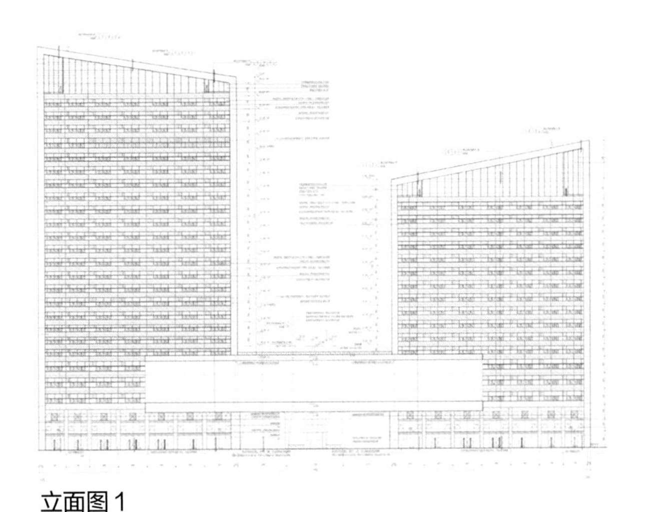

立面图 1

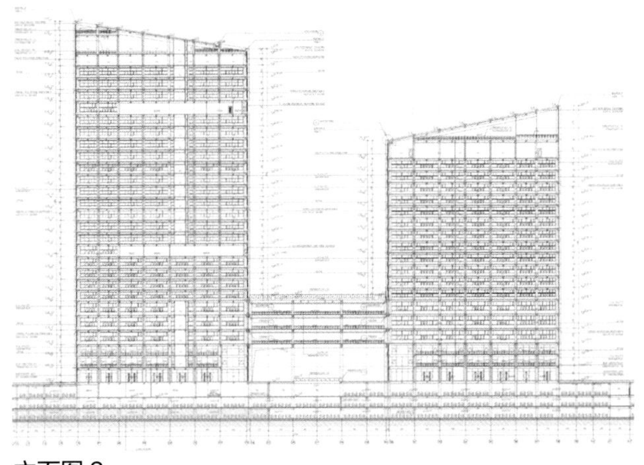

立面图 2

苏州生命健康小镇会客厅

项目类型：公共建筑
设计单位：苏州九城都市建筑设计有限公司
东南大学建筑学院（合作）
建设地点：白马涧河绿化地东、华山路绿化地南
用地面积：19058.2m²
建筑面积：30065.13m²
设计时间：2017.04—2018.03
竣工时间：2019.05
获奖信息：一等奖
设计团队：张应鹏　王　凡　董霄霜　钟建敏　谢　磊
沈春华　刘凤勤　蒋　皓　王永杰　张贵德
杨一超　姜进峰　李琦波　薛　青　赵　苗

设计简介

本设计采用复合街巷布局，建筑的边界明确限定出一条串联南北的“主街”，街上布以水景，主要作为视觉通廊存在，交通则依靠水池旁边的半室外廊道。使用者倚栏而望，仿佛置身于山塘街、平江街等传统街巷，我们试图通过这种方式，重塑传统生活的体验。除了水街主线外，还有一条穿越庭院的内街以及东侧沿河的景观步道，三者若即若离，仿佛苏州园林里曲折迂回又殊途同归的游廊，给使用者极大的体验自由。

单体建筑上，打造开放院落。在纵向局部开放，形成内街，横向则在底层通过洞口连向内街，形成街道与院落空间的渗透。建筑结构采用当代木结构，沿用坡屋顶的形式，但在尺度上对现代商业空间的需求做出了充分回应，各单体采用了8米的标准柱网，空间跨度最大可达32米，为了实现这样的跨度，底部两层采用了钢结构，屋顶部分则采用胶合木与钢索结合的张拉弦结构屋架，阳光透过天窗倾洒下来，精致的钢木交接既再现了传统建筑的温情质感，又摒弃了传统木结构建筑的厚重感，营造出一种轻盈飘浮的空间张力。

建筑细部上传承“粉墙黛瓦”。出于耐久性以及效果控制的考量，我们用白色铝板代替了粉刷，屋面也采用42cmx33cm的深灰色平板瓦代替了传统的小青瓦，以与整体尺度相协调。在底层，木色及灰白相间的铝板墙面则可视为传统漏窗的“转译”。复杂且开敞的山墙面与传统的实体山墙形成了鲜明的对比，凹凸不平的铝板镂空饰面是对传统元素的再次映射。二层单元式的落地窗，通过高反射的整块玻璃将周围山景倒映其中，仿佛一幅山水长卷，“巧于因借”的园林意趣得以展现。

一层平面图

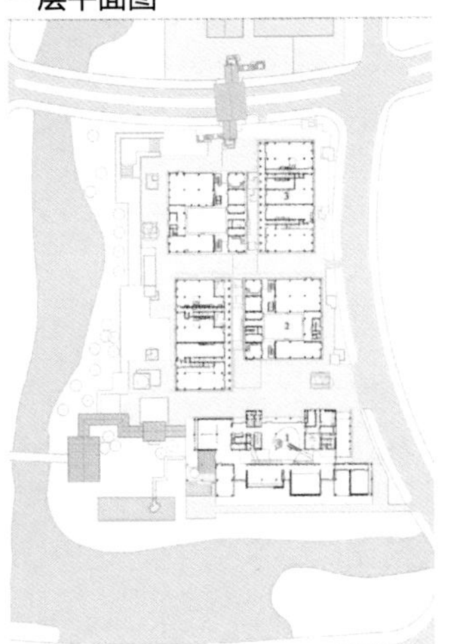

2、3 号楼立面图 1

2、3 号楼立面图 2

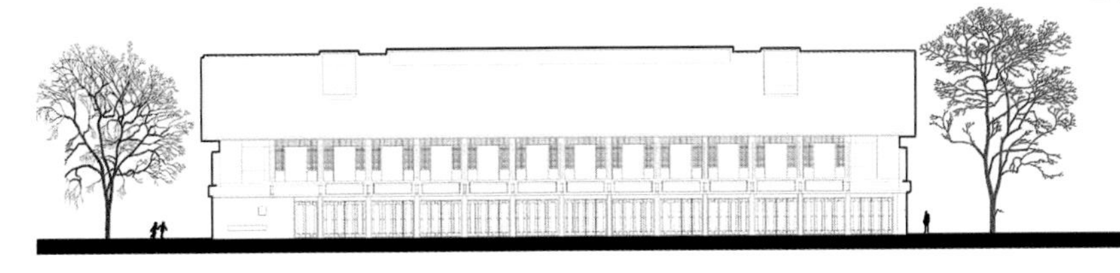

新纬壹国际生态科技园（2011G68一期项目）产业园BC区

项 目 类 型： 公共建筑
设 计 单 位： 江苏省建筑设计研究院有限公司
建 设 地 点： 南京市建邺区江心洲纬七路与葡萄园路相交处东南部
用 地 面 积： 56000m^2
建 筑 面 积： 11523m^2
设 计 时 间： 2012.02—2015.06
竣 工 时 间： 2018.12
获 奖 信 息： 一等奖
设 计 团 队： 徐延峰　彭六保　王超进　陈　丽　张　弛
李怀壮　王小敏　冯　瑜　张　磊　危大结
夏卓平　刘晓庆　邹敏杰　陈　仲　江　敏

设计简介

新纬壹国际生态科技园（2011G68 一期项目）产业园 BC 区位于南京市建邺区江心洲生态岛纬七路与葡萄园路相交处东南部。项目位于城市自然资源的中心地带，坐拥壮丽的长江湿地公园景观带。

为底层架空、内院围合的空间形态，设计创造性地采用无梁的单向板结构，倒锥形体量支撑连接于室外地面，主要柱落于土丘中。平衡的建筑密度，屋顶绿化，整合的水利系统，自然通风，自然照明的内部空间，营造出绿色生态的宜居空间。

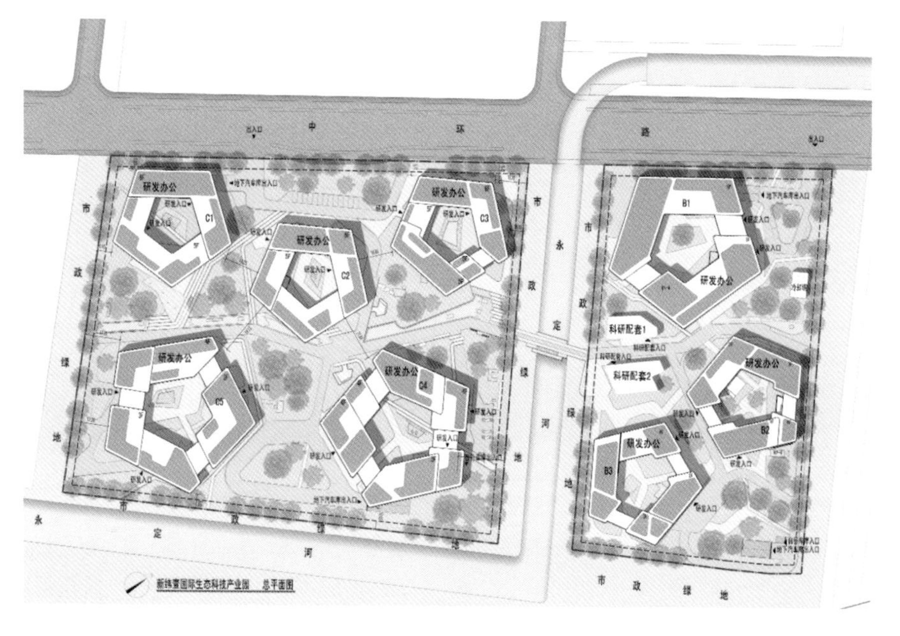

总平面图

C 区一层平面图

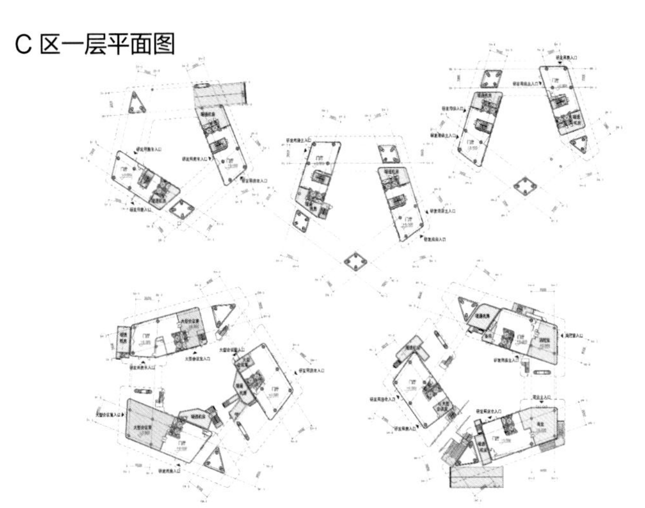

C2 栋东南立面图

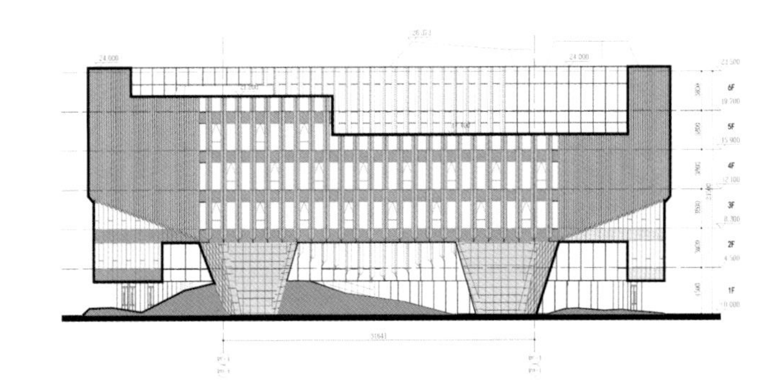

银城Kinma Q+社区
（NO.2003GO4地块B-2、B-3项目继续建设）

项目类型：公共建筑
设计单位：南京长江都市建筑设计股份有限公司
建设地点：南京市栖霞区马群街道
用地面积：19700m^2
建筑面积：76964.7m^2
设计时间：2016.07—2016.12
竣工时间：2018.08
获奖信息：一等奖
设计团队：徐劲松　董文俊　常飞虎　范玉华　刘大伟
范　翔　武　锐　蔡振华　金　鑫　刘　俊
孙娅淋　何学兵　李金鑫　丁　乾　赵厚勤

设计简介

项目坐落于紫金山脚下，环境优美，交通便利，以绿色作为主打色，个性鲜明，富有朝气，为年轻创业者们打造了个性化LOFT 社区。基地面积19675.27平方米，包含办公、商业、餐饮娱乐等功能，联合腾讯打造一个基于“互联网+”的智能化“青年乌托邦”项目，成为在南京青年群体的聚集场地，集工作、娱乐、生活为一体的青年社区。力求做到以年轻人日常办公为基础，以引领活力，积极的生活方式为目标，赋予项目独特的属性，成为让年轻人拥有归属感的生活聚集地。

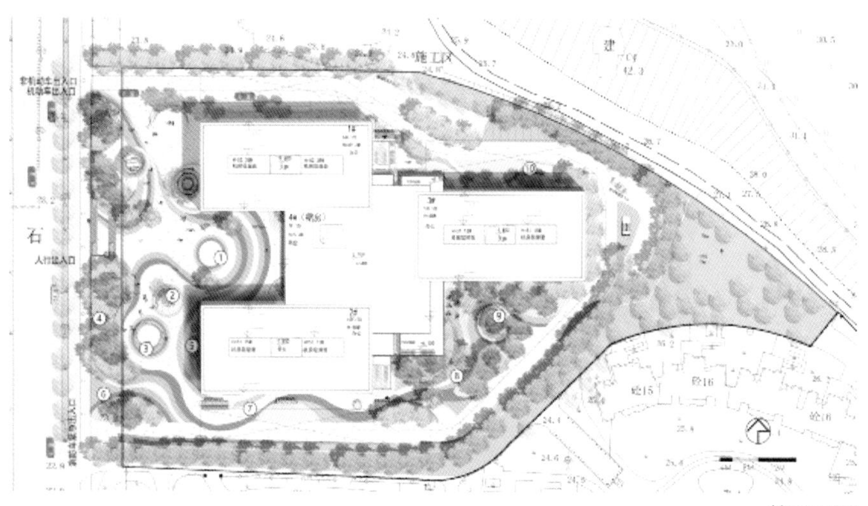

总平面图

银城
佳通
酒店
半饱
CATERING

INS.
Mall 浪里
KFC

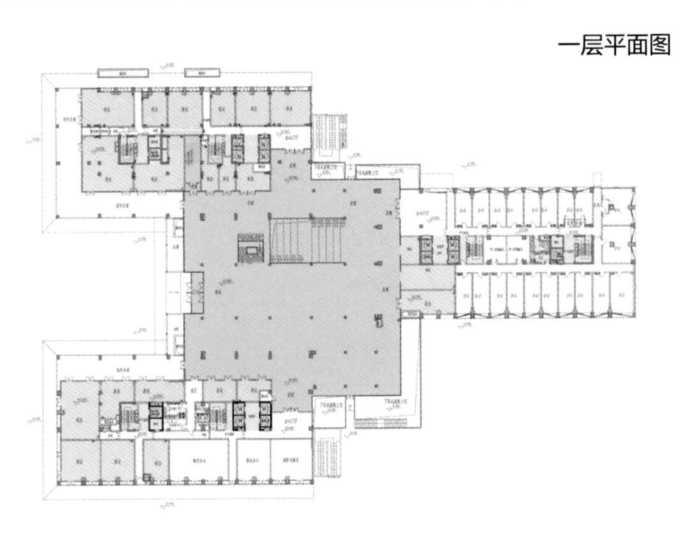

一层平面图

1-8 剖面图

丁家庄二期保障性住房项目

项目类型： 公共建筑
设计单位： 南京城镇建筑设计咨询有限公司
东南大学建筑设计院有限公司（合作）
建设地点： 南京市栖霞区寅春路以东、瑞福大街北侧
用地面积： 27163.2m²
建筑面积： 26672.51m²
设计时间： 2015.03—2015.08
竣工时间： 2019.06
获奖信息： 一等奖
设计团队： 马　进　杨　靖　肖鲁江　钱正超　姚　凡
李　辉　于洪泳　王　健　张宗超　张宗良
赵月红　孙维斌　徐　艳　孙长建　曹　倩

设计简介

本方案由“一轴、二片、三廊”组成。一轴是由主教学楼、综合楼夹拥而成的校园中心广场；二片是指普通教学区和综合活动区；三廊将校园内的所有建筑联系起来，保证教学活动不会受风雨的影响，为紧张的校园生活平添一份闲适。

主入口位于场地东面，进入校园后道路即向两侧分流，入口处设有机动车临时停车和校车停车位。学生可以沿着室外大楼梯拾级而上，进入主教学楼的教室。课余时分，学生可以站在广场四周的环底内，观赏广场上表演、展示。项目布局既具有轴线、等级等规则的形制，又不失活泼、灵动的微观空间，符合教学场所礼乐相成的传统文化要求。

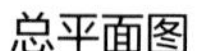

总平面图

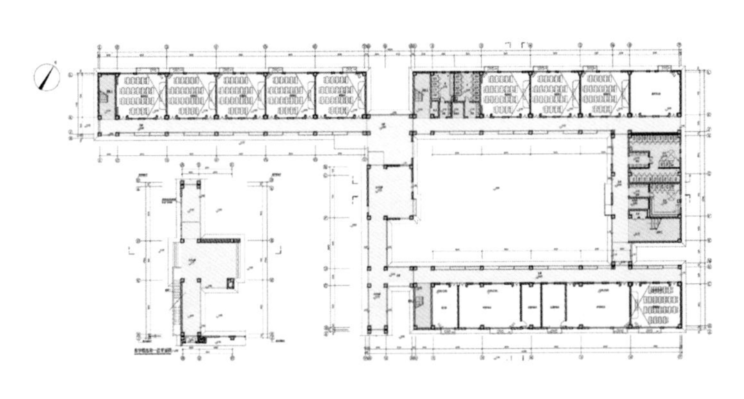

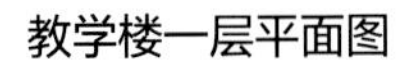

教学楼一层平面图

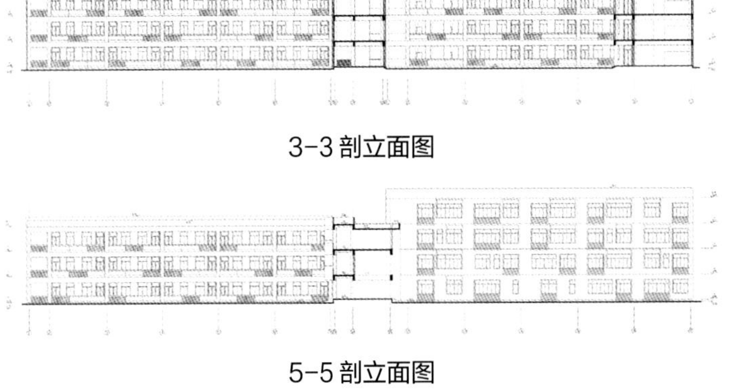

3-3 剖立面图

5-5 剖立面图

南捕厅历史城区大板巷示范段保护与更新项目

项目类型： 公共建筑
设计单位： 东南大学建筑设计研究院有限公司
建设地点： 南京市秦淮区大板巷
用地面积： 10874m^2
建筑面积： 18122m^2
设计时间： 2015.06—2019.06
竣工时间： 2019.06
获奖信息： 一等奖
设计团队： 钱 锋 孙承磊 孙铭泽 殷伟韬 盛 吉
钱汇一 梁沙河 王 凯 陈振龙 李斯源
赵 元 李 响 沈梦云 钱 锋 龚德建

设计简介

项目所在区域是南京市历史街巷的重要载体，是重要的历史风貌区之一。设计方案旨在打造传承历史文脉、满足未来多元需求的历史风貌街区。设计采用“小规模、分单元、渐进式”的更新原则。方案保持了街区传统街巷肌理和尺度，形成了自然、丰富的院落肌理，延续原有街区历史格局，保留历史原真性。

设计团队通过调研分析，研究归纳建筑样式符号、铺地方式等，提炼南京传统特色的模式语言，并落实到建筑设计中。单体建筑修缮采用“能保则保，应保尽保”的原则，对于推荐保留的近现代多层建筑进行原址、原尺度更新设计，不改变原有高度和轮廓；对于无保留价值的建筑采取改建的策略，层数控制二层为主，增加高度不超过7米。本设计在立面上与传统风貌相协调，尤其是东侧与“甘熙宅第”相邻，参考街区内传统建筑，严格按照传统尺度和特色建造，形成了良好的传统风貌街巷空间。

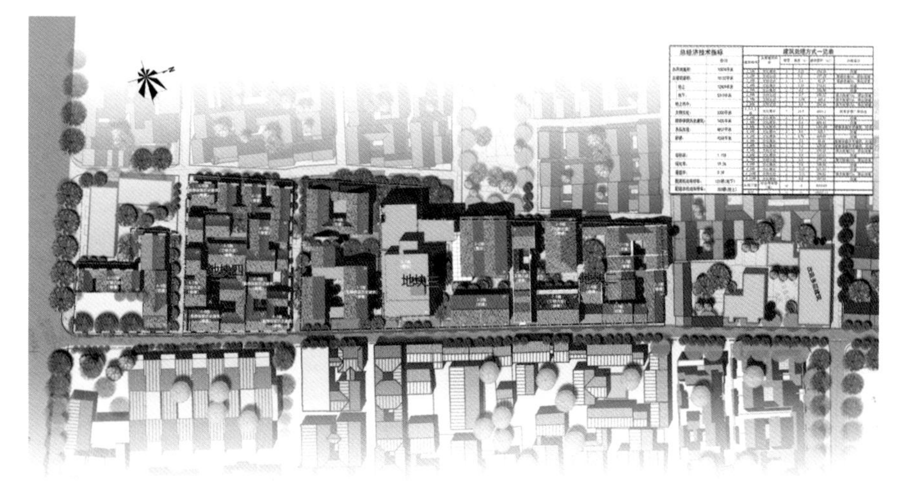

总平面图

宽渡
71号
大板巷71号民国建筑

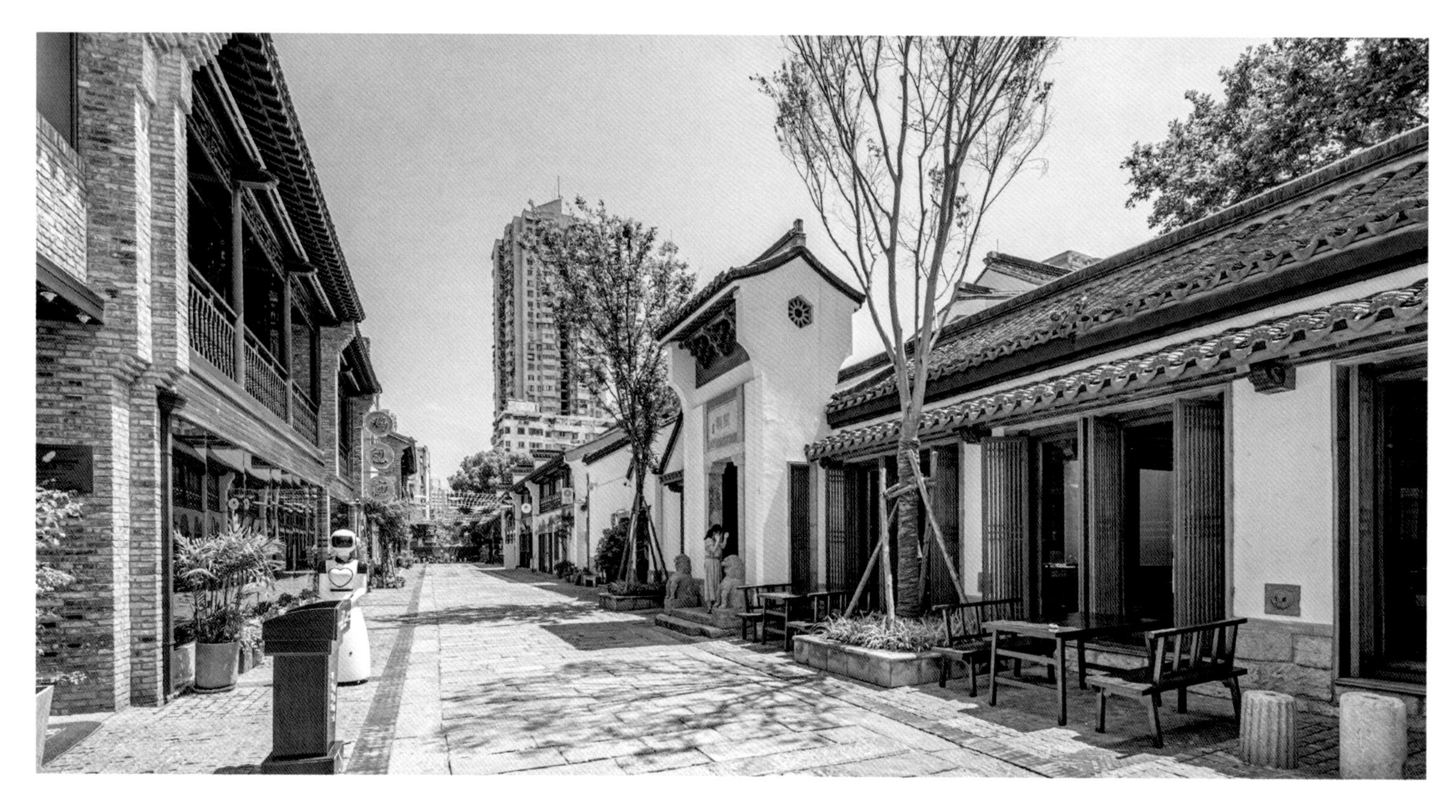

花納香·百戏园客栈

四号地块一层平面图

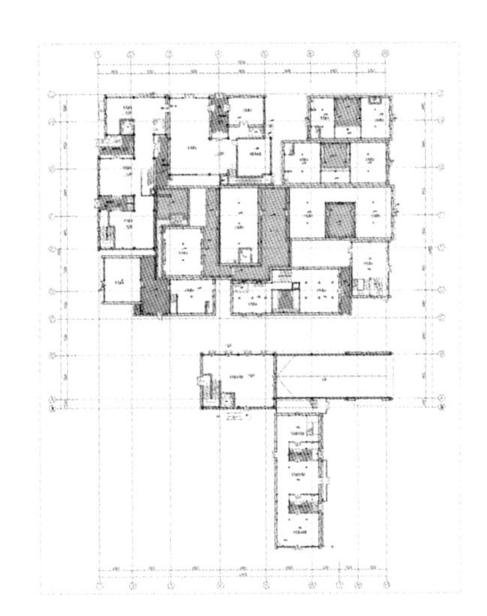

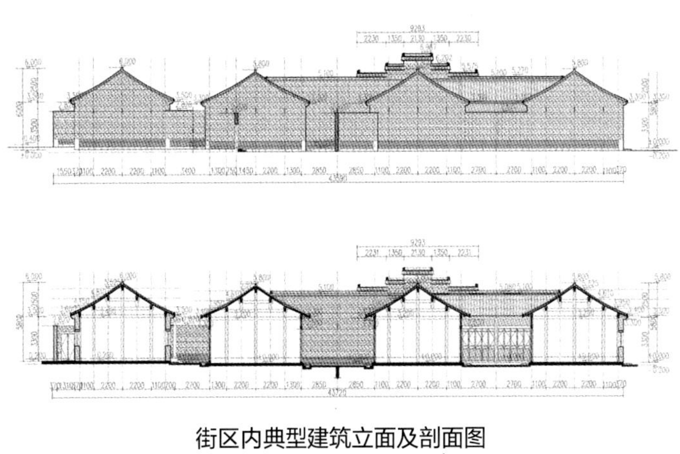

街区内典型建筑立面及剖面图
（大板巷 27 号文物修缮）

中花岗保障性住房地块公建配套项目

项 目 类 型： 公共建筑
设 计 单 位： 东南大学建筑设计研究院有限公司
建 设 地 点： 南京市栖霞区
用 地 面 积： 20433m^2
建 筑 面 积： 48055.17m^2
设 计 时 间： 2016.05—2017.08
竣 工 时 间： 2019.02
获 奖 信 息： 一等奖
设 计 团 队： 马　进　周　玮　朱筱俊　韩治成　张本林　罗振宁　李　骥　张　萍　朱思洁　王　凯　李斯源　陈　拓　钱　锋

设计简介

设计方案整合了复杂的功能流线，强化社区中心的动静分区，加强公共活动部分对城市商业街区的开放性以及医疗养老部分与城市景观绿地的结合，并深化设计了建筑室内的公共空间及内外空间交互，以提高建筑内部和外部环境的品质。

本项目包括六大功能模块：社区服务中心、社区文化设施、社区商业金融服务设施、社区卫生服务、社区养老和派出所。根据功能性质，六大功能模块被组合成三个片区，根据城市界面的动静分区，商业、社区服务中心片区位于人流量大的花港路一侧，社区卫生服务与养老位于拥有良好日照的南侧，派出所连带附属庭院独立设置。功能动静结合、内外分区清晰，兼顾了各自的商业利益和城市形象，并通过造型的组合关系强化了功能关系。

设计方案强调社区中心的城市公共性，以开敞中庭和开放的入口来容纳阴雨天的社区公共活动。综合服务体块设置开放的公共中庭，串联起商业，文化，社区服务等一系列公共性较强的空间。将中庭与入口打通，公共空间连为一体。

设计利用彩色元素的立面跳色，塑造色彩鲜明多变且充满活力的社区空间。入口处采用彩色“盒子”穿插交错，钢结构的玻璃顶棚带来丰富的光影变化。横向的水泥挑板用深色金属封边，用竖向的彩色水泥压力板做外遮阳，采用倾斜角度不同的彩色铝板制作空腔。沉稳的暗色横向线条与活泼的彩色竖向元素形成鲜明对比，立面丰富活泼。

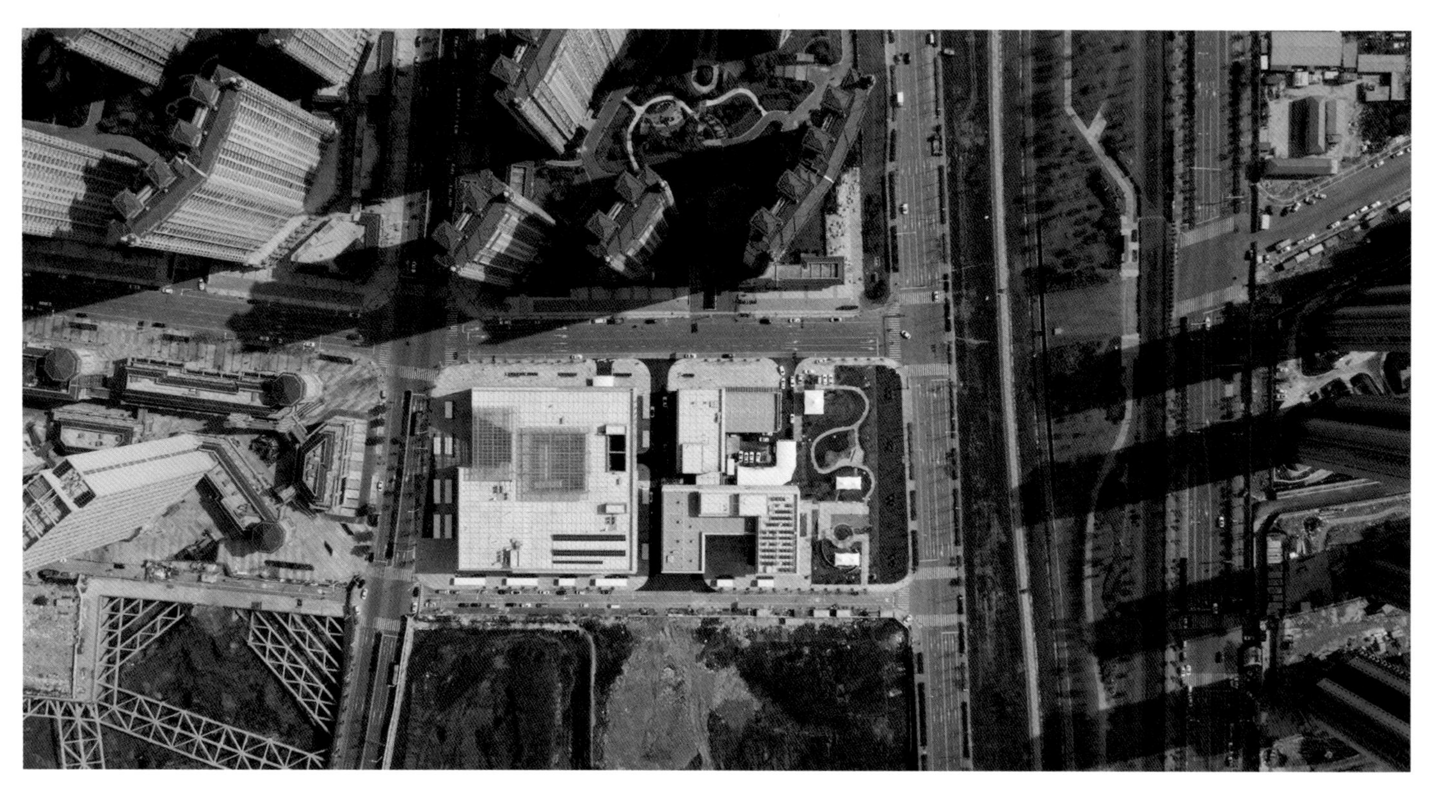

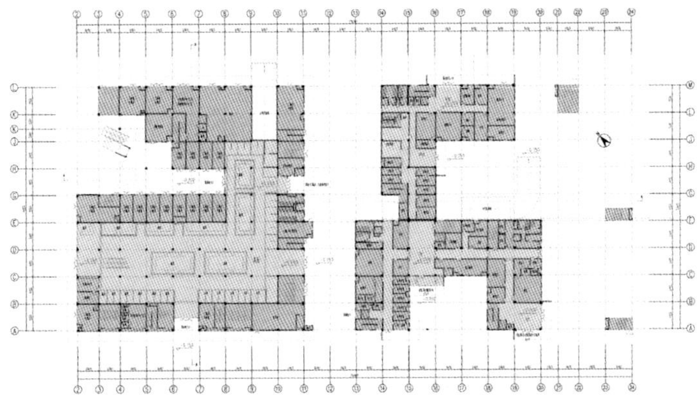

一层平面图

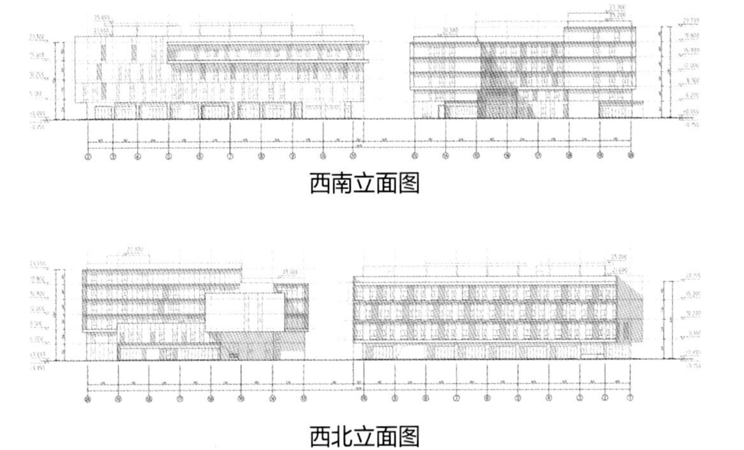

西南立面图

西北立面图

南京世茂智汇园&52+Mini Mall（NO.2015G56项目B地块）

项目类型：公共建筑
设计单位：江苏省建筑设计研究院有限公司
上海成执建筑设计有限公司（合作）
建设地点：江苏省南京市雨花区
用地面积：33575.71m^2
建筑面积：146331.41m^2
设计时间：2016.07—2017.01
竣工时间：2019.03
获奖信息：一等奖
设计团队：徐延峰　王超进　杨　博　李　伟　许姗姗
段　婷　朱　莉　朱　琳　侯志翔　张　成
李　渊　董江阳　张　嵘　刘　霞　王　蕾

设计简介

本方案位于南京市中国软件名城的中心区，紧邻软件大道新城联系轴，是连接软件谷老城区与新城区的核心板块。本方案功能具有多重属性，包括购物中心、高层办公、花园办公等。规划强调各功能组成部分在同一系统中共存，不同功能之间的相互助益使得城市综合体成为城市生活的缩影。

本设计注重城市空间的分析，延续软件谷城市肌理，形成连续的城市文脉。内向型的空间布局，通过各种资源的向心集聚效应吸引更多的城市要素，并对周边产生辐射效应。利用边界的柔化、通透来暗示空间的可接近性和内部活动的开放性，展现出其包容感与互动感。

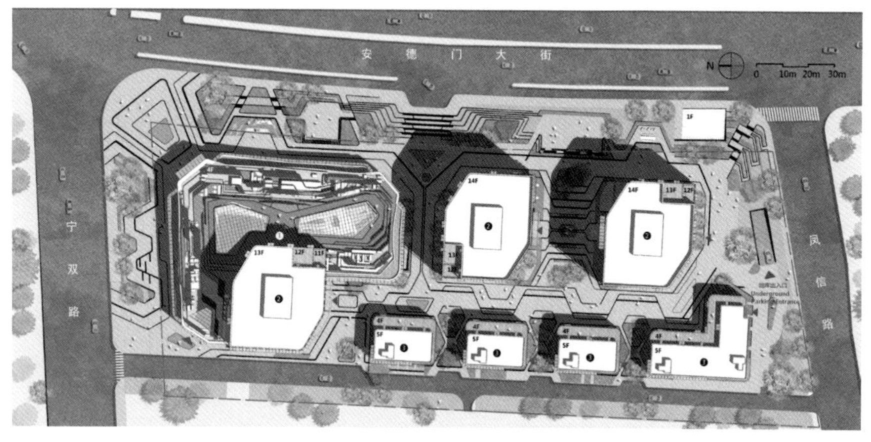

总平面图

世茂
世茂52+
52+
HOWDY CVS
好的
HOWDY CVS
花千醉

世茂52+
52+

一层平面图

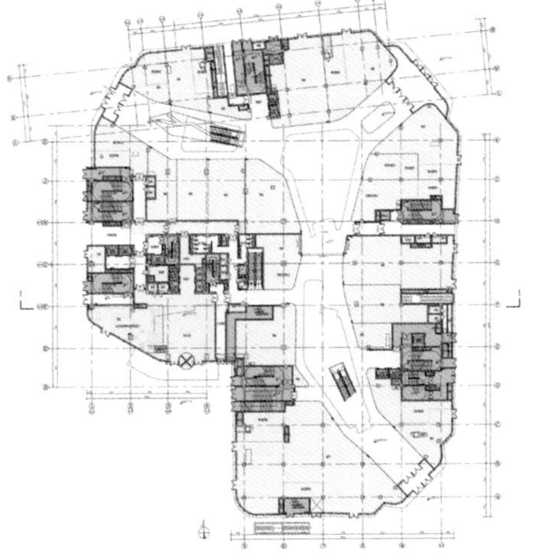

剖面图

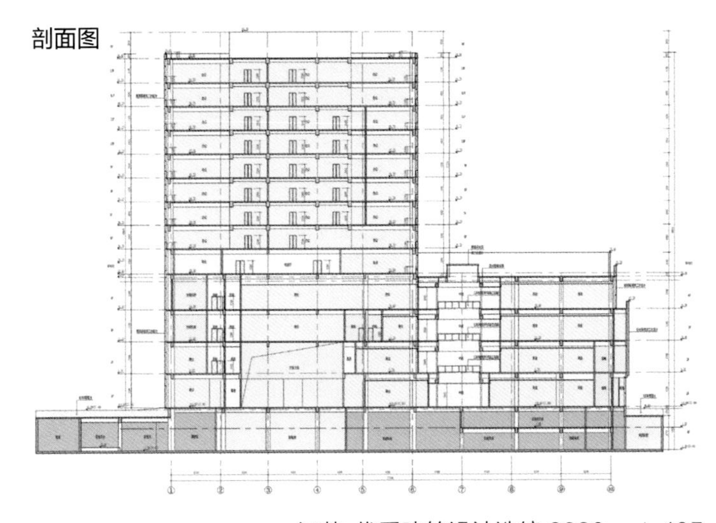

爱涛商务中心

项 目 类 型： 公共建筑
设 计 单 位： 南京大学建筑规划设计研究院有限公司
建 设 地 点： 南京市江宁区
用 地 面 积： 41067.48m^2
建 筑 面 积： 49157.54m^2
设 计 时 间： 2015.01—2015.12
竣 工 时 间： 2019.06
获 奖 信 息： 一等奖
设 计 团 队： 冯金龙　程　超　肖玉全　赵　越　施向阳
董　婧　袁　梅　顾志勤　吴　挚　谢忠雄
季　萍　葛鹏飞　丁玉宝　倪晓俊　彭　阳

设计简介

规划布局将展馆设于地块西侧，楔形体量从北面道路跨越到南面的水边，一方面将湖面与建筑衔接，另一方面形成西侧边界。设计立足南京本土文化精髓，创造契合环境和文脉的建筑表情。设计取意悠扬的古曲，以古琴温婉的曲线表达历史的厚重，以音乐作为建筑设计灵感的源泉。作为标志性建筑，规划及建筑设计主张有机统一和高效利用优势资源。

建筑单首层造型独特的雨篷为展馆裙楼和办公塔楼共用，主要出入口独立互不干扰。通过一个两层高的入口可达商务中心办公区，设置有会议室和位于上层的商务吧堂，可供办公区和展览馆用户使用。办公塔楼部分经典高效的核心筒形式可满足不同平面布置的需求，并确保立面通透不受楼梯或电梯的影响。

商务中心塔楼平面轮廓结合了正交和曲线造型，南立面的柔美曲线朝向湖面。塔楼采用玻璃幕墙，呼应现有艺术馆，立面以简洁的弧线与裙楼展馆呼应，修长的形体比例适合建筑高度。冠部采用灯笼造型，以通透的穿孔铝板包裹，背光照明以照亮建筑顶部，凸显建筑的标志性。

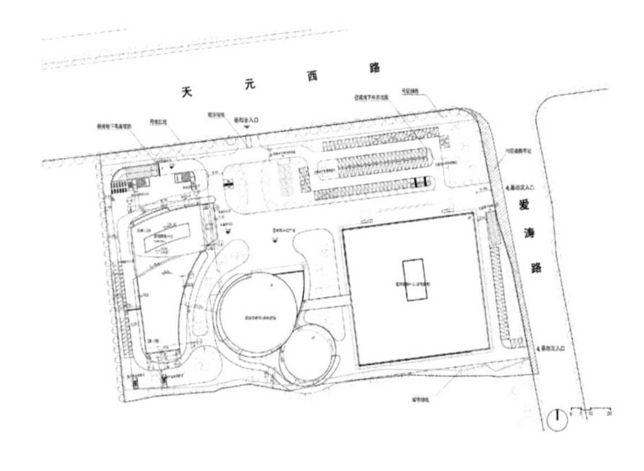

总平面图

artall

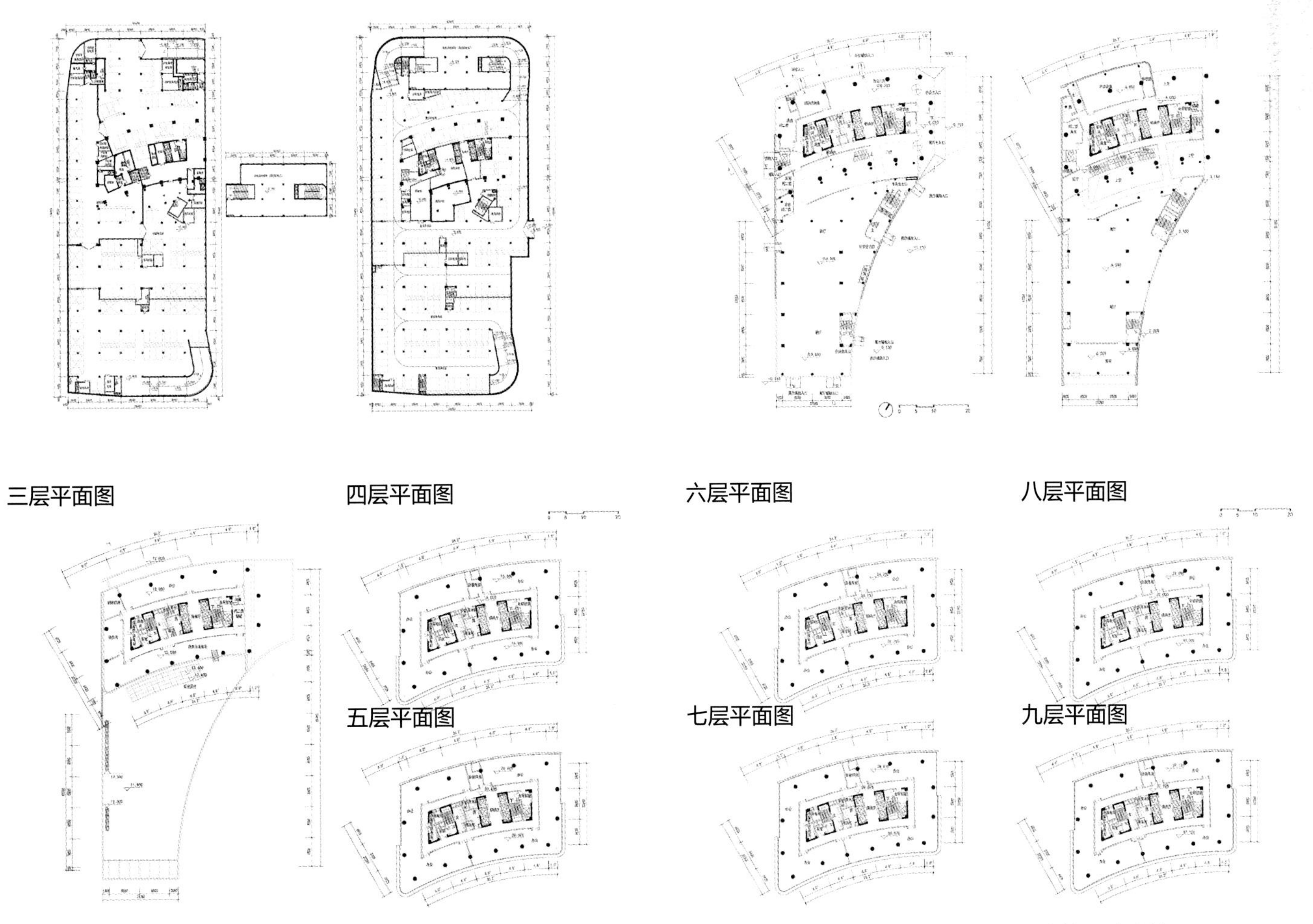

地下二层平面图　地下一层平面图　一层平面图　二层平面图

三层平面图　四层平面图　五层平面图　六层平面图　七层平面图　八层平面图　九层平面图

无锡恒隆广场（裙房及西塔楼）

项 目 类 型： 公共建筑
设 计 单 位： 江苏城归设计有限公司
凯达环球有限公司（合作）
建 设 地 点： 无锡市梁溪区
用 地 面 积： 37323.9m^2
建 筑 面 积： 373897.35m^2
设 计 时 间： 2008.06—2010.04
竣 工 时 间： 2014.08
获 奖 信 息： 一等奖
设 计 团 队： 林静衡　朱向红　黄新煜　周满清　钱祖卫
吴　梅　郁　忠　陆鸣明　石　云　徐旭光
高洪斌　祁礼庭　吴　明　江　勤　吴小俊

设计简介

鉴于无锡地处太湖之滨，设计方案在主体建筑造型中引入“帆”的概念，玻璃幕墙轻巧通透，既体现地域位置的含义，又寓意无锡城市发展将扬帆起航的美好愿景。为更好地传承历史文脉，项目保留了坐落于用地中心的城隍庙内外戏台和偏厅建筑（始建于明朝1369年），并充分考虑新旧建筑的对位关系，将新旧建筑融为一体。两幢新写字楼与保留建筑群保持轴线对称，形成建筑围合风貌。在城隍庙四周与新建筑之间预留出开阔场地作为露天广场，为新老建筑间增加了对话的空间和联系的纽带，不仅可以减缓高层塔楼对老建筑的压迫感，更让二者对景共生、和谐共存。开放的景观广场环绕着这组古建筑群，不但增强了建筑的历史韵味，也创造了历史感与当代感的强烈对比。

立面设计讲求层次对比，利用虚实、光暗的反差塑造出高雅脱俗的形态，幕墙的应用使明暗光影的效果更佳突出。本工程采用多种特色幕墙，与橱窗展示、太阳能板、微型LED灯、塔楼雨篷、隐藏式排水管道等多种功能相协调，做到美观与功能、科技与艺术的完美结合，使之成为一个崭新体验的商业社区新聚点，为无锡市打造繁闹地标性的亮点。

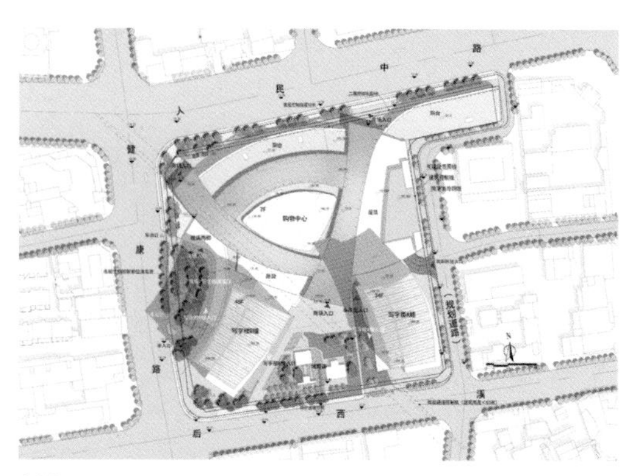

总平面图

Ermenegildo Zegna
LOEWE
VALENTINO

VERSACE

blue frog
blue frog

平面图

立面图

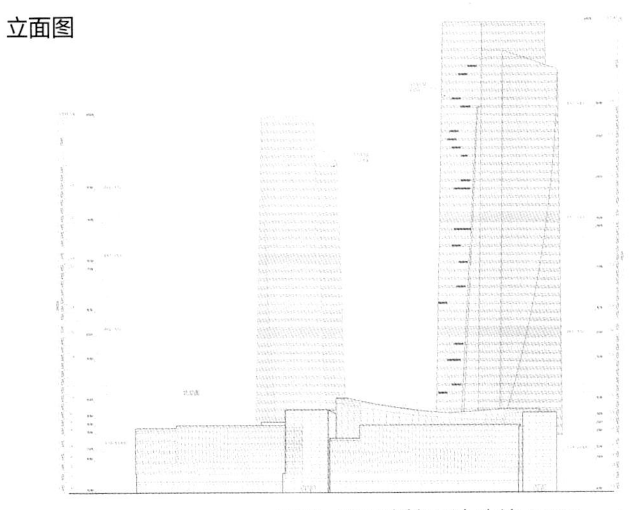

苏地2016-WG-42号地块

项目类型： 城镇住宅和住宅小区
设计单位： 苏州华造建筑设计有限公司
上海都设营造建筑设计事务所有限公司（合作）
建设地点： 姑苏区泰华东路东侧，东二路南侧
用地面积： $15400m^2$
建筑面积： $5600m^2$
设计时间： 2017.05—2017.06
竣工时间： 2019.06
获奖信息： 一等奖
设计团队： 张伟亮　凌克戈　韩　喆　方　杰　刘业鹏
陈劲丰　浦　诚　陶麒鸣　王倩岚　罗传招
代琳琳　嵇　馨　陈　龙　倪瑞源　葛舒怀

设计简介

本项目设计旨在通过人性化的设计理念营造出一个别具一格的温馨、自然的城市生活社区，在建筑风格及环境设计方面营造浓厚的人文气氛，满足高档次高品位的居住需求。小区园林景观设计秉承人文诗意的营造理念，布局上既有对称布置的大气，又融合了苏州园林式的曲径通幽。北侧主入口着力打造中轴线布局对称设计，并对空间的精神性进行强化。西侧主入口营造苏州园林式自然雅致的景观序列，追求意的优雅和境的深邃，本于自然，高于自然，把人工美与自然美巧妙地相结合，从而做到“虽由人作，宛自天开”，在有限的环境下创造出无限的自然山水意境。通过小品的布置，假山、竹林及栈桥的有机结合，中心绿化采用图案化的硬质铺地与自然草皮相结合的手法，打造粉墙黛瓦，图案花窗，锦缎路石，精雕细琢的空间。

本设计基于城市整体风貌，将住宅的上部体量设计为粉墙黛瓦的基调形态，并在顶部做出较为丰富的屋顶造型，力求在大的群组中寻求细致的变化。设计在有序的规划中，传承古城的传统肌理和风貌，形成错落的体型，将苏式建筑的淡雅、轻巧、温和表达出来。

总平面图

庭雪堂

一层平面图

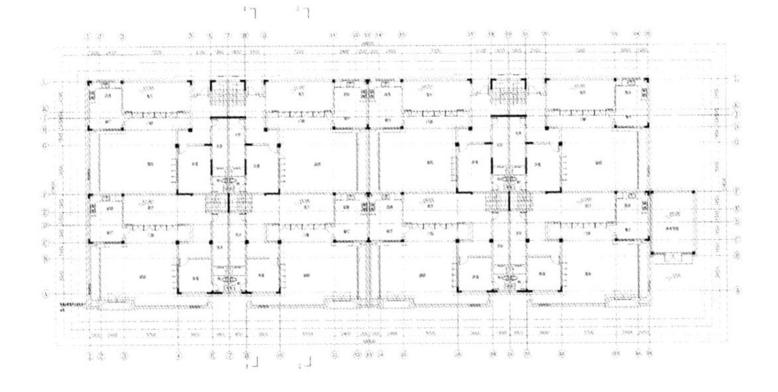

二层平面图

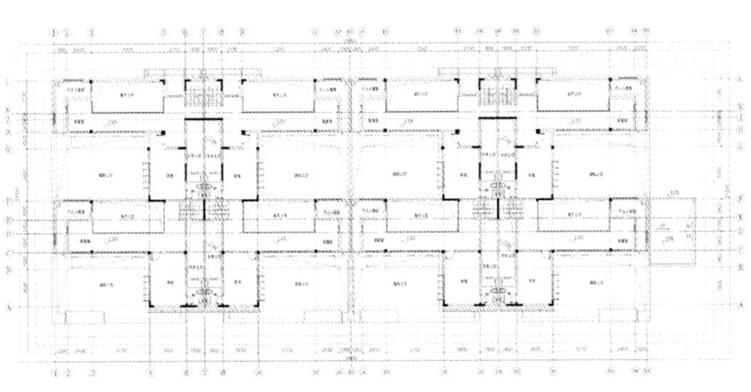

三层平面图

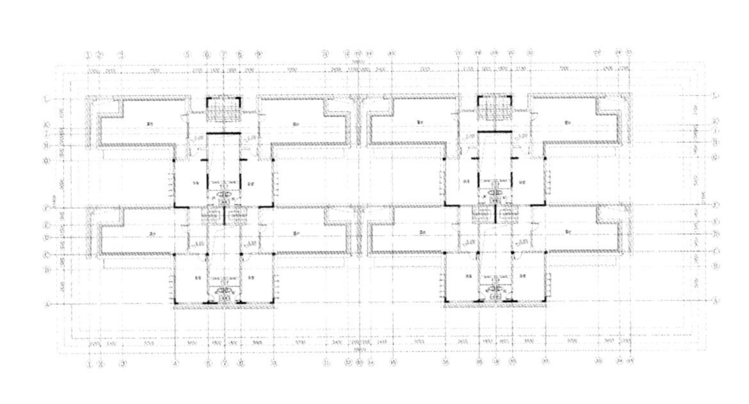

5 号南立面图

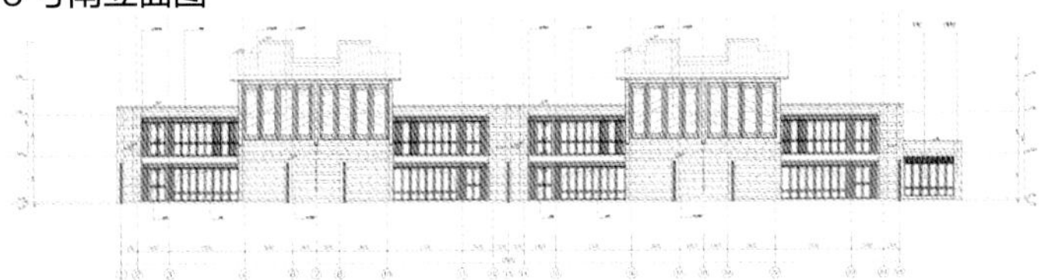

5 号东立面图

5 号西立面图

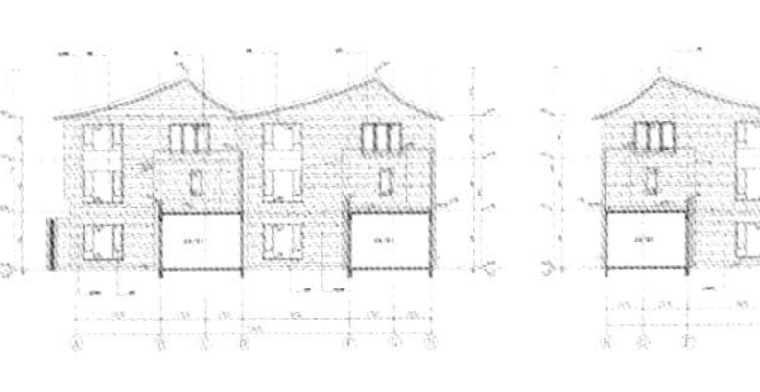

扬州万科第五园项目（622地块二期）

项目类型：城镇住宅和住宅小区
设计单位：南京长江都市建筑设计股份有限公司
上海骏地建筑设计事务所股份有限公司（合作）
建设地点：江苏省扬州市邗江区扬子江北路618号
用地面积：$62000m^2$
建筑面积：$62000m^2$
设计时间：2016.09—2017.10
竣工时间：2019.01
获奖信息：一等奖
设计团队：王克明　黎晓明　江　韩　朱云龙　汤洪刚
周凤平　刘　强　范青枫　孔明亮　杨先财
洪　峰　喻赛强　董尔翔　史　瑞　徐贤俊

设计简介

每一个时代都有独属时代不可复制的园林。理想的园林不仅在于物境，更在于它传递出的志趣、审美和生活观念。扬州万科第五园以天、地、人、水、墙五法造园，在用一山一石、一亭一阁、一草一木在瘦西湖畔，造一座通透的园林。万科第五园以骨子里的中国，在城市与山林，传统与未来之间，两得其宜，积淀扬州人文湖境，以通透园林致敬每个扬州人对园林人居的向往。

万科第五园在项目推进中始终把生活的场景融入设计之中，把传统园林中的“厅”演变为业主回家的大堂与朋友来访的等候休息区。船坊为聚会私宴提供了场所，戏台让业主活动有了精神聚焦点，社区客厅成为“宗族”式的集会中心。这里发生的一切都植根于生活方式本身，呈现出更优质的形态。“门”升级为“堂”，这里成为业主归家的第一礼序。大堂的形式尝试了具有火巷、天井等扬州园林的精神空间。大堂室内书架和两组沙发为业主及客人提供了休息空间和等候场所，同时解决了收发信件所带来的管理问题。设计将大堂屋顶、天井与室内的边界模糊处理，形成一种自然而然的空间过渡。八扇特种玻璃的屏风也是一个营造难点。屏风灵感来源于东京一处建筑立面，屏风立面随着人的移动而变化，这种效果是玻璃半圆形截面折射产生的现象。业主进入大堂的灰空间下，扬州八怪的八种竹影在玻璃与光线下若隐若现的摇曳，纵然没有一颗竹子，也能让人感受到竹林夹道的尊贵到达感。

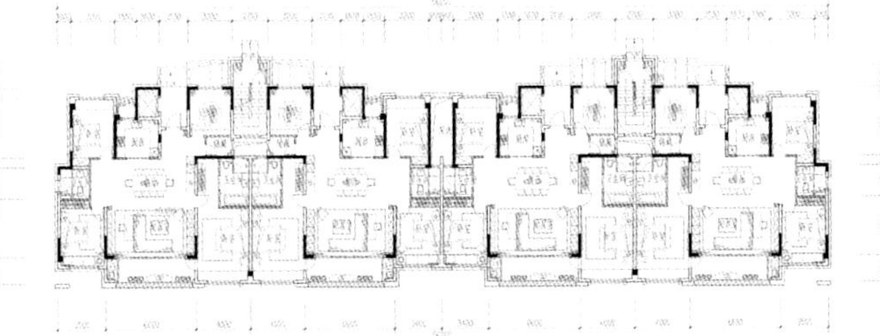

大平层一层平面图

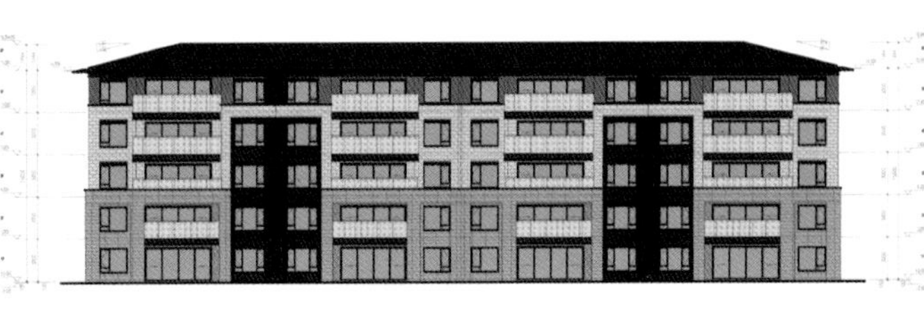

大平层建筑立面图

安品街牙檀巷

项目类型： 城镇住宅和住宅小区

设计单位： 南京长江都市建筑设计股份有限公司
中国建筑设计研究院有限公司（合作）

建设地点： 南京市秦淮区安品街

用地面积： 27000m²

建筑面积： 27000m²

设计时间： 2010.06—2015.03

竣工时间： 2019.04

获奖信息： 一等奖

设计团队： 李兴钢　王　畅　王克明　濮炳安　刘　振
杨海沫　巫可益　高华国　许　建　朱云龙
朱善强　江　丽　昌文彬　孙忠锦　赵厚勤

设计简介

本设计基于“八爪金龙”的基本思想，形成了“八爪金龙”的街巷格局。建筑布置以住宅的多种组合形成团状或条状空间形态，建筑与建筑之间形成传统尺度的街巷。每户建筑均有若干内院和采光井，采光和通风条件良好。方案强化文化景观路径、弯折+局部放大的街巷空间、南北主街+内环小巷的街巷布局、断续的街巷空间、线性绿化+高大乔木，最终形成“街-巷-院-井”的组合空间。

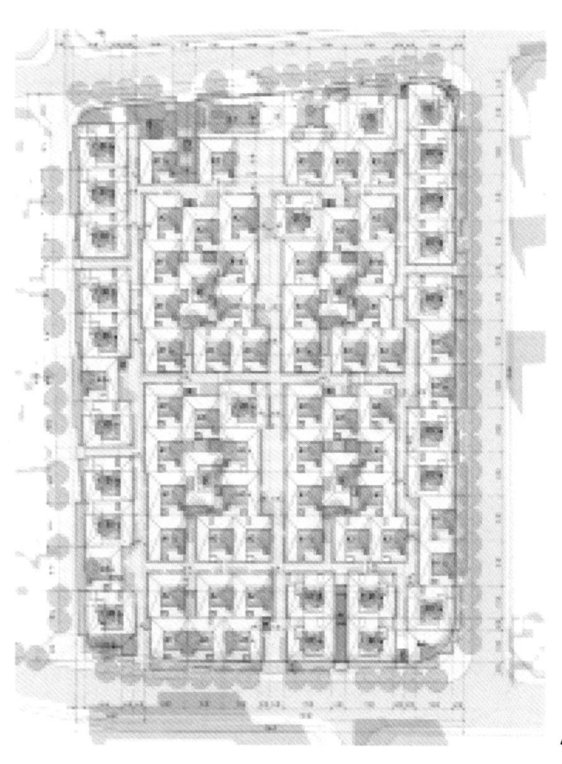

总平面图

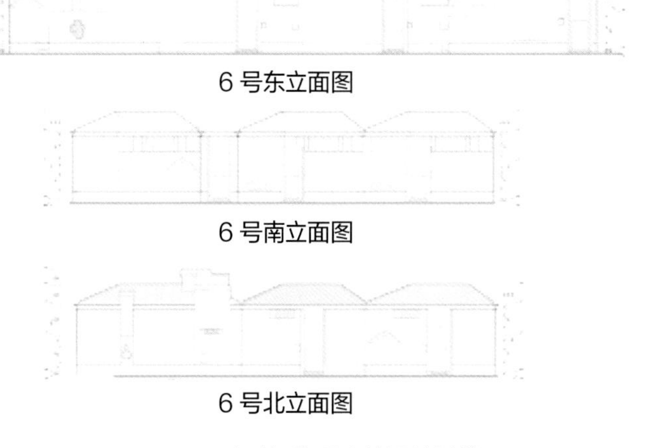

6 号东立面图

6 号南立面图

6 号北立面图

6 号一层平面图　　6 号二层平面图

南京鲁能公馆

项 目 类 型： 城镇住宅和住宅小区
设 计 单 位： 南京长江都市建筑设计股份有限公司
建 设 地 点： 南京市建邺区双闸街以西、螺塘街以南、秦新路以北
用 地 面 积： $65000m^2$
建 筑 面 积： $58000m^2$
设 计 时 间： 2015.07—2016.07
竣 工 时 间： 2017.12
获 奖 信 息： 一等奖
设 计 团 队： 王克明　徐明辉　朱善强　张　磊　徐　阳
顾　巍　史蔚然　刘东海　徐　惠　项　琴
毛黎明　李　帅　濮炳安　汪　凯　何玉龙

设计简介

住宅建筑整体沿南北两侧用地红线方向设置了最大尺度的内部景观空间。会所设置于B地块西侧沿城市道路方向，兼顾小区形象主入口的功能。项目保留了古典主义风格中的材质、色彩，将人性的尺度和细节的考究纳入整体设计，将经典的艺术形象植入景观，大胆运用植物与建筑材质混搭，营造出尊贵大气，又极富艺术感的空间。

交通组织采用人车分流的方式，主要道路为周边的车行环道，内部的步行道通达各栋单体及各处景观节点，地下车库机动车出入口靠近小区入口布置，最大程度上保障住户的行走安全，同时又营造出丰富而人性化的步行道与景观系统，彰显以人为本的设计理念。

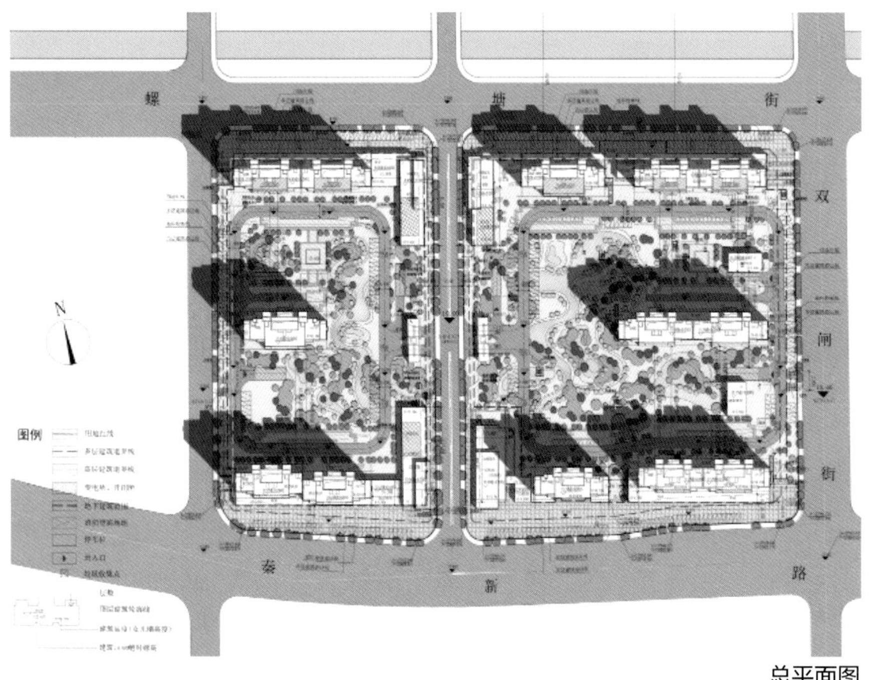

总平面图

欢迎HOME回家

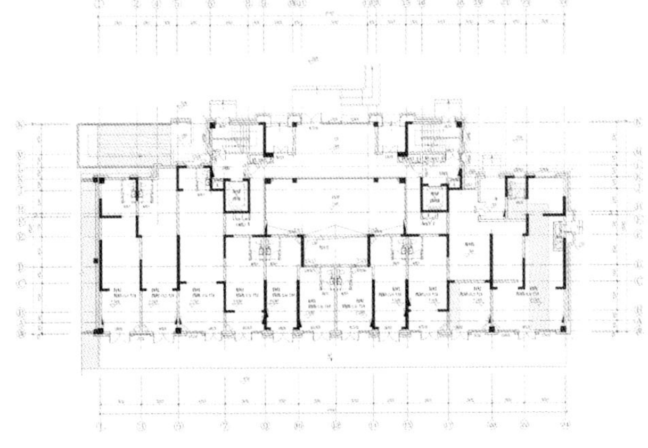

一层平面图

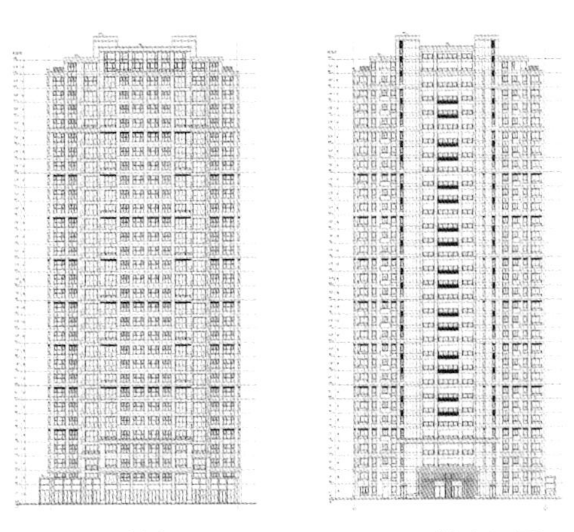

1-24 轴立面图　　24-1 轴立面图

江宁横溪甘村长库项目（NO.2009G48 地块项目）

项目类型：城镇住宅和住宅小区
设计单位：南京兴华建筑设计研究院股份有限公司
建设地点：南京市栖霞区马群街道
用地面积：61743m²
建筑面积：176642.28m²
设计时间：2016.09—2017.02
竣工时间：2018.12
获奖信息：一等奖
设计团队：郭 昊 钱 隽 王一健 蒋 俊 窦永佳
马荣荣 杨 磊 仇堂堂 夏永清 吴 涛
向桥峰 顾 旭 张亚彬 龚亚运 卞海峰

设计简介

本项目充分利用基地外围景观资源，如明城外郭风光带、运粮河自然景观带，并设置居住组团景观区以及情景商业街景观区，丰富整个项目景观资源，使得每栋建筑都有良好的景观视线。各地块避免对城市次干道上造成交通压力，选择在城市支路上设置机动车出入口，同一条支路上的两个机动车出入口错开以缓解两个地块入口处的交通压力。住区内部以一圈环路实现所有住栋的可达性，环路围绕中心景观。

设计结合建筑结构特点营造颇具特色的公共空间：利用剪力墙的围合形成角落空间；利用构造柱形成柱廊空间；利用中间通廊在山墙面开洞增加进深感；结合天井做地下车库采光井；设置可开合挡风设施；局部利用鹅卵石布置景观小品。同时，增加外廊的空间层次，将空间分为公共通道和入户空间两部分，界定领域感。在外廊与户门之间结合天井、电梯间或利用外墙的曲折创造入户空间，作为从户外公共空间进入户内私密空间的过渡空间。项目采用立体绿化，通过抬高地形形成起伏的景观环境，结合社区中心和商铺设屋顶绿化及下沉庭院绿化组成多层次的立体绿化系统。

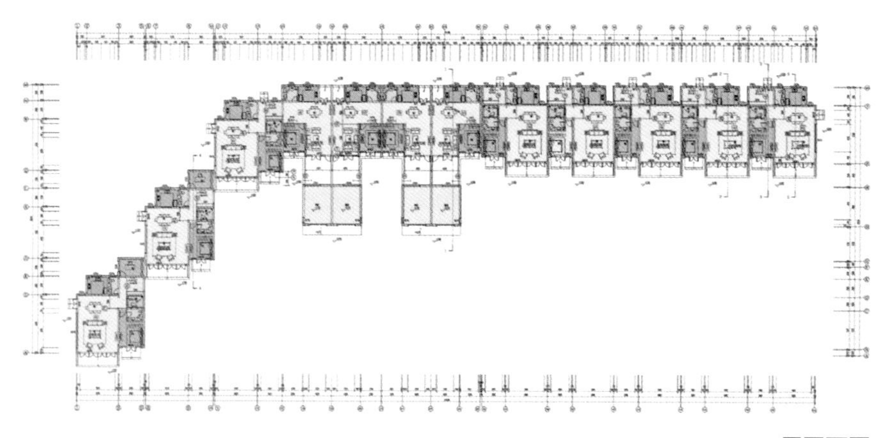

一层平面图

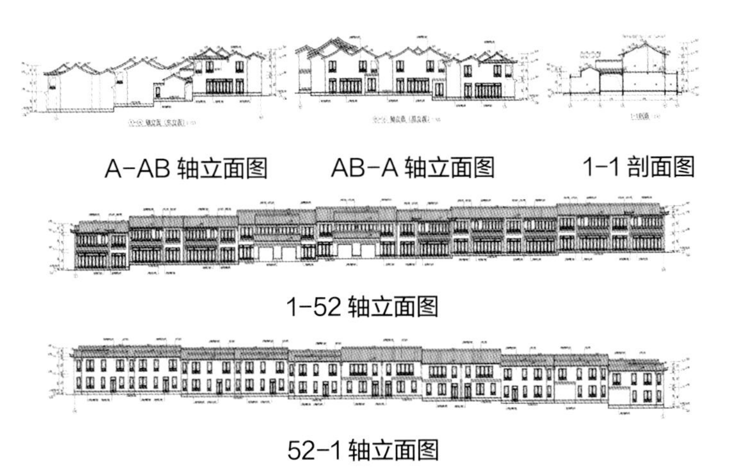

A-AB 轴立面图　AB-A 轴立面图　1-1 剖面图

1-52 轴立面图

52-1 轴立面图

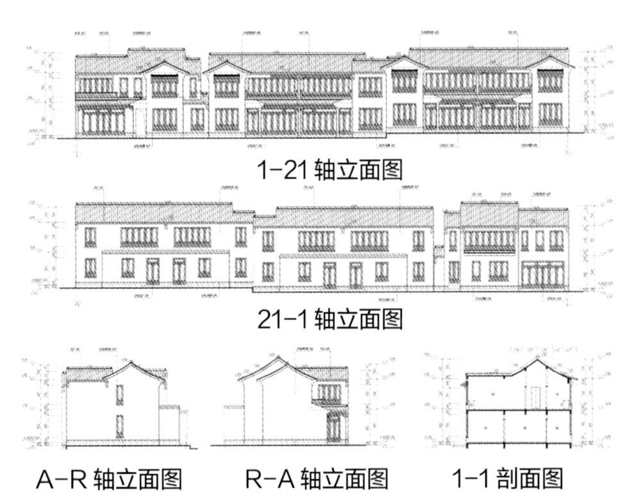

1-21 轴立面图

21-1 轴立面图

A-R 轴立面图　R-A 轴立面图　1-1 剖面图

苏州相城区黄埭镇冯梦龙村冯梦龙图书馆

项目类型：村镇建筑
设计单位：苏州九城都市建筑设计有限公司
东南大学建筑学院（合作）
建设地点：江苏省苏州市相城区黄埭镇
用地面积：1494m^2
建筑面积：1073.41m^2
设计时间：2018.01—2018.09
竣工时间：2019.02
获奖信息：一等奖
设计团队：张应鹏 王凡 王苏嘉 钟建敏 祁文华 缪隽琰 蒋皓 刘兰珣 张贵德 施晓霞 张琦 仲文彬 李琦波 蔡一斌 胡鑫

设计简介

冯梦龙图书馆位于苏州市相城区黄埭镇冯梦龙村，东侧毗邻冯梦龙故居与冯梦龙纪念馆，北侧临河，西侧和南侧被民居与农田环绕，整体环境恬静悠然，一派田园美景。故居建筑古朴苍然，纪念园虽是新建，却仿古法建造，与故居浑然一体。

冯梦龙图书馆总用地面积1494平方米，总建筑面积约1073平方米，建筑以一层为主，局部二层，外观力求达到与周围环境的和谐。粉墙黛瓦，绕墙而行，偶见花窗内透出绿波点点、书香阵阵。建筑总高度控制在周围民居高度以下，局部二层的空间也散落在地块中部，降低了从周围看去的视觉高度，充分体现了低调与内敛的设计主题。

总平面图

一层平面图

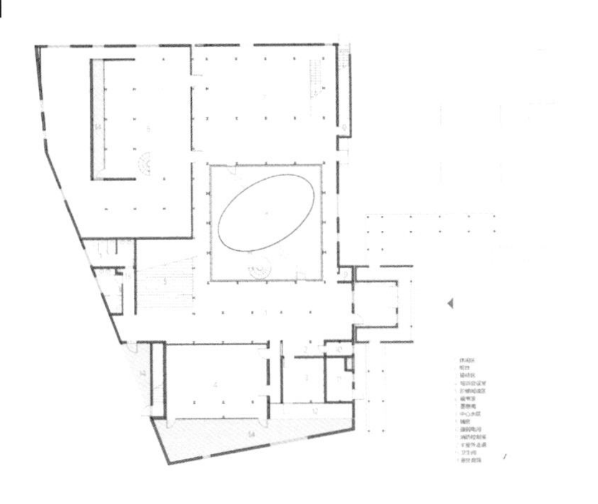

二层平面图

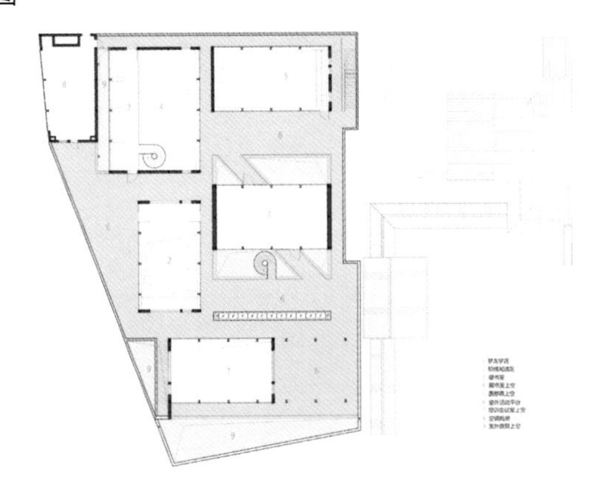

西浜村农房改造工程二期

项 目 类 型： 村镇建筑
设 计 单 位： 中国建筑设计研究院有限公司
苏州金典铭筑装饰设计（合作）
中诚建筑设计有限公司（合作）
建 设 地 点： 苏州昆山市
用 地 面 积： 2775m^2
基底面积： 297m^2
设 计 时 间： 2017.02—2017.08
竣 工 时 间： 2018.07
获 奖 信 息： 一等奖
设 计 团 队： 崔 愷 郭海鞍 向 刚 孟 杰 何相宇
文 欣 王 加 安明阳 胡思宇 武永宝
于 然 费一鸣 黄佳俊 董陈娟 张 林

设计简介

本项目对江南地区空斗墙的加固进行了重要的探索：采用了内部空斗灌浆、外部聚合物砂浆挂网加固等技术，采取精细化施工方式，逐层施工，逐层校验。采用碳纤维布对传统预制板进行加固。同时在楼板角部创新性地采用角钢进行薄弱部分的勘固。坚持轻建筑策略，新建筑采用钢结构体系，屋面采用轻质金属瓦，墙面采用轻质砌块和夹板墙，有效降低建筑荷载。利用无机保温膏料进行改造冷桥部分改善，提高房屋的整体节能水平。采用智能可变的天窗系统，有效降低热工损耗。在有限的小院内采用海绵技术，收集雨水并将对周边自然河道的影响降低到最低水平。

总平面图

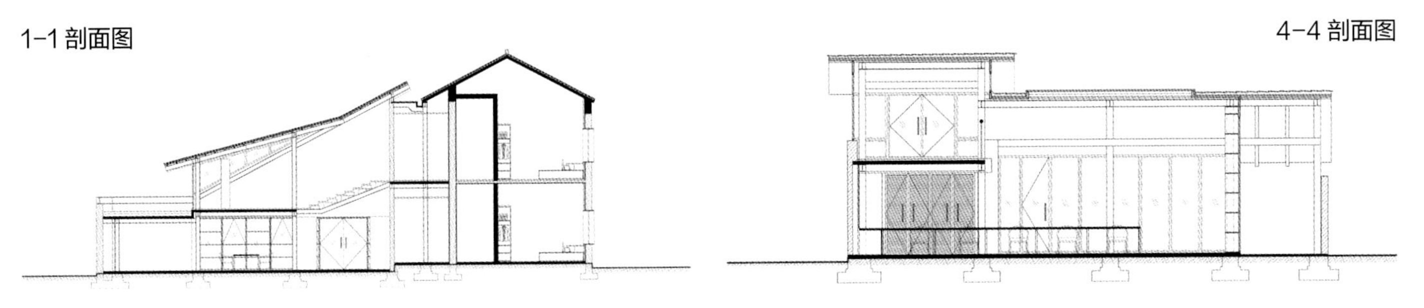
1-1 剖面图
4-4 剖面图

佘村社区服务中心

项目类型： 村镇建筑
设计单位： 东南大学建筑设计研究院有限公司
建设地点： 南京江宁区东山街道佘村
用地面积： 6779m²
建筑面积： 1103.1m²
设计时间： 2017.11—2018.02
竣工时间： 2018.11
获奖信息： 一等奖
设计团队： 王彦辉　齐　康　黄博文　刘政和　寿　刚
金　俊　叶　菁　王志明　辛连春　任祖昊
周　璇　王吉林　全国龙　张继龙　范秋杰

设计简介

佘村是一个古村复兴型村落，周边山林掩映，南侧为佘山水库，自然环境十分优越。其中，具有地方传统产业代表性的灰窑旧址，保存完好，具有重要的产业景观价值和空间形象代表性。

设计力图通过对乡村公共空间节点的系统性营造和活化，来激发乡村活力，助力乡村复兴。通过活化传统产业旧址，嫁接乡村历史记忆与现代休闲生活。灰窑旧址是佘村传统产业的重要见证，设计将其留存并通过“轻度介入”式加以改造，通过生产场景留存、生产流程展示、参观路径设置等，塑造“穿越时空”的传统产业场景展示氛围，同时使其成为村民休闲聚集、游人观览体验的重要场所。

设计在总体布局上尊重场地坡地地形，强化景观视觉廊道，将项目内的两处建筑有机整合为一个整体，通过社区服务中心建筑的介入与引导，达到强化空间景观序列的目的。同时，设计重塑灰窑旧址坡地景观。在对窑体建筑加固修缮基础上，对坡地进行安全加固、本地废旧石子铺面、绿化植入等操作，继而以契合场地起伏的路径引导，串接窑下广场空间、半坡休憩台地、窑顶观景平台等空间节点，营造出具有传统产业场所记忆又具现代艺术气息的村民活动空间。

建筑造型上采用坡屋顶形式，以小体量的建筑介入场地，顺应原有高差进行设计，将建筑底层嵌入坡地中。通过对建筑体量的控制，既尊重乡村原有空间形态肌理，也强化了大地景观系统的秩序。建筑外立面为石材砌筑，采用地方匠人的传统砌筑手法和经验，从设计到建造的不同阶段实现“在地性”营造。

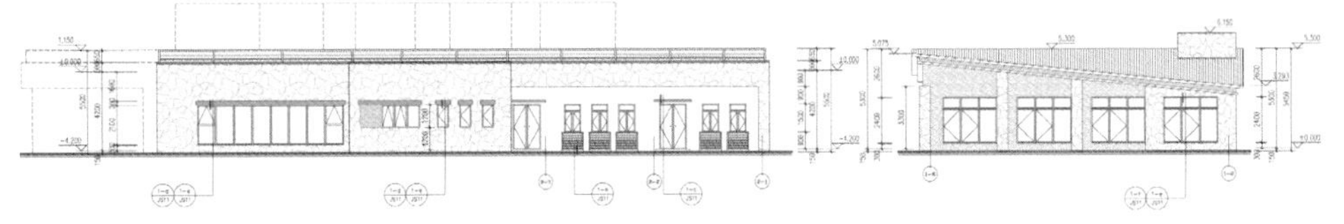

1号楼（2-3）~（2-1) 轴立面图

1号楼（1-6）~（1-2) 轴立面图

一层平面图

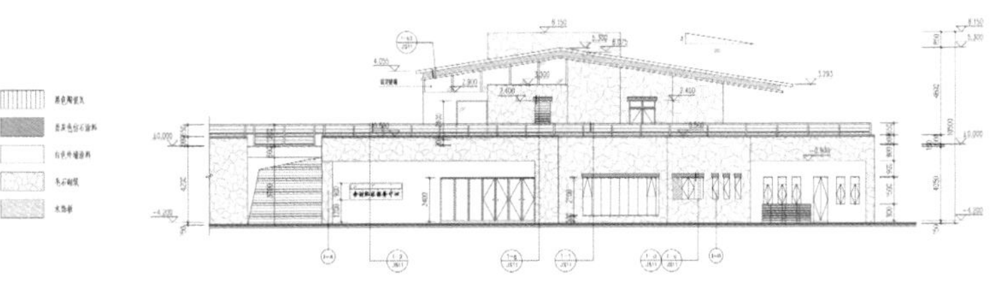

1号楼（1-A）~（1-G) 轴立面图

二等奖作品

江苏·优秀建筑设计作品
2020

苏州工业园区旺墩路幼儿园

项目类型：公共建筑
设计单位：中衡设计集团股份有限公司
建设地点：苏州工业园区津梁街西，旺墩路北
用地面积：10278.93m^2
建筑面积：10680.5m^2
设计时间：2016.06—2017.09
竣工时间：2019.07
获奖信息：二等奖
设计团队：葛松筠　宋　扬　王　恒　韦晓莲　胡湘明
马亭亭　吴大钧　王杰忞　赵宝利　刘　晶
陈　竟　王　强　陈隐石　陈鑫鑫　钟　声

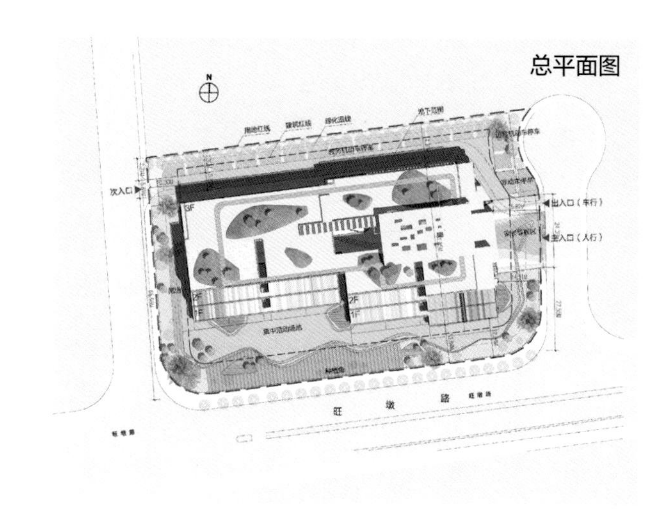
总平面图

设计简介

为实现每个教室及活动场地都有充足的阳光，建筑采用退台设计，营造第五立面，结合北部绿地及中央河景观，形成与环境相协调的城市景观节点，并为周边的办公高层提供大面积活跃的城市景观。基地南临旺墩路，东西两侧为旺墩路支路，其中，西侧支路南接钟园路，北接苏州大道，东侧支路为尽端路。主入口设置在东侧支路上，尽量减轻幼儿园上下学时对公共交通造成的压力。

一层平面图

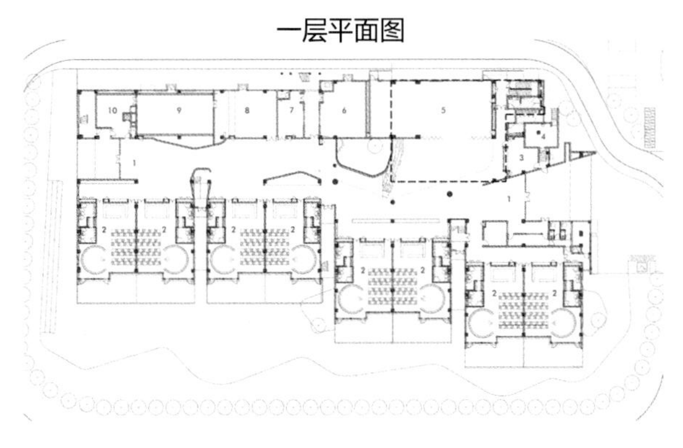

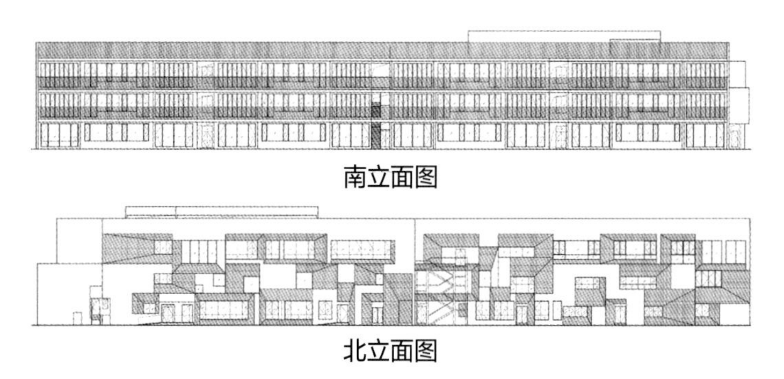

南立面图

北立面图

苏州工业园区东延路小学

项目类型：公共建筑
设计单位：中衡设计集团股份有限公司
建设地点：苏州工业园区东延路北、莲塘路西
用地面积：30000.07m²
建筑面积：34928.86m²
设计时间：2016.03—2017.10
竣工时间：2019.06
获奖信息：二等奖
设计团队：黄　琳　宋　扬　唐　镝　程　呈　王启黎
赵　伟　张诗佳　高　晨　周　蔚　王　伟
邵小松　徐剑波　张　芹　李　鑫　吴东霖

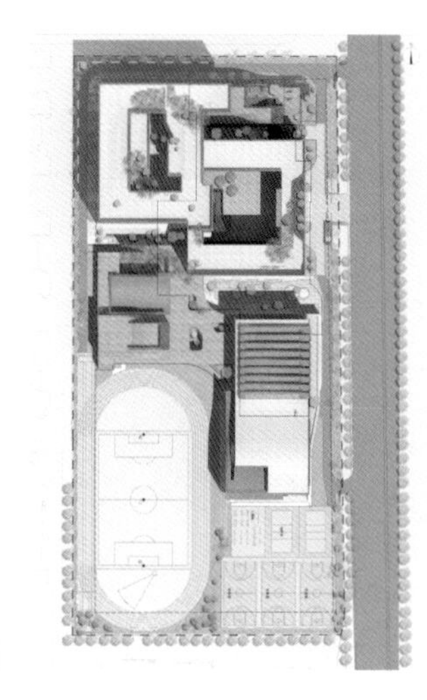

总平面图

设计简介

基地南侧和西南角为商业，北侧和西北角为莲花新村，仅东侧与莲塘路相邻。由于西南侧商业对基地的噪声影响，我们将基地分为南北两个区域，南侧远离商业较为安静作为教学区，北侧布置操场等活动区。

活动主流线呈S形贯穿整个教学区，从东北侧安静的阅读活动区穿过面向各个内院的活动主廊到达热闹的运动区。由于基地用地小建筑布局紧张，当地面活动场地不足的情况下，我们提出垂直活动场地的概念，将原本的地面活动场地抬高至每一层，使得每一层教室的小学生都能以最快捷的动线到达各自的活动场地。

东立面图

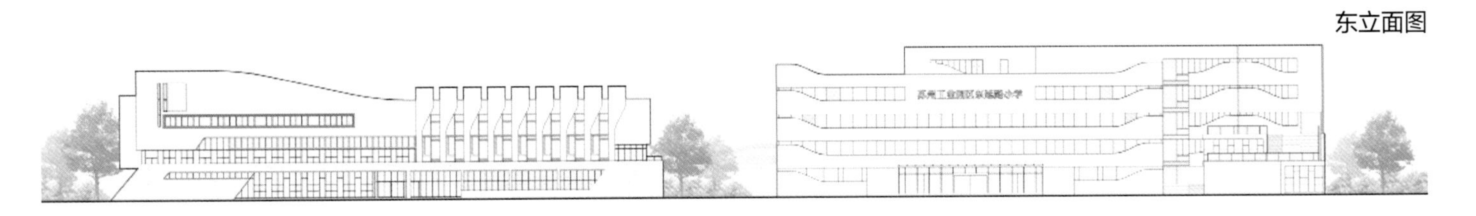

西立面图

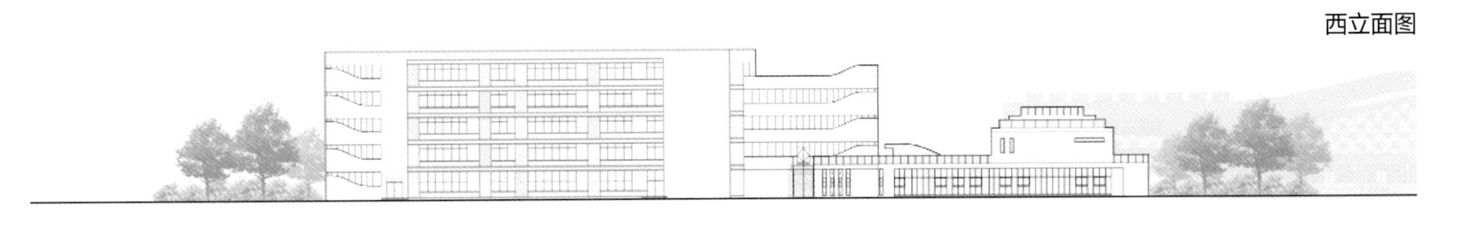

浒墅关经济技术开发区文体中心

项目类型： 公共建筑
设计单位： 中衡设计集团股份有限公司
建设地点： 虎畛路南，文昌花园北
用地面积： 12256m²
建筑面积： 21851.8m²
设计时间： 2016.04—2017.01
竣工时间： 2018.09
获奖信息： 二等奖
设计团队： 平家华　徐宏韬　顾圣鹏　刘　茜　吕　步　邓继明　曾　欣　曾凡星　柴继锋　张　渊　邱　悦　倪流军　郁　捷　朱勇军　李　鑫

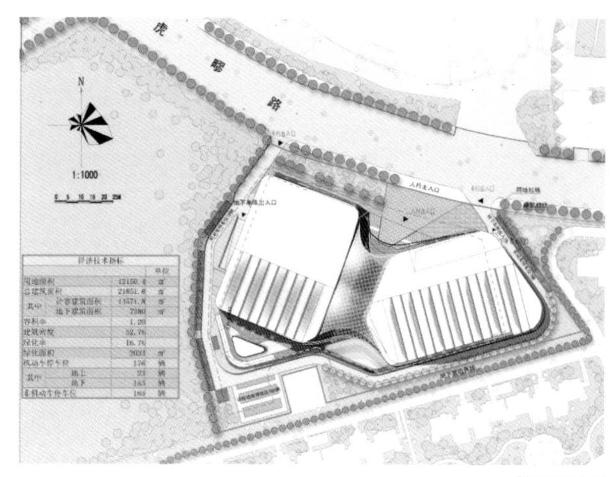

总平面图

设计简介

苏州浒墅关经济技术开发区文体中心位于苏州虎丘区。项目用地面积1.22万平方米，规划容积率1.2，总建筑面积21851.8 平方米，计容建筑面积14571.8 平方米，不计容建筑面积7280 平方米。项目由阅览室、电影院、篮球馆、羽毛球馆及地下室组成。基地周边多绿地，植被覆盖率高，生态环境良好。根据区域环境分析，方案从城市需求出发，立足于创造面向市民的公共型建筑。在高密度、高活性的周边环境中打造出城市的绿色呼吸空间，赋予该项目开放而多样的场所感，将休闲型、消费型、运动型场所空间融为一体。

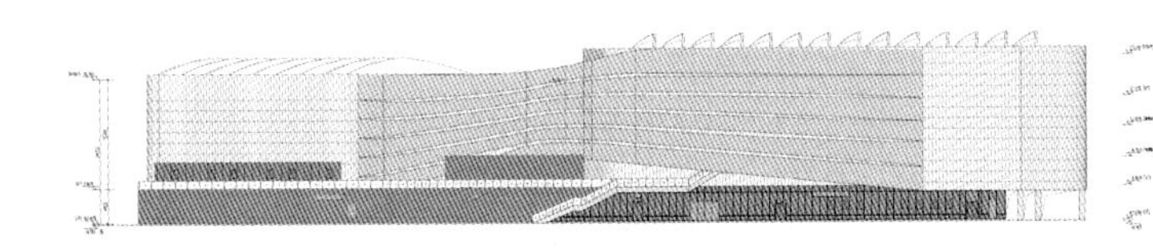

立面图一

立面图二

太湖新城吴江开平路以北水秀街以西地块商住用房项目

项目类型： 公共建筑
设计单位： 中衡设计集团股份有限公司
Benoy贝诺（合作）
建设地点： 太湖新城吴江开平路以北水秀街以西地块
用地面积： 41895m^2
建筑面积： 183810.67m^2
设计时间： 2014.03—2015.10
竣工时间： 2018.06
获奖信息： 二等奖
设计团队： 丘　琳　张　谨　杜良晖　吴小兵　朱佳伟
丛　佳　王姝晴　冯杨明　王　伟　周　蔚
李国祥　戴　冕　嵇素雯　李　军　王　祥

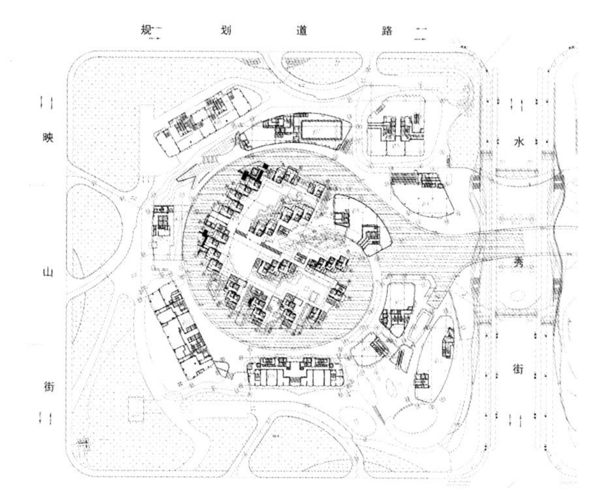

总平面图

设计简介

太湖新城吴江开平路以北水秀街以西地块商住用房项目位于太湖新城吴江开平路以北水秀街以西地块，与绿地中心一路相隔，区域内有有轨电车通行。整个项目集结了商业、SOHO办公、酒店式公寓、酒店等功能。

本项目酒店部分以建筑群的形式布置在整个场地的中部，体块布置灵活，建筑与建筑之间产生对话关系，酒店群周边为水系环绕，给人一种建筑在岛上的感觉，并配合景观绿化布置，为人们营造出优雅的住宿体验。

设计通过调整幕墙在每层平面上的进退关系，使外立面在空间上产生渐变，并结合铝制百叶、铝板、玻璃等材质的合理搭配，形成建筑外立面的特色。这些具有雕塑特征的建筑语言形成了充满活力，动感而又优雅的建筑外观。

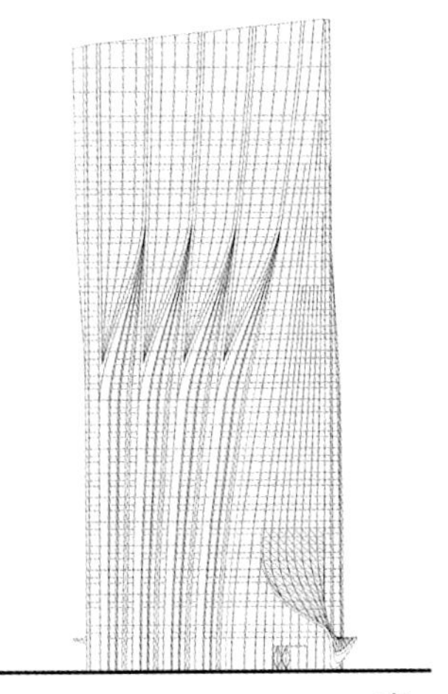

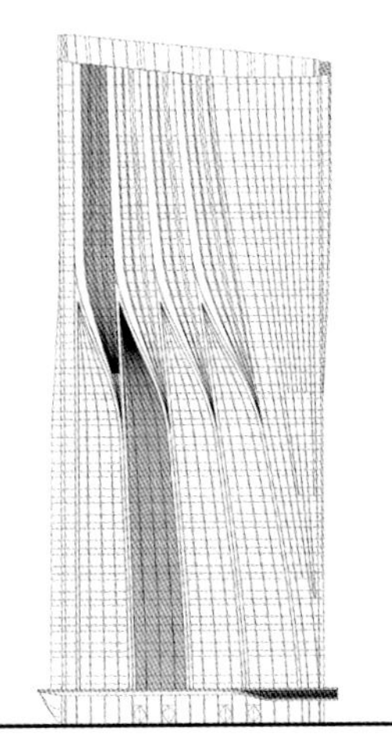

南、北立面图

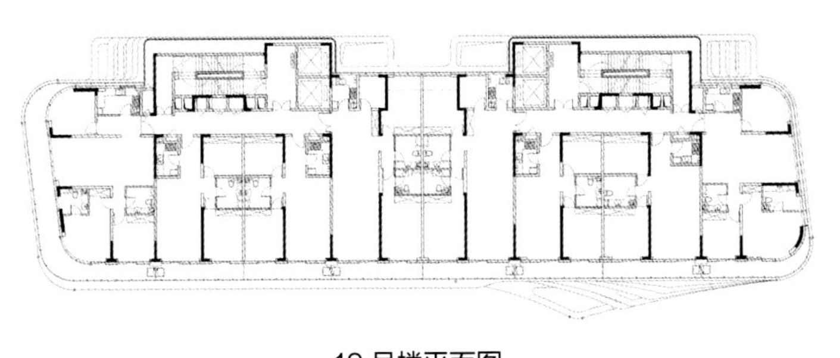

19 号楼平面图

太湖新城吴江开平路以北风清街以西地块商住用房项目

项目类型： 公共建筑
设计单位： 中衡设计集团股份有限公司
Benoy贝诺（合作）
建设地点： 太湖新城吴江开平路以北风清街以西地块
用地面积： 75295.9m²
建筑面积： 290512.36m²
设计时间： 2014.03—2015.10
竣工时间： 2018.06
获奖信息： 二等奖
设计团队： 丘　琳　张　谨　尹林俊　陈　曦　高笑平
高　黎　费希钰　仇亚军　谈丽华　陈　露
傅根洲　沈晓明　李　鸣　丁　炯　潘霄峰

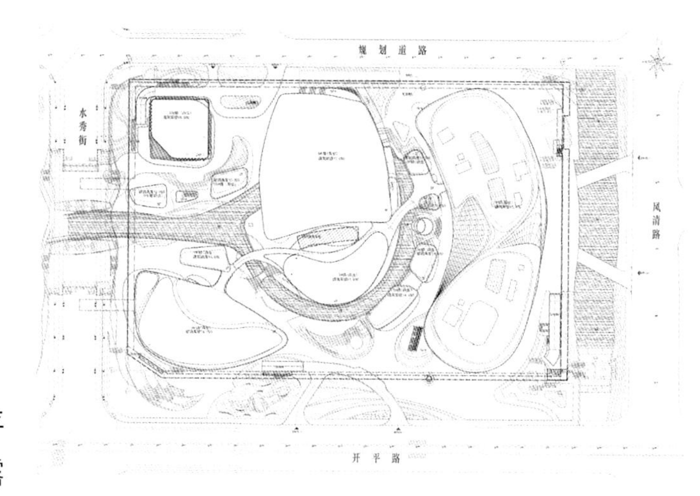

总平面图

设计简介

为创造一个生机勃勃的集商业、娱乐、办公于一体的综合服务区，设计方案采用苏州吴文化意象，传承苏州城市文脉，为消费者带来物质与精神双重体验。

设计充分发挥毗邻河边的区位优势，将商场、影院、酒吧街均临水布置，并与相邻地块水系连通，实现了各功能间互补。场地中水系与建筑结合，同时，水系通过有机处理延伸到相邻地块，形成景观空间的延续。广场和开放空间相互环绕，整个场地设置二层连通桥体，使各单体之间能便捷到达。高层办公楼结合中部商业群，使整个场地内建筑形成完整的空间序列，给人以灵动丰富的空间感受。

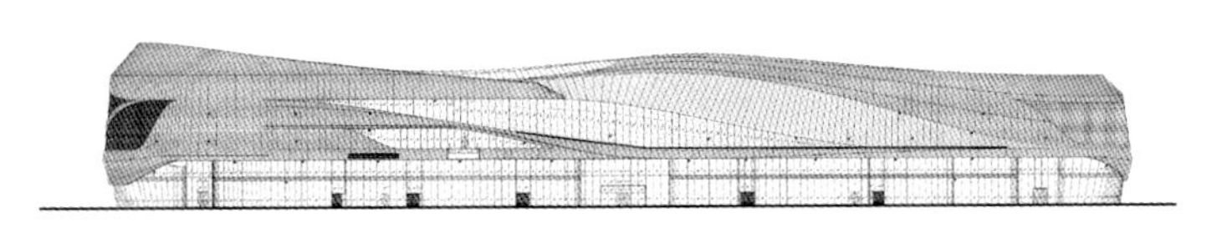

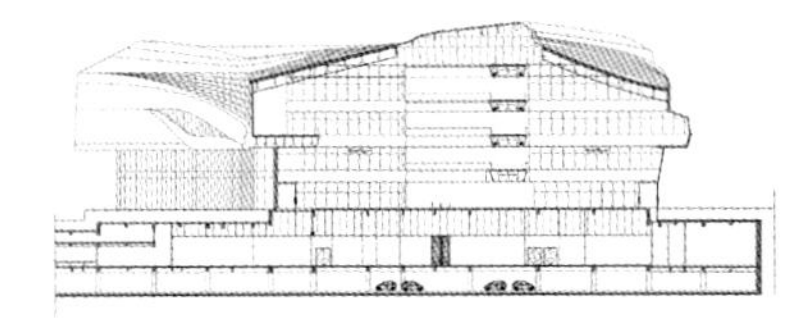

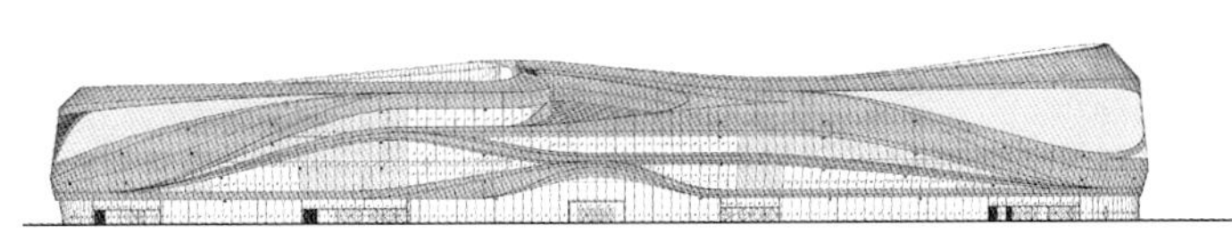

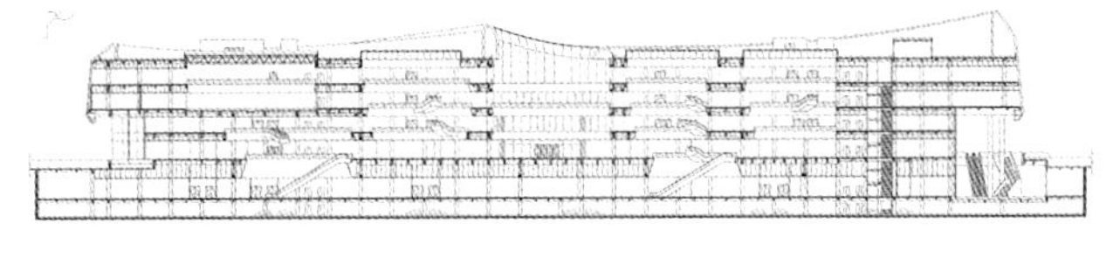

1 号楼立面图

1 号楼剖面图

吴江盛家库历史街区一期项目

项目类型：公共建筑
设计单位：中衡设计集团股份有限公司
建设地点：苏州市吴江区中山南路东、笠泽路北
用地面积：9380.33m²
建筑面积：8502.68m²
设计时间：2011.12—2014.11
竣工时间：2016.11
获奖信息：二等奖
设计团队：黄 琳 张国良 蓝 峰 宋 扬 陈全慧 葛松筠 宋纪青 许 理 周 蔚 邵小松 徐剑波 李国祥 倪流军 胡 涛 冯 卫

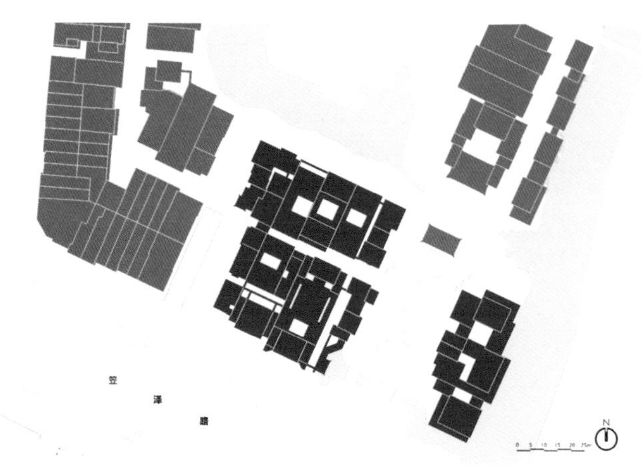
总平面图

设计简介

本地块作为启动区，承载着重要的门户形象，承担起展示吴江悠久历史的“名片”功能。方案以“老记忆、新文化、新生活”为主题，组团衔接，共同组合成盛家库南广场，作为人员集散、活动汇聚场地。

为延续文化方案以现状老街区建筑为肌理，结合基地周边历史遗迹，延续松陵地域文化。将盛家库历史街区主要的出入口与重要景点进行有效串联。结合陆上、水上两条游线，两种空间体验唤起人们对鲈乡风土特质的记忆。

为提升功能方案在保护老街区的基础上，置入新的集文化、商业、展示、游憩等相关功能，满足新的城市功能需求、提升街区活力。功能业态以传统手工定制、精品零售、文创零售、活动展示、游客接待等为主，通过院落、游廊、亭台、广场、街、巷、埠头、拱桥、水系、小品雕塑等多维度提升地块空间的江南趣味。

为实现城市复兴，将传统与现代融合塑造新的有历史感的老城区活力场所，成为展示千年松陵文化的城市展厅，带动城市发展。

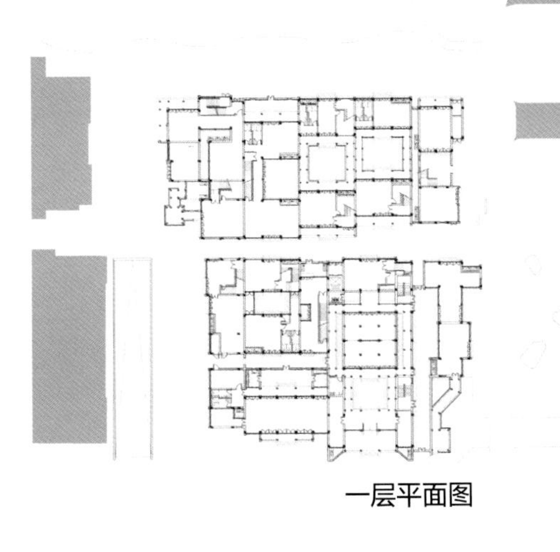

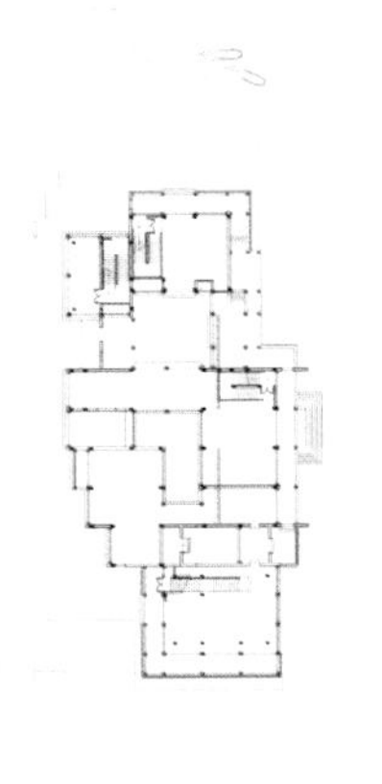

一层平面图

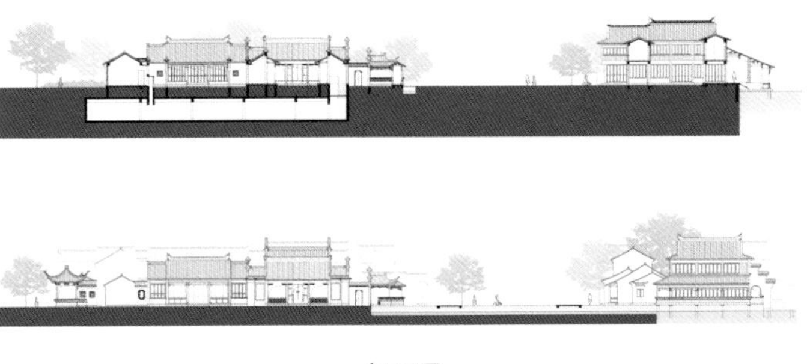

立面图

博世汽车技术服务（中国）有限公司111生产厂房项目

项目类型： 公共建筑
设计单位： 中衡设计集团股份有限公司
建设地点： 南京栖霞区润阳路1号
用地面积： 310010.4m^2
建筑面积： 164421.6m^2
设计时间： 2017.03—2017.06
竣工时间： 2018.10
获奖信息： 二等奖
设计团队： 高笑平　赵海峰　仇亚军　路江龙　沈晓明
熊明虎　廖　旭　何　晨　严　涛　王文学
张　斌　尤凌兵　朱勇军　嵇素雯

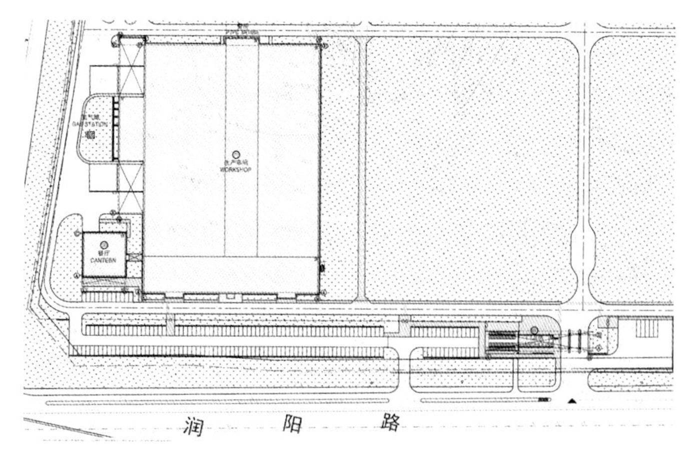

总平面图

设计简介

本设计旨在创造具有鲜明特点及风格的现代化厂区，体现博世公司全球企业风格，对现有的用地进行了整体的、统一的规划，使之成为简洁、高效、现代的生产基地。设计传承了博世中国厂区立面设计手法，采用银灰色横纹波纹外板 + 水平通窗的窗墙体系。附属办公部分楼梯间体块外凸，表皮则为银灰色铝板，辅以条形玻璃幕墙，给立面增添了几分灵动。办公出入口位于单体南立面正中，两侧楼梯间中轴对称，增强建筑的仪式感。餐厅选用深灰色波纹钢板 + 落地玻璃幕墙体系，虚实对比强烈。餐厅南立面从女儿墙延展出 4.5 米大悬挑雨篷，雨篷的存在不仅让餐厅造型更活泼而且给予了员工丰富的室外灰空间。

建筑内部布局上，单体南侧为小二层混凝土结构。一层设置了样品间、实验室和培训室。车间分为中间仓库和生产区域。中间仓库南北两个单元又各自通过下沉式的卸货坡道与物流场地相接，交通顺达。由一层交通楼梯到达二层开敞办公区，这里采用了 IWC（激励与启发）的设计理念，让员工在多变和舒适的办公环境中轻松面对各种工作挑战。

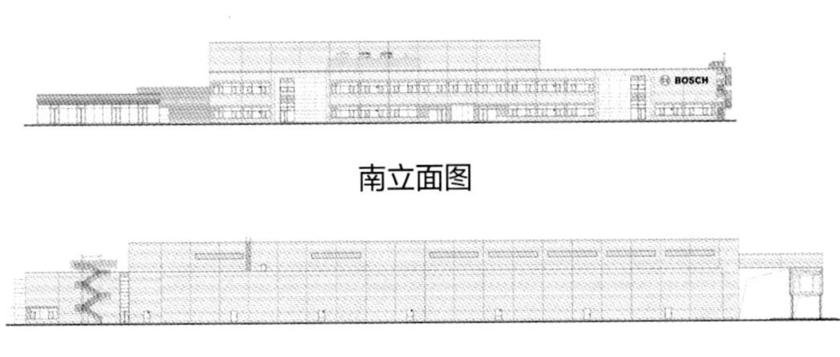

南立面图

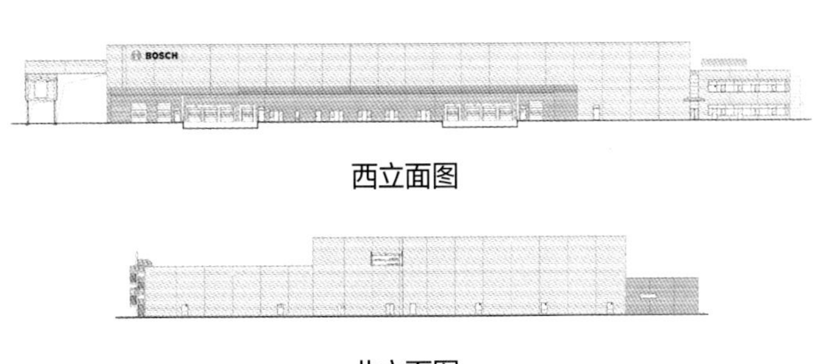

西立面图

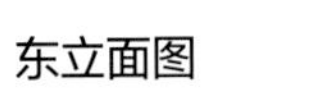

东立面图

北立面图

江苏省国土资源厅地质灾害应急技术指导中心暨国土资源部地裂缝地质灾害重点实验室项目

项目类型：公共建筑
设计单位：东南大学建筑设计研究院有限公司
建设地点：江苏省南京市马群街道百水桥
用地面积：8618m^2
建筑面积：18618m^2
设计时间：2014.03—2015.06
竣工时间：2018.05
获奖信息：二等奖
设计团队：曹　伟　徐　静　雷雪松　唐伟伟　王　晨
程　洁　凌　洁　时荣剑　章敏婕　余　红

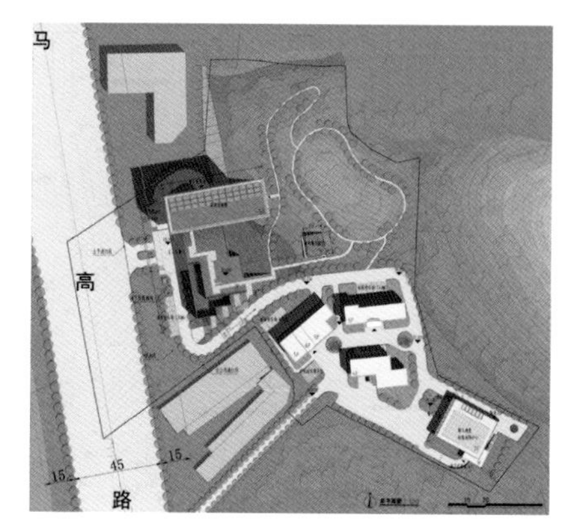

总平面图

设计简介

江苏省国土资源厅地质灾害应急技术指导中心暨国土资源部地裂缝地质灾害重点实验室项目位于南京市马群街道百水桥。建筑设计从城市设计的角度出发，遵循生态节能、融汇共生的理念，在最大程度上节约能源并创造新型的绿色科研模式。注重建筑与城市环境的和谐共生，既与整体城市设计有机融合，又具有自己独特识别性。建筑形象现代简洁，端庄大气，功能结构清晰，相互联系高效便捷，体系完整而又各自独立灵活。

平面图

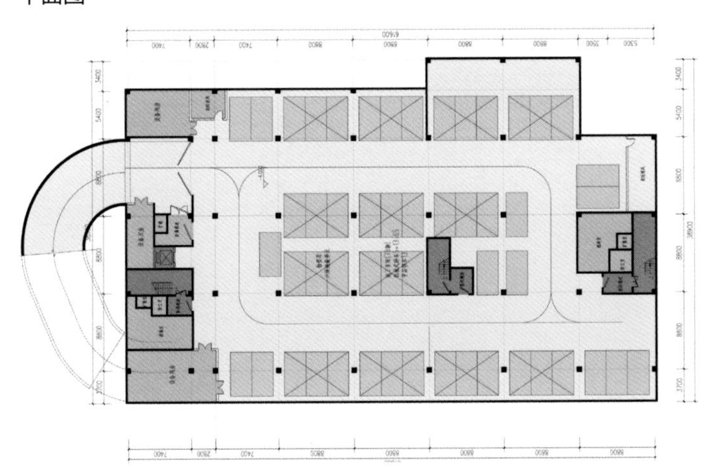

立面图

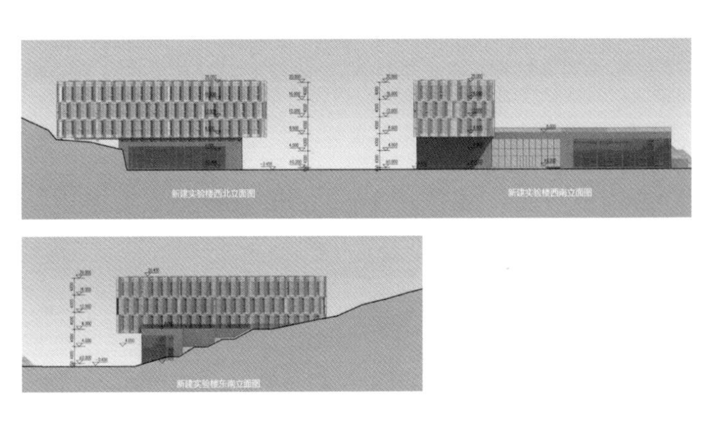

南湖社区综合服务中心

项目类型： 公共建筑
设计单位： 南京大学建筑规划设计研究院有限公司
建设地点： 南湖东路以南，利民村以北
用地面积： 8679.8m^2
建筑面积： 44851.6m^2
设计时间： 2013.05—2014.05
竣工时间： 2018.12
获奖信息： 二等奖
设计团队： 冯金龙 程 超 陈晓云 顾志勤 陈 瑶 倪 蕾 刘云飞 钱 忱 陈 佳 胡晓明 李文瑾 施向阳 肖玉全 王 进 董 婧

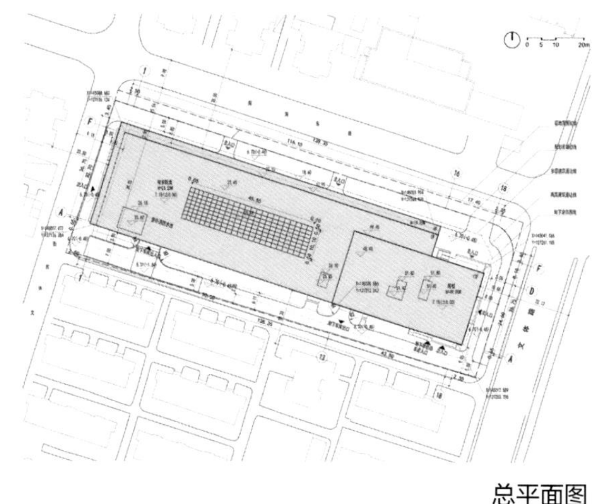

总平面图

设计简介

南湖社区综合服务中心作为南湖地区社区配套设施发展的重要载体，该项目面临诸多挑战。首先，需在极为局促的用地条件下，建设便民配套设施，提升城市居民生活质量；其次，要考虑建筑跟周边城市环境的协调；最后，要为居民营造有特色的人性化交往空间。针对局促的场地方案，在东南角道路交叉口设置高层塔楼，沿北侧布置多层裙房。裙房共计五层，围绕中庭布置，设置社区便民型配套服务、邮政、困难家庭便民服务点、公证办理处、家政服务中心、社区服务中心、综治警务中心、莫愁湖街道办事处等功能。塔楼七层，设置莫愁湖街道办事处、质安监站、征收办、房地产综合开发、城市建设集团、四宜建设发展有限公司等，实现了有限土地的集约利用。

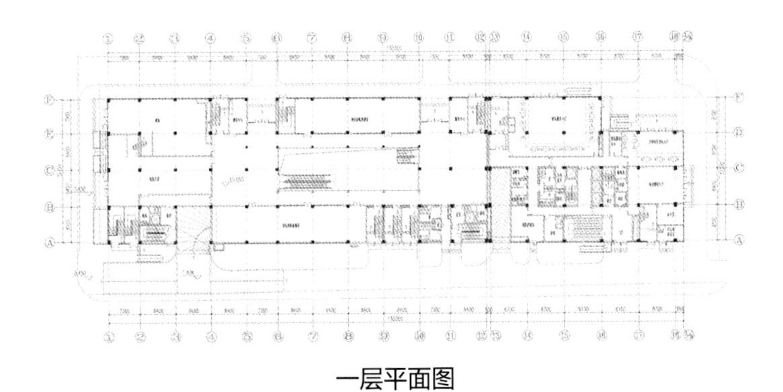

一层平面图

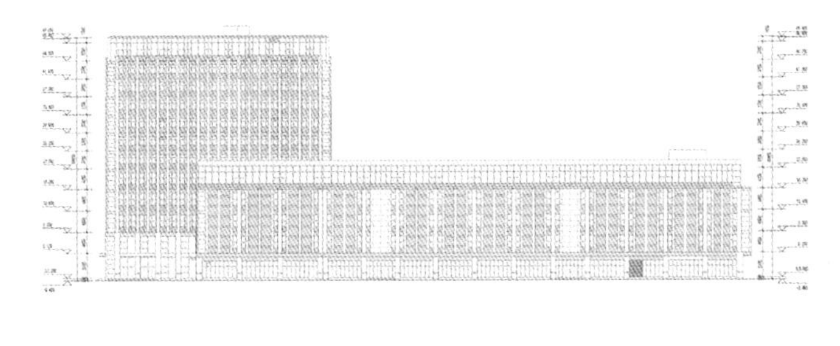

北立面图

上饶市广丰区九仙湖婚姻民俗文化村设计

项目类型：公共建筑
设计单位：扬州市建筑设计研究院有限公司
建设地点：江西省上饶市
用地面积：28466.67m^2
建筑面积：10417.62m^2
设计时间：2016.05—2017.03
竣工时间：2018.12
获奖信息：二等奖
设计团队：季文彬 朱爱武 崔 佳 王 瑜 李 滢
朱 军 张韶梓 陈儒龙 张 伟 贾文娟
李 智 王雪芳 高鸿洋 朱爱兰 尹细根

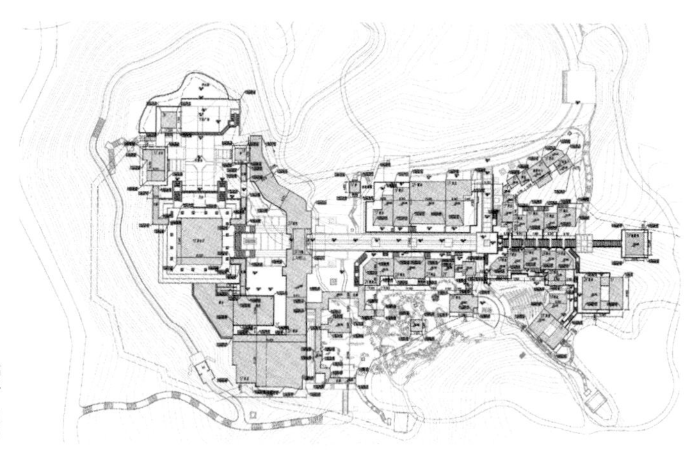

总平面图

设计简介

上饶市广丰区九仙湖婚姻民俗文化村设计项目位于江西省上饶市广丰县铜钹山九仙湖风景区内。整个地块共分为五个部分，分别为宫殿区、园林区、民居区、民俗商业区、海誓祠。本设计以婚姻民俗文化为核心，结合本地自然、人文及非遗文化等要素，构建国内独树一帜的婚俗博物馆、旅游目的地和影视文化基地。

设计在平面布局上，传承传统等级制度，采用中轴线布局。在建筑设计上，将当地天井式民居格局融入建筑中，展现地域性，并运用当地建筑材料，使之与周围环境相契合。将人文景观与自然景观融为一体，打造一条独聚江西地方特色的民俗体验街区。

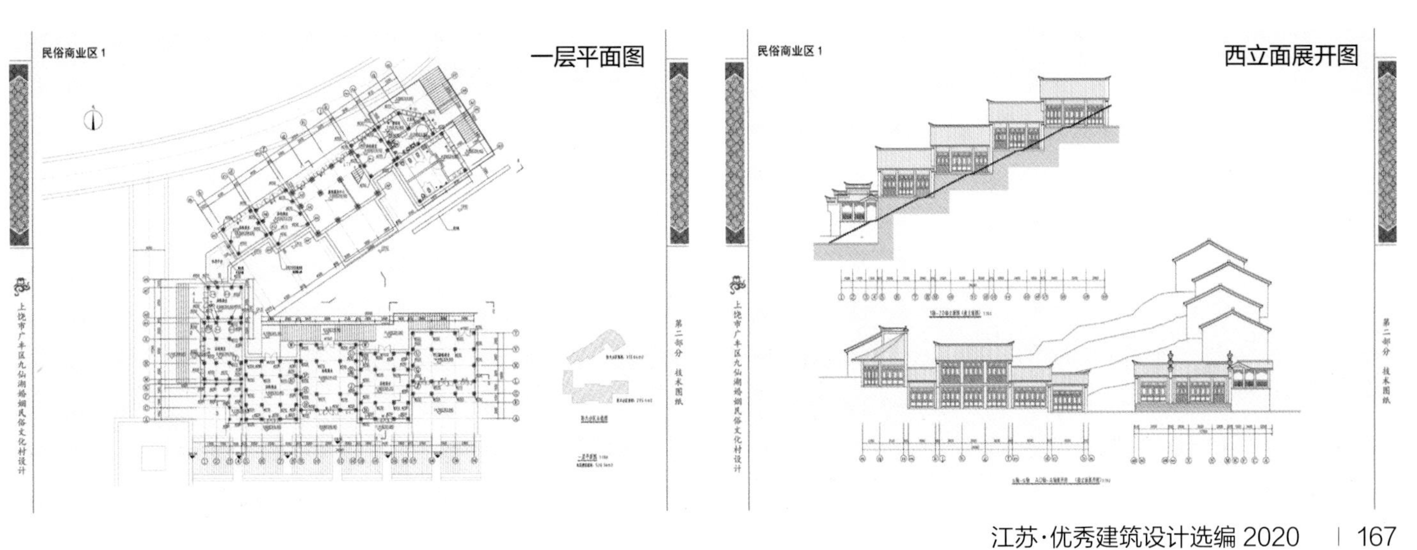
民俗商业区 1
一层平面图
上饶市广丰区九仙湖婚姻民俗文化村设计
第二部分 技术图纸
民俗商业区 1
西立面展开图
上饶市广丰区九仙湖婚姻民俗文化村设计
第二部分 技术图纸

青岛港即墨港区综合服务中心

项目类型： 公共建筑
设计单位： 南京大学建筑规划设计研究院有限公司
南京南华建筑设计事务所有限责任公司（合作）
建设地点： 青岛市即墨区蓝村镇三成路82号
用地面积： 10004m^2
建筑面积： 19963.72m^2
设计时间： 2012.05—2013.07
竣工时间： 2017.08
获奖信息： 二等奖
设计团队： 程向阳　陆鸣宇　左亚黎　董贺勋　丁玉宝
李文瑾　施向阳　董　婧　刁　炜　戴　卫
钱　忱　沈宇辰　丁小峰　彭　阳　陈　冬

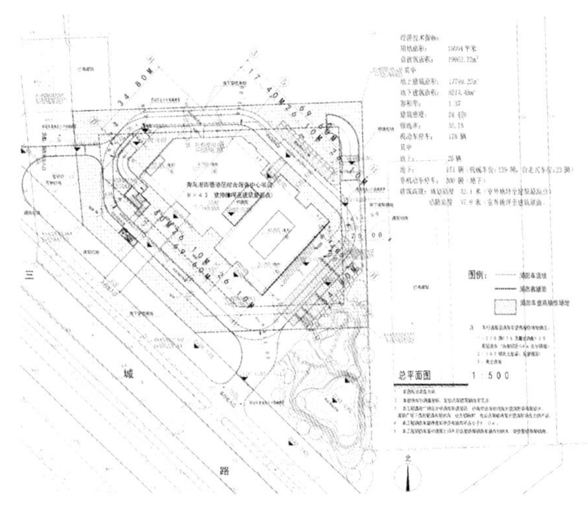

总平面图

设计简介

该项目作为首期公共服务设施，以简约体现区域功能特点和技术美学，旨在为未来该区域的建设提供一个可借鉴的形态模式。方案强化城市干道空间界面。由于基地呈不规则梯形，最长斜边面向城市干道，设计采用一栋高层塔楼与多层裙楼与城市干道平行的布局方式，并以一处精致的景观内庭院将主楼与附楼串联。

设计利用不规则的地形特征，在入口处形成三角形景观花园，景观设计中融入可持续发展理念，引入海绵系统。硬质景观设计采用透水性的铺装材料，软质景观中通过草沟、下沉绿地、生物滞留带等吸纳、蓄渗、净化雨水。通过雨水收集系统，进行雨水回用于冲洗道路、浇灌苗木等方面。

在立面设计上，地块的商务办公建筑塔楼面向城市主干道三城路组织主要出入口，塔楼设计简洁干净，外立面材料选用预制标准化的金属格构架重复以韵律感，在三角金属格构之中解决建筑开窗，与超高透的整体单元玻璃幕墙形成呼应，体现出建筑的现代性与技术美学。

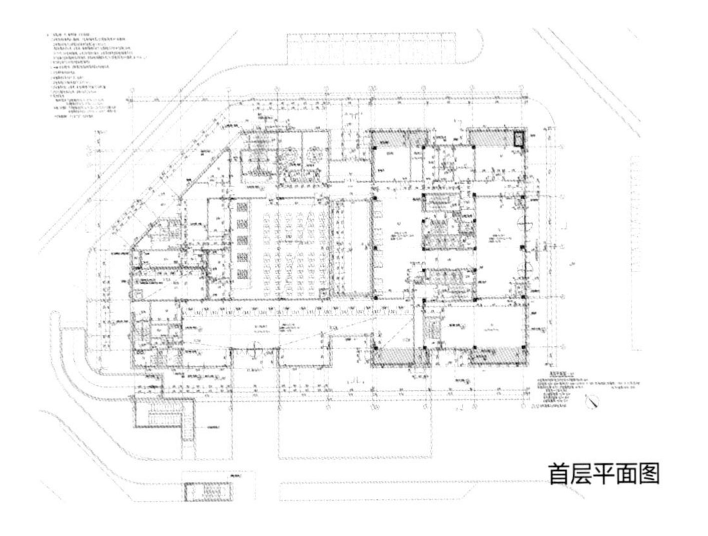

首层平面图

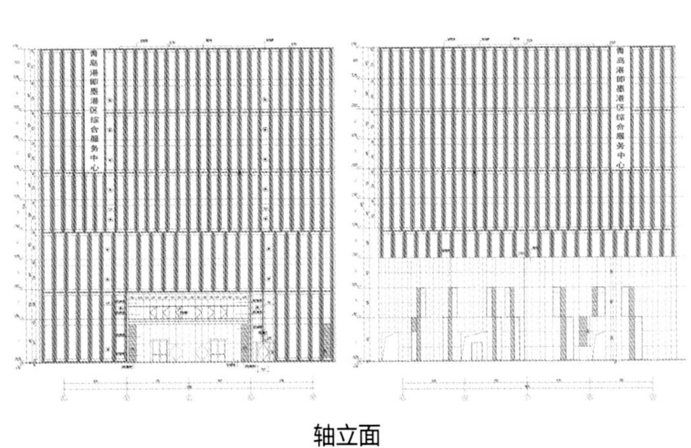

轴立面

上合组织（连云港）智慧物流信息服务中心

项目类型： 公共建筑
设计单位： 连云港市建筑设计研究院有限责任公司
建设地点： 香河路以北，驳盐河以东
用地面积： 16262m^2
建筑面积： 28057.3m^2
设计时间： 2016.03—2016.06
竣工时间： 2018.12
获奖信息： 二等奖
设计团队： 陈　俊　刘兰刚　葛　伟　王　亮　王　伟
王旭东　张　伟　潘晓亮　胡翠欣　徐维兴
张　通　胡　芹　朱　伟　于涌杰　刘健誓

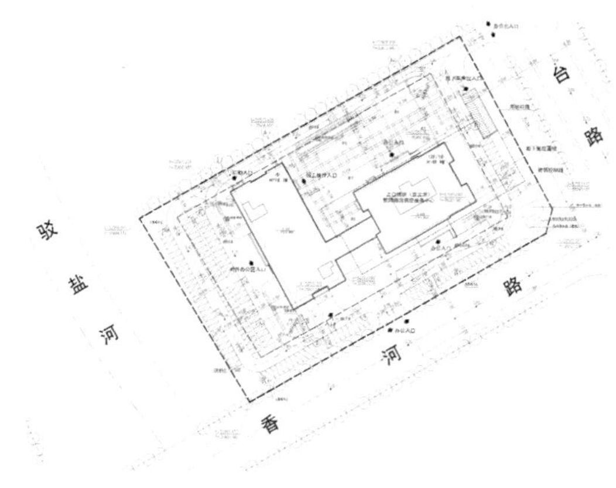

总平面图

设计简介

连云港具有海运陆运相结合的优势，是国家规划综合交通枢纽之一。该项目位于上合组织（连云港）国际物流园区核心发展片区的西南角，是“一带一路”倡议的重要工程项目之一。在建筑立面上，建筑的外轮廓粗犷有力，采用灰色石材结合玻璃幕墙，给人以稳定有力的感觉，充分显示建筑的立体感，竖线线条及虚实对比的幕墙变化和港口文化相结合，演绎港口集装箱文化特色。

一层平立面

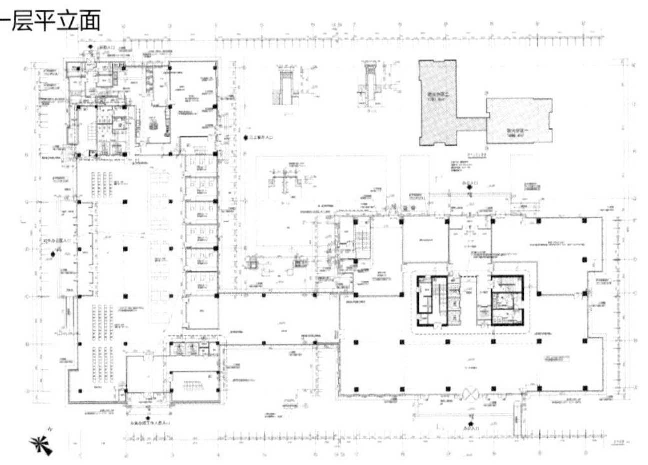

南立面

中国移动通信集团江苏有限公司南通分公司生产调度中心

项目类型：公共建筑
设计单位：东南大学建筑设计研究院有限公司
建设地点：南通市园林路323号
用地面积：16505m^2
建筑面积：29999m^2
设计时间：2015.06—2016.05
竣工时间：2019.06
获奖信息：二等奖
设计团队：钱　锋　刘　珏　袁伟俊　刘海天　狄蓉蓉
胥建华　朱筱俊　杨　敏　孙　毅　韩治成
龚德建　韩冠楠　钱　锋　汤景梅　沈梦云

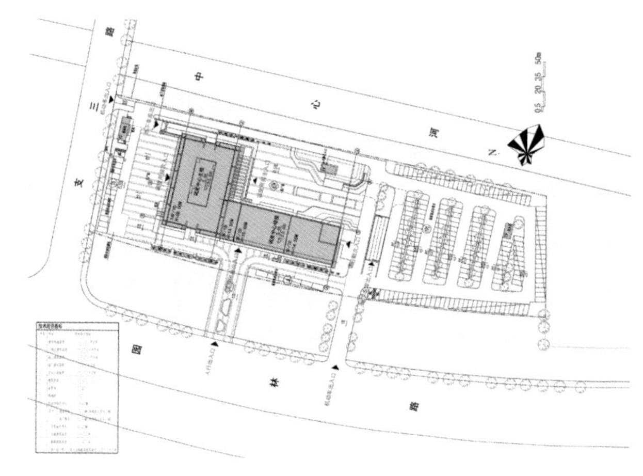

总平面图

设计简介

在总平面设计上，尽可能利用场地南北向空间，增加沿街形象面的宽度，沿街建筑界面连续。采用围合庭院，形成东西贯穿的景观空间，通过两者之间的空间打通与西侧中心河道景观带的视线联系，构建开合有序、富有节奏、完整连贯的景观空间。

高层办公主楼和裙楼采用极简设计手法，在一个方正大气的简约体量中进行分割和联系，将中国移动集团标识所要表达的“沟通”内涵加以三维化实现，以现代设计语言将整个建筑一气呵成的加以表现，既打破了建筑体量较为厚重的感受，又平添了一份动感和活力。建筑外表皮拉伸错动的韵律和向上延伸的硬朗线条象征中国移动“责任、卓越”的核心价值。

建筑立面上，外墙主要采用竖向的玻璃幕墙和石材线条相结合，幕墙使用L.OH E玻璃以减少太阳通过玻璃的直接辐射。东西两个立面的外层结合竖向铝板阵列起到了逃阳作用，既保证了充足的自然光照和室外景观渗透，又达到了最大化的节能减排。气流组织优化型节能幕墙很好地处理了热传导和热对流造成的能量损失。

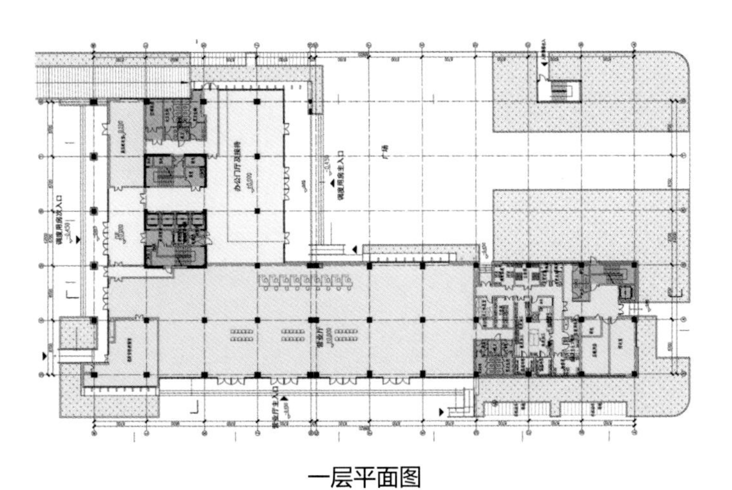

一层平面图

南立图

北立图

江南农村商业银行“三大中心”建设工程

项目类型：公共建筑
设计单位：东南大学建筑设计研究院有限公司
建设地点：江苏省金坛市
用地面积：60069m^2
建筑面积：135650m^2
设计时间：2014.09—2016.04
竣工时间：2018.08
获奖信息：二等奖
设计团队：袁　玮　单　踊　李宝童　石峻垚　陈庆宁
吴文竹　陈　澎　韩重庆　唐伟伟　王志东
陈　俊　李　鑫　叶　飞　李艳丽　黄　梅

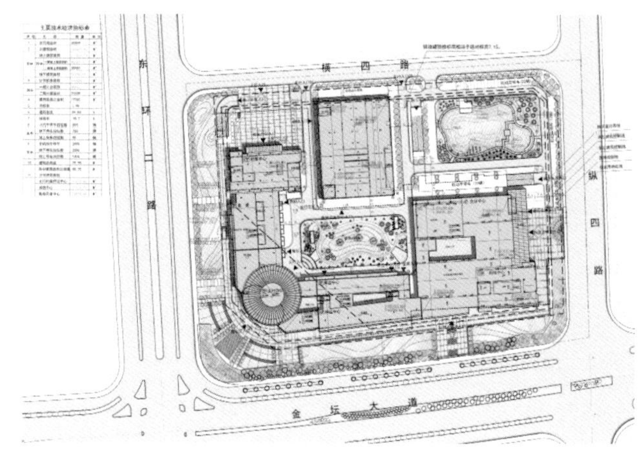

总平面图

设计简介

该场地结合建筑功能合理布局，主要建筑出入口位置均设置大型集散广场。其中，人流量较大的宴会厅、1000人报告厅设置单独出入门厅及疏散广场。建筑群体围合出形态规整的院落空间，设置后勤内场、厨房后场，同时满足押运中心停车要求及训练场地要求。押运中心二层建筑屋面设置50米跑道。紧邻宿舍区，方便组织训练活动。场地布局灵活合理，分区明确。建筑将理念立足本土文化，根植现代主义。通过简洁现代的建筑词汇，描绘出富于本土特色和区域精神的建筑形象和建筑空间。

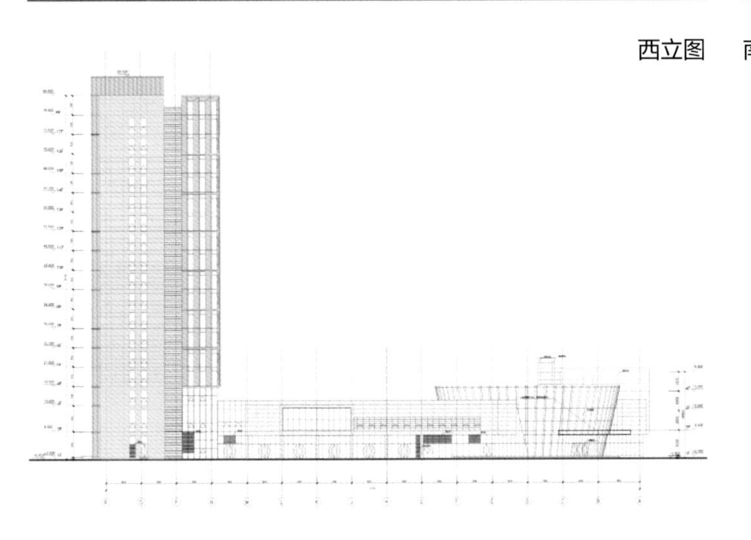

西立图

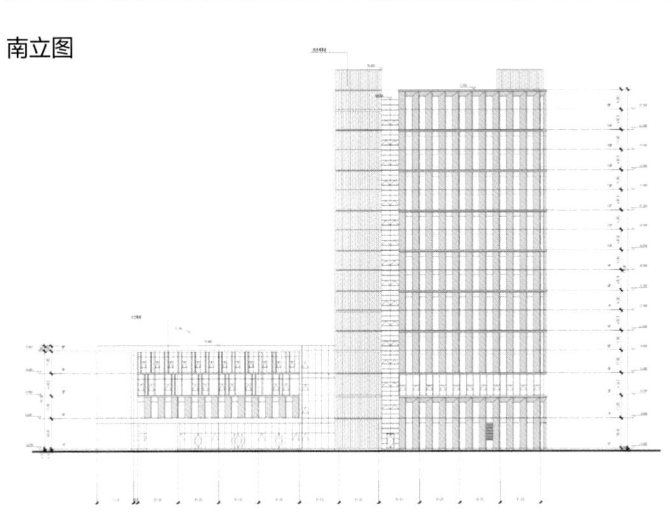

南立图

中国（南京）软件谷附属小学

项目类型： 公共建筑
设计单位： 南京金宸建筑设计有限公司
建设地点： 南京市雨花台区
用地面积： 20070.5m^2
建筑面积： 24202.98m^2
设计时间： 2017.04—2017.09
竣工时间： 2019.04
获奖信息： 二等奖
设计团队： 丁　奂　季晓玲　韩　伟　吴春雷　周文键
吕静静　宋永吉　郝　民　吕恒柱　范丽丽
耿　天　陈玉全　叶龚灿　唐卫华　赵宝民

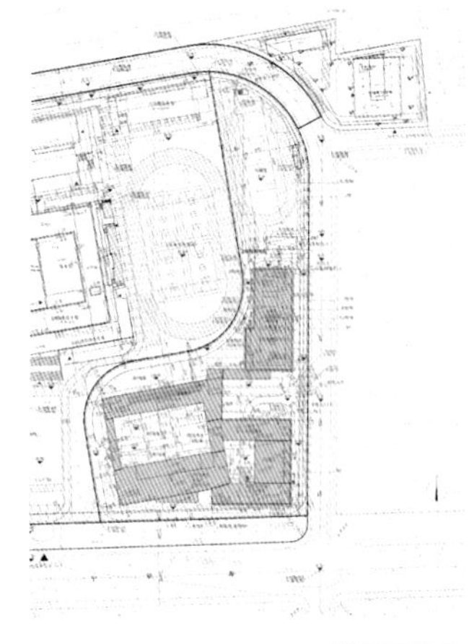

总平面图

设计简介

本项目位于南京市雨花台区中国（南京）软件谷范围内，地处规划路南侧，宁双路北侧，雨花国际学校东侧。基地呈不规则体形，南北向总长度约为270米，东西向最宽处约为140米，最窄处约为40米，基地南北高差近5米。总用地面积为20070.5平方米，为5轨30班6年制公办小学。建筑密度低于35%，建筑高度小于24米，绿地率大于30%。

建筑在符合南京气候特点的同时，更富含时代性、文化性，是一座具有现代感与人文关怀的地域特色学校。小学教育是教育的启蒙阶段，小学生通常活泼好动，精力充沛。项目设置了丰富的户外活动空间，如广场、庭院、屋面活动场地、风雨连廊，给小学生足够的自由活动的空间，大大加强小学生课堂之外的交流机会，体现了“寓教于乐”的教育理念。

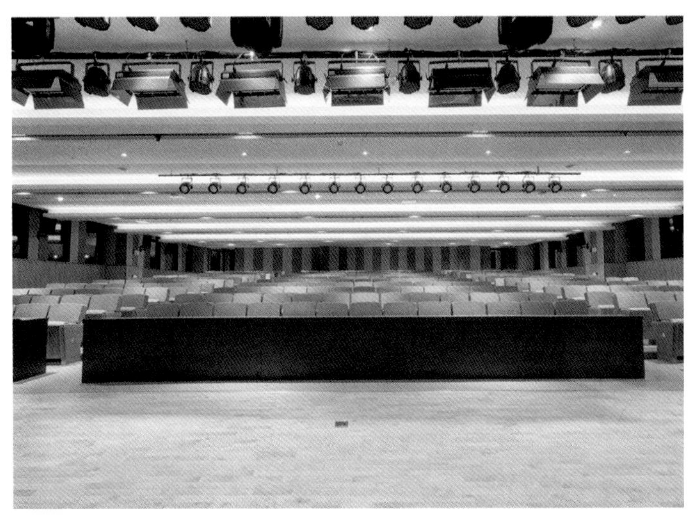

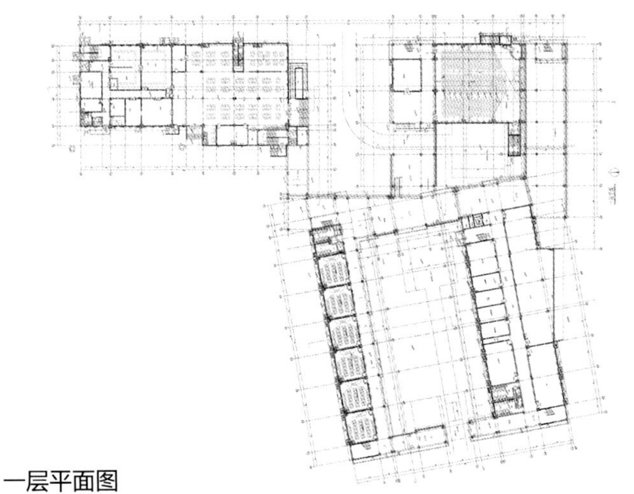

一层平面图

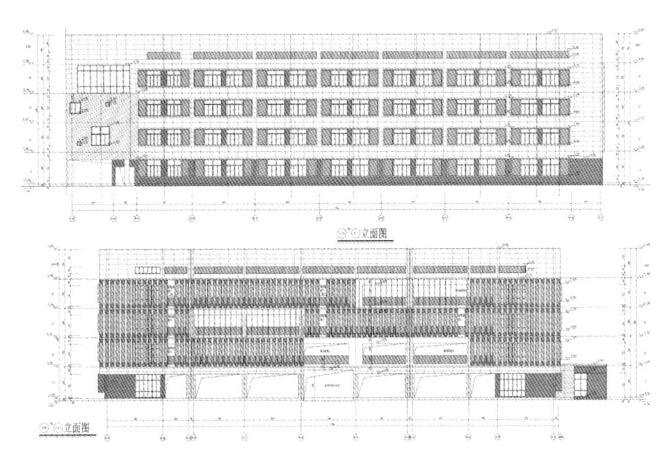

3-R～01/3-A 立面图

射阳县第三中学

项目类型： 公共建筑
设计单位： 盐城市建筑设计研究院有限公司
建设地点： 射阳县城西南
用地面积： 73123.62m^2
建筑面积： 41640m^2
设计时间： 2016.04—2016.06
竣工时间： 2017.08
获奖信息： 二等奖
设计团队： 辛 雷 何爱国 韦 勇 韩 佳 邓 军 夏文亮 孙 晔 吴庭亚 夏海燕 于海燕 王伟为 蒋维锦 征 林 黄安舒 高 伟

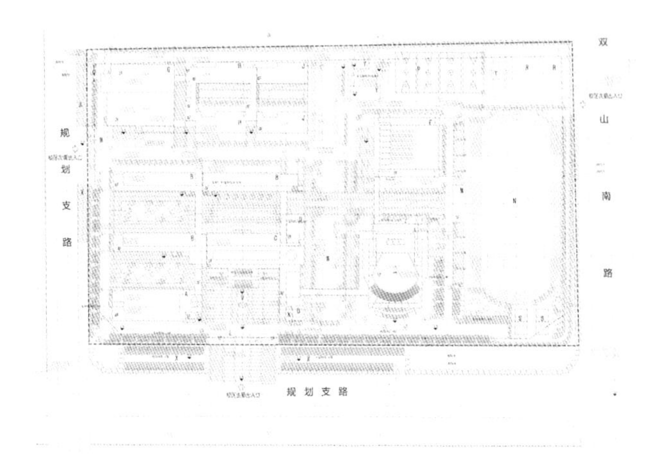

总平面图

设计简介

射阳县第三中学规划面积73123.62平方米，东临双山路，西侧与南侧均为城市规划支路，北侧为相邻地块用地。一条约10米宽的泄洪河道贯穿地块。新校区办学规模为48个班，在校学生2400人，拟建总建筑面积41640 平方米。

校园规划结合基地原有城市肌理与自然朝向形成严谨的网格式构图，以绿网水网为骨架，形成新校区现代、简洁、高效的理性校园结构特征。新校区充分利用地块内部的原有水系资源形成校园的“生态核心区”，并将各功能区有机联系，充分体现生态校园的主题。新校区采用园林式院落的空间布局方式与红砖白墙的典雅现代的建筑风格，延续了校园的人性化空间尺度，营造出文化教育建筑的典雅形象与富有人文气息的校园空间。

南立面图

北立面图

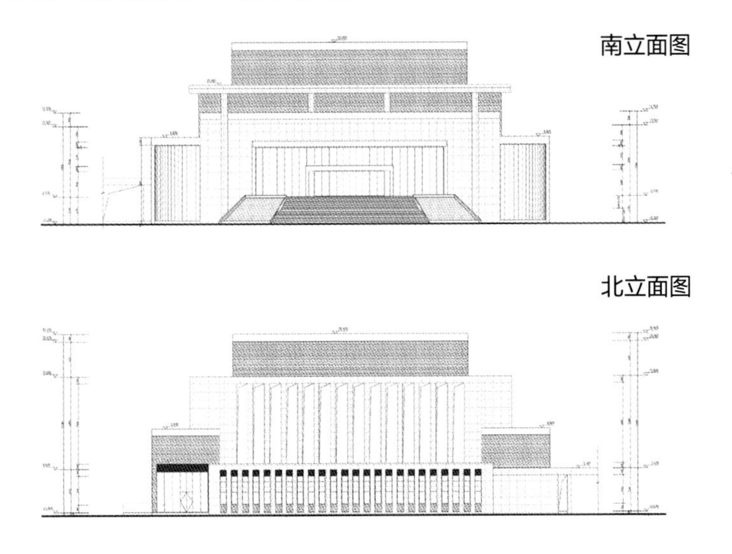

剖面图

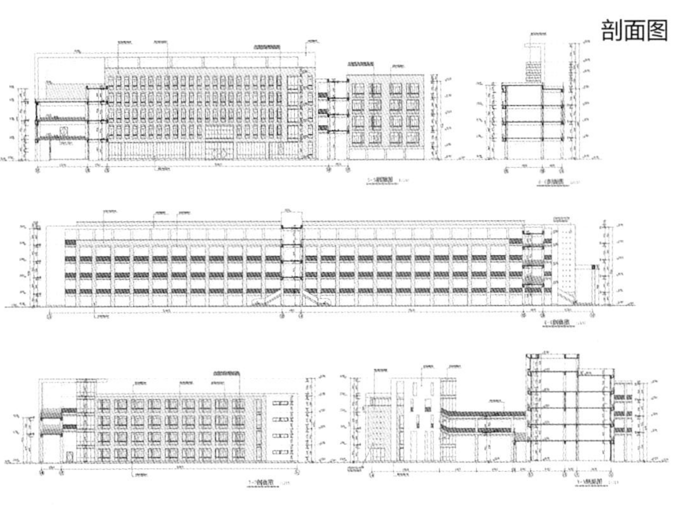

如东县文化中心建设工程项目

项目类型：公共建筑
设计单位：同济大学建筑设计研究院（集团）有限公司
建设地点：江苏省南通市掘港镇五总村15、16、17组
用地面积：1540000m²
建筑面积：91649m²
设计时间：2012.01—2017.09
竣工时间：2018.08
获奖信息：二等奖
设计团队：王文胜 吴 丹 张 涛 刘浩晋 姜慧峰
丁祝红 周 鹏 杨木和 王 珑 黄倍蓉
茅德福 冯明哲 麻伟男 顾 巍 严旭东

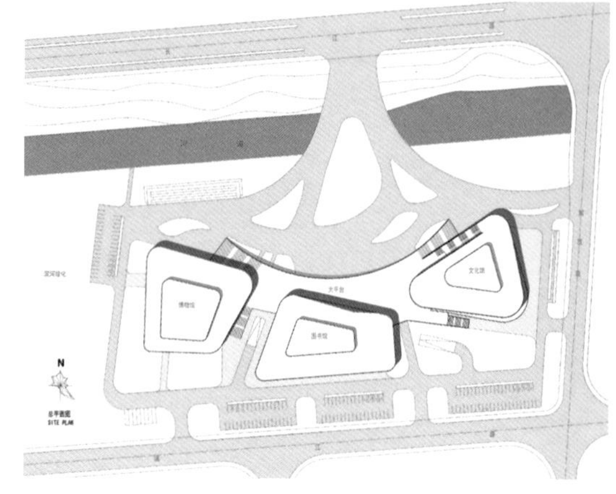

总平面图

设计简介

如东素有黄金海岸之称，坐拥烟波浩渺的南黄海，一望无际的沙滩。设计旨在城市中构建如东的“黄金海岸”，建筑形态上如黄海巨涛般拍打着岸边礁石，呈现潮起潮落的建筑景观，以优美流畅的曲线和光华圆润的建筑形体体现如东的渔盐文化和民俗风情，实现建筑与城市，视觉和空间上的相互渗透。三个场馆的建筑体量由中间的平台缓缓升起，以台阶或者斜屋顶的形式与平台进行关联和对话。

为打造如东的文化风景线，方案强调文化中心的凝聚力和辐射力。将博物馆、图书馆、文化馆三馆相互咬合在一个大平台上，将 4 层高的图书馆放置在中心位置，博物馆和文化馆放置在两边，三个场馆形态上高低起伏，错落有致，塑造丰富变化的城市建筑界面。大平台承载着三个场馆所需的公共配套设施，充分实现公共资源的共享，同时将三个场馆互相连接，引领人流的聚集疏散，为户外艺术展览、亲子娱乐等大型户外公益活动提供场地，构建良好的文化交流与共享氛围。

文化中心三馆二层组合平面图

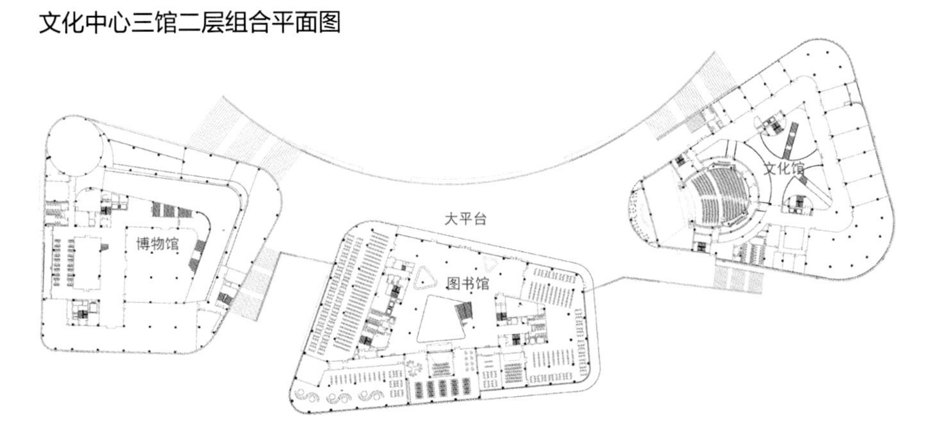

文化馆剖面图

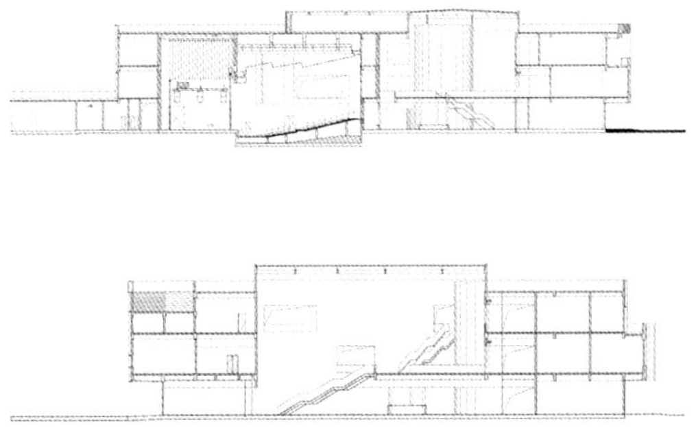

昆山市花桥黄墅江幼儿园

项目类型： 公共建筑
设计单位： 苏州九城都市建筑设计有限公司
建设地点： 昆山市花桥镇
用地面积： 13856m^2
建筑面积： 11217.06m^2
设计时间： 2016.05—2016.08
竣工时间： 2018.07
获奖信息： 二等奖
设计团队： 于　雷　张　鹏　杨亚楠　丁　宁　许　宁
沈春华　苗平洲　屈　磊　吴玉英　薛　青
赵　苗　张晓明　张　琦　姜进峰　梁羽晴

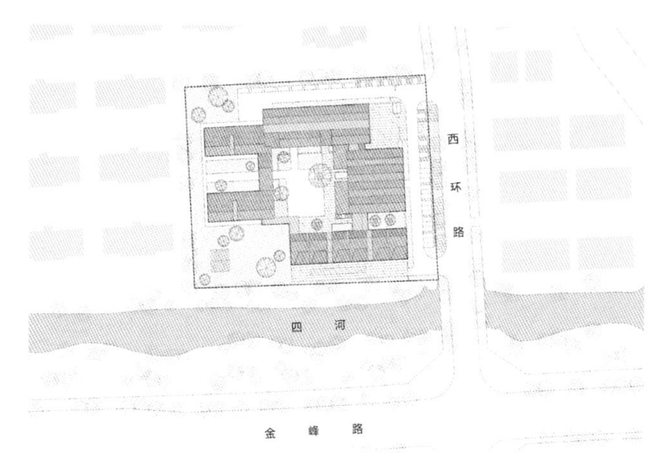

总平面图

设计简介

黄墅江幼儿园位于昆山市花桥经济开发区西环路以西，金峰路以北。规划用地面积 13856 平方米，总建筑面积 11217.06 平方米，其中地上建筑面积 10910.79 平方米，地下建筑面积 306.27 平方米，计容建筑面积 10910.79 平方米。幼儿园规模为六轨十八班，主要包括普通单元教室、公共教室、音体室、教师办公、后勤食堂等功能。整体建筑高度为三层。

幼儿园基地位于一片成熟住区的核心地段，基地南侧有四河水系与主干道金峰路相隔。基地西侧和北侧为成片坡屋顶建筑形式的低层住宅区，形成区域城市的一个显著特征。该项目整体以坡屋顶为基本的形式母题，通过对标准坡屋顶模块单元进行演变、组合、变化，营造了层次丰富，变化多样而又充满童趣的幼儿园建筑。在连绵坡屋顶的社区中，幼儿园建筑既与周边环境和谐共存，又充满个性。

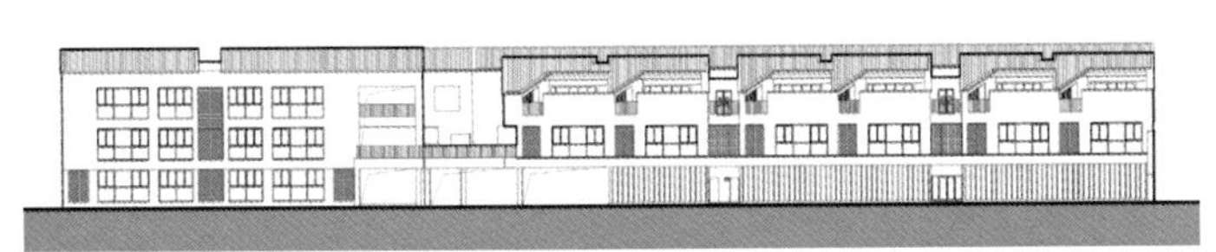

南立面图

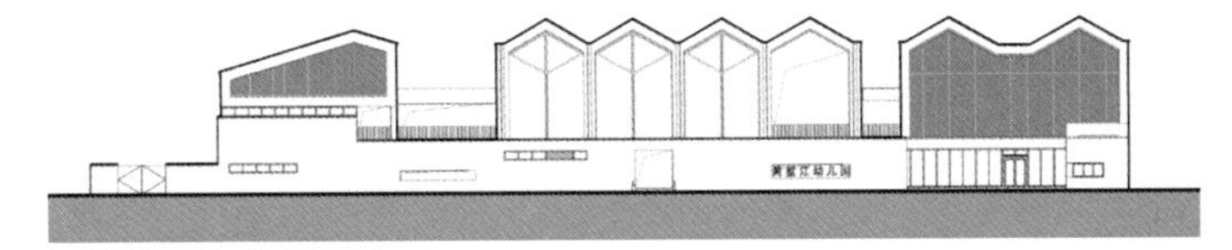

东立面图

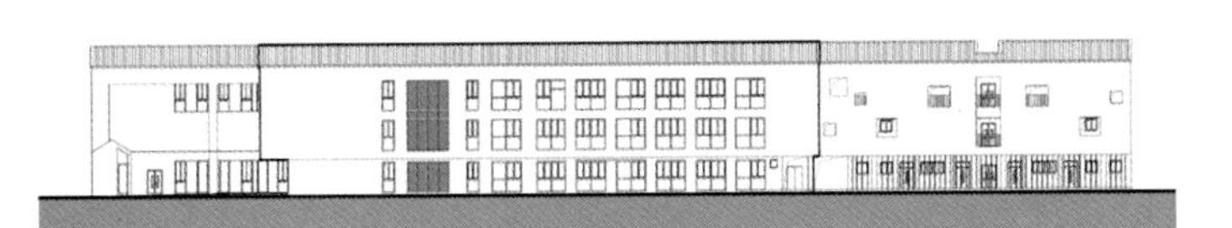

北立面图

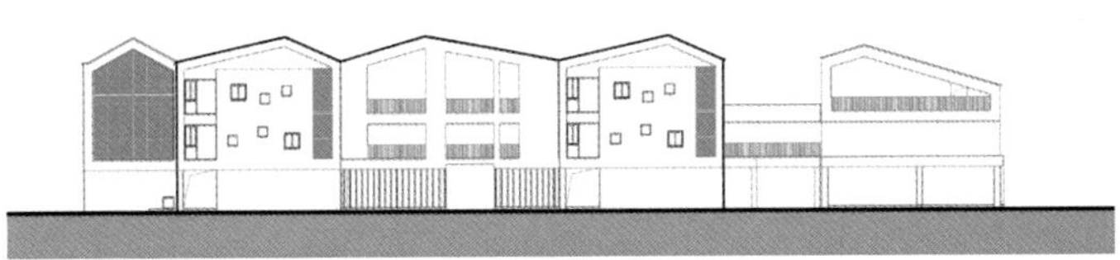

西立面图

苏州港口发展大厦

项目类型： 公共建筑
设计单位： 启迪设计集团股份有限公司
建设地点： 苏州东吴北路与太湖东路东北
用地面积： 10596m^2
建筑面积： 96231.75m^2
设计时间： 2012.05—2013.05
竣工时间： 2019.06
获奖信息： 二等奖
设计团队： 查金荣　靳建华　李少锋　朱　伟　苏　涛
张　敏　宋鸿誉　沈银良　吴卫平　钱沛如
祝合虎　吴悦霖　殷文荣

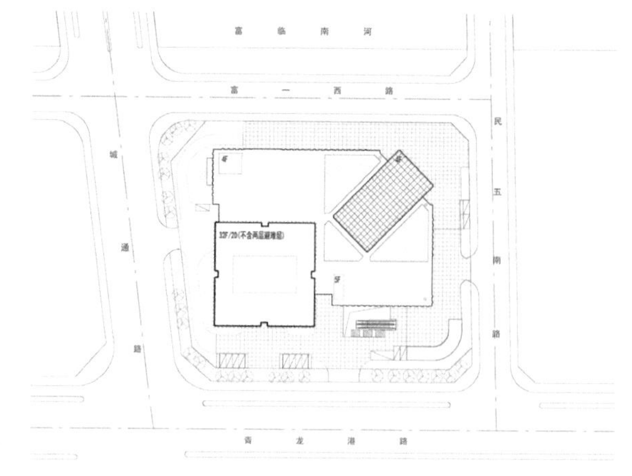

总平面图

设计简介

本项目位于苏州高铁新城内，西临城通路，南临青龙港路，北临富一西路，东临民五南路。基地南北长约94.6米，东西长约113.4米，用地面积约为10596 平方米。地块以高铁北站为中心，港口发展大厦与清华紫光大厦、高融大厦、高铁大厦、国发大厦、兆润大厦、隽荟SOHO、新城大厦沿区域主轴对称布置，形成具有标志性的城市界面。项目与隽荟SOHO沿主轴相对而立，因此在整体尺度、塔楼高度、建筑风格上秉承对称协调的原则。高铁新城以铁路作为核心驱动，港口发展大厦位于高铁北站南侧中心区域，肩负着展示高铁新城形象的职责。建筑主要采用银色铝板、浅灰色石材和玻璃三种材质，具有现代感、科技感的形象使旅客在出站伊始便感受到高铁新城创新氛围。建筑以竖向线条作为核心元素贯穿整个设计。作为一座149.7米的超高层建筑，竖向线条的使用使得塔楼更显挺拔修长。在塔楼四个面的正中各设置一道纵向凹槽，为每个立面提供了视觉焦点，同时也赋予了建筑标志性元素。

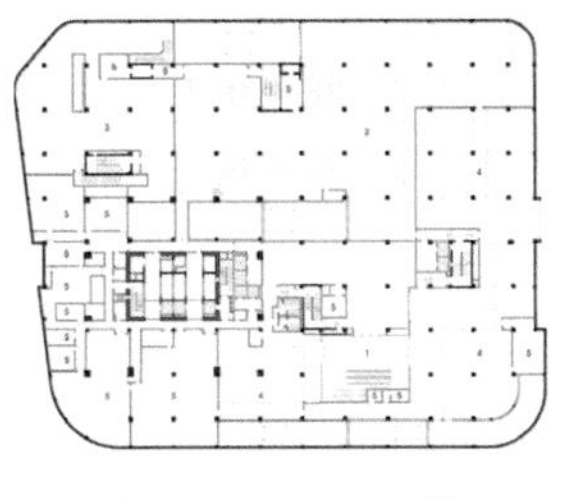

1 下沉广场
Sinking Square
2 汽车库
Parking Space
3 机械非机动车库
Mechanical Non-motorized Garage
4 商业
Commercial Space
5 设备用房
Equipment Room

一层平面图

1 入口门厅
Entrance Lobby
2 办公门厅
Office Entrance Lobby
3 下沉广场
Sinking Square
4 共享中庭
Shared Yard
5 商业
Commercial Space
6 设备用房
Equipment Room

地下一层平面图

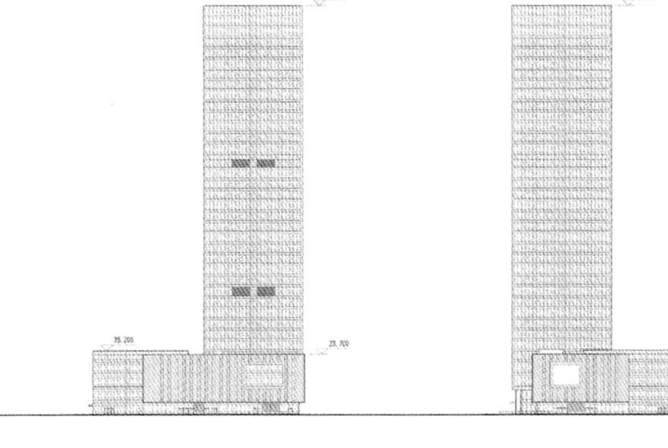

北立面

东立面

国裕大厦二期项目设计

项目类型： 公共建筑
设计单位： 启迪设计集团股份有限公司
建设地点： 苏州东吴北路、文曲路交叉口
用地面积： 52290.71m²
建筑面积： 52290.71m²
设计时间： 2015.05—2015.09
竣工时间： 2018.11
获奖信息： 二等奖
设计团队： 查金荣　张　斌　张胜松　丁茂华　朱　伟
李长亮　王科旻　叶永毅　曹彦凯　谢金辉
王海港　韩天晟　张　倩　林志华　王晓伟

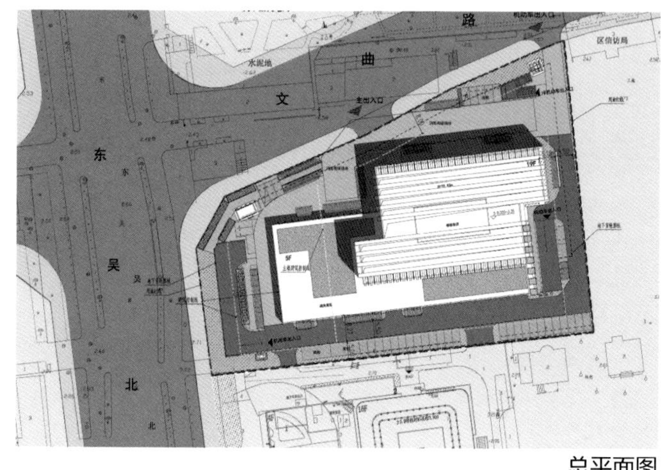

总平面图

设计简介

本方案旨在充分协调周边环境，合理利用各项技术手段，创造庄重、简洁的办公环境，同时又实现实用与美观、高效与舒适的统一。项目整合周边资源，升级周边商务办公环境，吸引各层次的目标消费者，形成新的商务办公中心，提升办公环境和办公品质，引导商务办公发展模式。项目采用国际化高档商务办公的先进设计理念，造型突破苏州市现有商务办公的传统形式，展现了一种别致、灵活、潮流的形象。为了提供自由的工作生活方式和宜人的工作场所，设计通过屋顶花园的设置等措施将绿化与景观引入建筑，与工作环境紧密结合，提供健康的工作环境。可交流的环境能够构建良好的对外客户关系与对内合作氛围。底部设置商业，增加了相关配套的便利性，提升了办公场所的适应性。设计采用绿色节能理念，通过各类成熟节能措施的综合应用，达到低碳技术的有效应用，通过设置水平向遮阳板，避免了夏季阳光对办公环境的影响，利用屋顶绿化减弱了顶层空间的空调负荷。

一层平面图

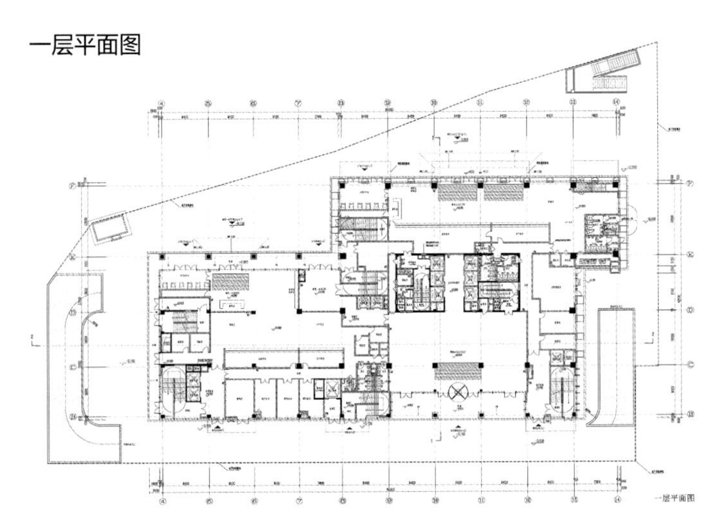

立面图

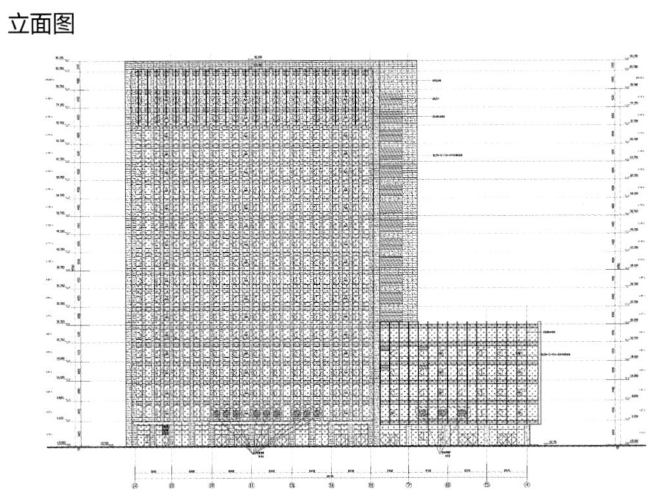

苏地2016-WG-10号地块1号楼商品房住宅项目

项目类型： 公共建筑
设计单位： 启迪设计集团股份有限公司
山水秀建筑设计事务所（合作）
建设地点： 苏州市相城区黄桥街道华元路北
用地面积： $69913m^2$
建筑面积： $3327.6m^2$
设计时间： 2016.09—2016.12
竣工时间： 2019.01
获奖信息： 二等奖
设计团队： 蔡　爽　王　颖　臧豪群　章　瑜　王　威
董　辉　丁正方　张　慧　毛国辉　刘　莹
张志刚　孔　成　张　文　孙　文　徐　辉

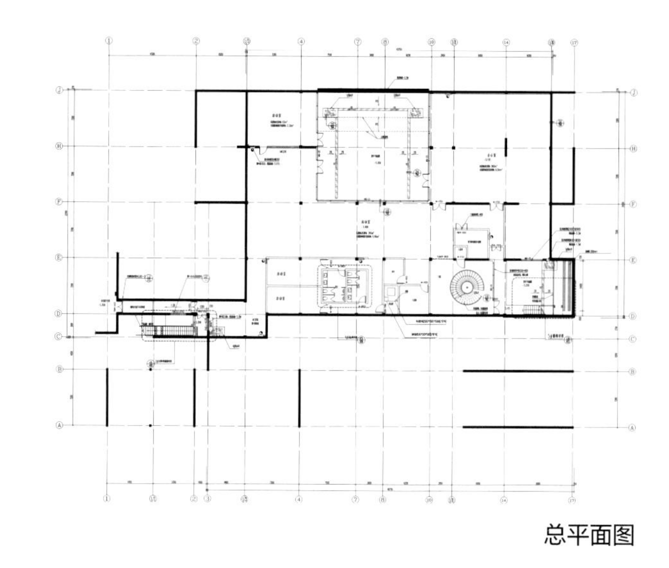

总平面图

设计简介

本项目位于苏州市相城区，北面黄桥镇，南邻虎丘湿地公园。社区中心位于整个用地东南角，与两条城市道路相邻。苏州是以庭院生活为载体的江南文化荟萃之地，场地南侧的湿地公园里的河流和沿河芦苇树木带来了流动的自然气息；这两个来自人文和自然的条件构成了建筑的外在环境。作为一个小区边缘的社区中心，这座建筑需要给周边社区（包括自己的小区）提供各种公共服务，包括社区事务、聚会交流、艺术展览、亲子活动、体育健身、便利商业等，这些公共活动构成了建筑的内在需求。我们希望寻找一种特定的空间秩序，把建筑的内在需求和外在环境融合起来，成为二者的共同载体，从而营造一个兼容社会性和自然性、兼具凝聚力和开放性的社区活动场所。

一层平面图

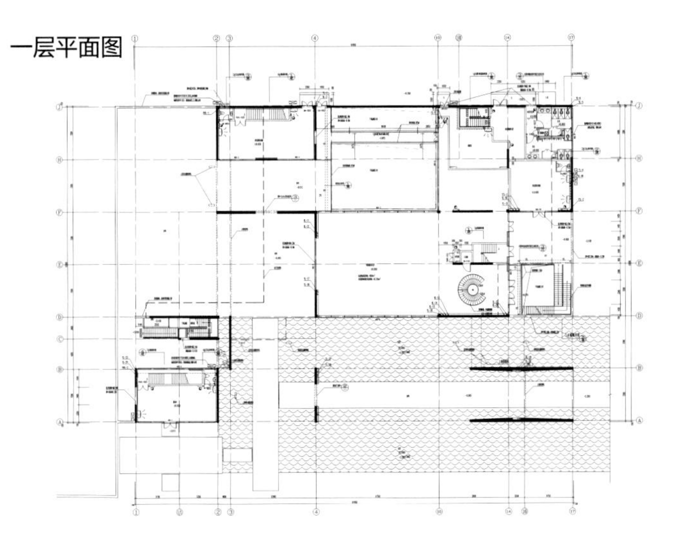

1-17 轴立面图

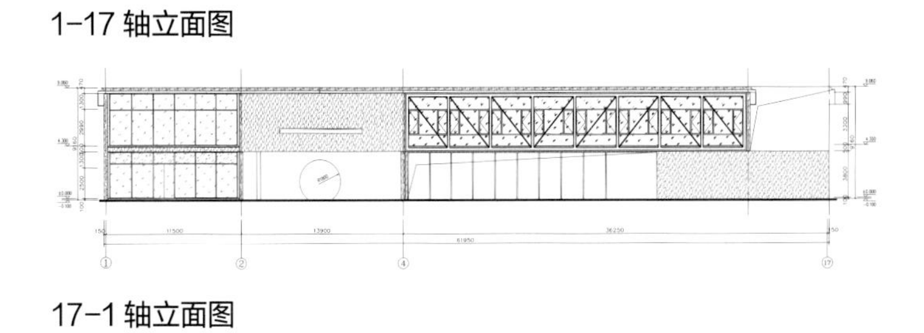

17-1 轴立面图

苏州市阳澄湖生态休闲旅游度假区 阳澄湖码头游客集散中心

项目类型：公共建筑
设计单位：苏州江南意造建筑设计有限公司
　　　　　隈研吾建筑都市设计事务所（合作）
建设地点：苏州市阳城湖生态休闲旅游度假区
用地面积：24329.47m²
建筑面积：7759.34m²
设计时间：2014.09—2016.06
竣工时间：2018.02
获奖信息：二等奖
设计团队：徐　宏　华家荣　范建青　王　华　高　鑫
　　　　　章一东　黄新颜　宋新华　李　雪　杜　玲
　　　　　徐　众　袁月芳　龚凯琪　李艳红

总平面图

设计简介

本项目位于苏州市阳城湖生态休闲旅游度假区，是集售票、集散、旅游购物、餐饮、休闲、咨询、医疗服务等多种功能于一体的综合性建筑，还是阳澄湖畔的全新文化窗口和创新创业基地。阳澄湖旅游集散中心面向湖面呈八字形，连接莲花岛陆路与水路。从远方看上去，极具金属质感的“茅草屋”，泛着银光的屋面和湖畔延绵在一起，融合在周遭绿植当中，深深展现出东方韵味。

建筑造型最大的特点是大型三角形屋面，三角形屋面落落大方互相重叠就如同沿着湖畔的连亘山脉与自然完美地融合在一起，极简主义风格落落大方地将小的三角形互相重叠保证立体感的同时又增添了层次感，使其建筑在整体设计上简约而不简单、丰满而不累赘。建筑内部也设置了倾斜的地面，以便与外部保持相同的类似于山丘的形态，从而为游客带来一种轻松且不受束缚的空间感受。

一层平面图

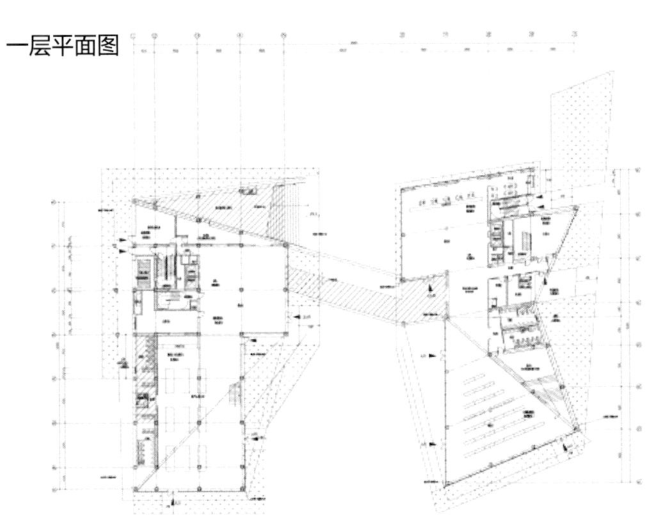

wG-wA 立面图

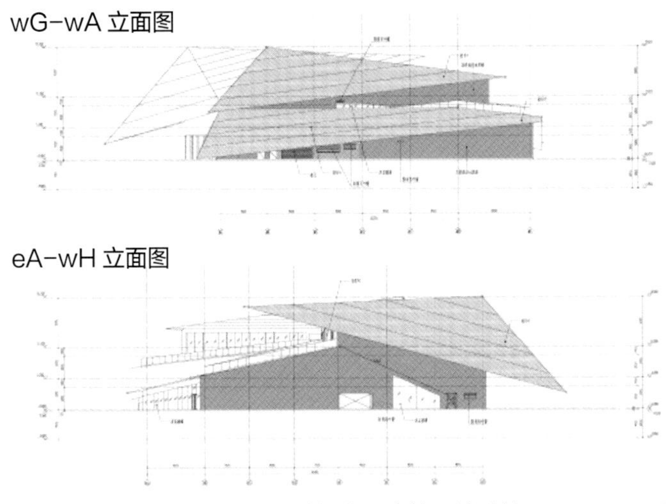

eA-wH 立面图

江苏如皋农村商业银行股份有限公司新建办公大楼

项目类型： 公共建筑
设计单位： 江苏省建筑设计研究院有限公司
建设地点： 如皋市海阳路
用地面积： 15018m^2
建筑面积： 51595m^2
设计时间： 2014.06—2014.07
竣工时间： 2019.06
获奖信息： 二等奖
设计团队： 周红雷 张 雷 颜 军 李卫平 高 勤 王 帆 刘文青 季 婷 潘 浩 杜雨阳 王金兵 胡 健 金旺红 代振坤 李 智

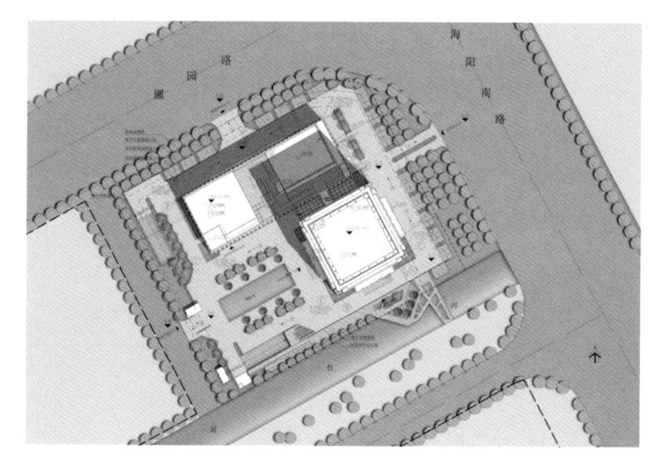

总平面图

设计简介

本项目秉持“实用高效、稳重大气、技术先进、观念领先、绿色节能”的理念，功能定位于现代化、绿色、节能环保的高品质金融办公建筑。项目布局采取塔楼和裙房L形组合的方式。办公塔楼位于用地东北角，以保证其在海阳南路的完整形象，塔楼的形态采用正方形点式布局，中心对称，稳如磐石，有利于金融企业形象的塑造。裙房沿圃园路呈一字形展开，最大限度保证营业厅的沿街面，服务于客户人群。建筑立面采取经典的三段式，以现代化的形式进行表达。建筑中部用坚挺的竖向构件来分隔玻璃幕墙，顶部通过竖向构件的收分，整体造型暗合建筑的形象稳如磐石、势如破竹，也预示着如皋农村商业银行节节高升。

一层平面图

东北（C-P 轴）立面图

东南（4-13 轴）立面图

常州弘阳广场（DN-010302地块）商业项目7号楼

项目类型：公共建筑
设计单位：江苏筑森建筑设计有限公司
建设地点：常州市中吴大道南侧，长江路西侧
用地面积：7043m^2
建筑面积：130201m^2
设计时间：2016.07—2018.08
竣工时间：2018.09
获奖信息：二等奖
设计团队：符光宇　赵　刚　苏映敏　乔　烨　建慧城
李丙坤　黄志宏　周　玮　荆兆凯　雷　栋
费　霞　王　卿　钱余勇　叶　欢　龙跃升

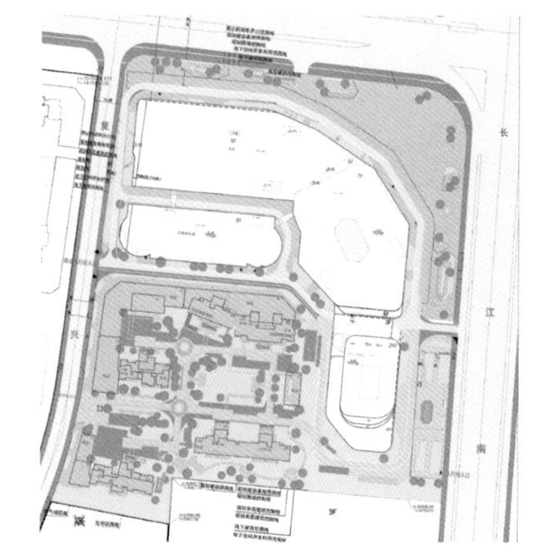
总平面图

设计简介

本设计在尊重城市脉络的前提下，遵循人与建筑互动共生的原则，努力打造城市标志性节点。总体规划上，用地分为两大部分，沿长江南路和中吴大道一侧为商业用地，西南侧为居住用地。住宅出入口设置在复兴路上。复兴路靠北设置商业的机动车出入口，办公和酒店的出入口设置在长江南路上，有效缓解复兴路交通压力。景观设计采用疏密结合的原则，广场布置以草本花卉和乔木为主，地面灌木种植结合总体设计中主要线条配置，运用不同的色块植物，以达到从高层俯瞰环境景观的构图效果。创造富有开放感、节奏感、充满活力的景观。

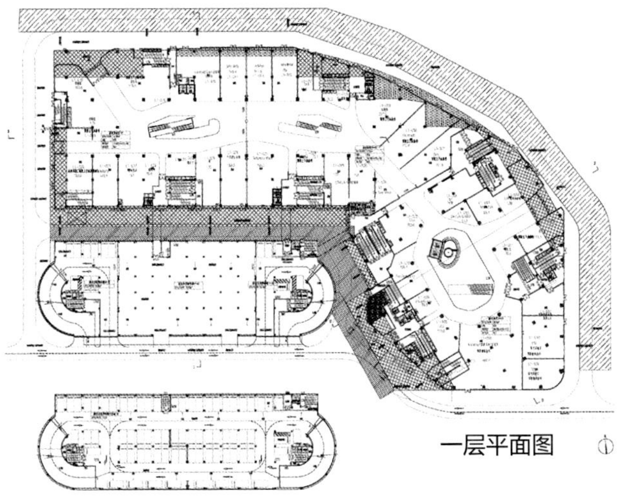

一层平面图

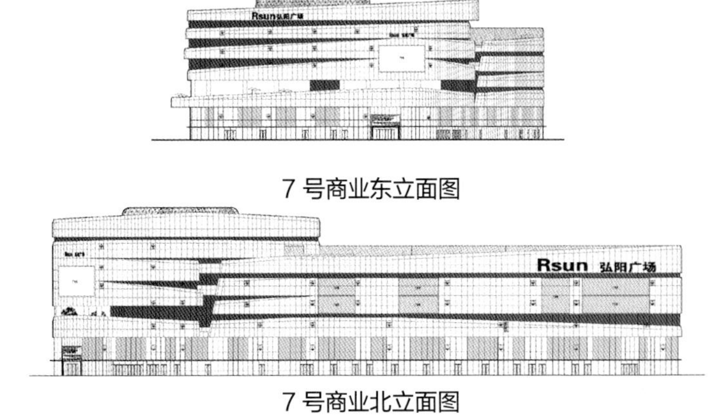

7 号商业东立面图

7 号商业北立面图

扬州广陵区体操馆

项目类型：公共建筑
设计单位：江苏筑森建筑设计有限公司
建设地点：江苏扬州广陵新城秦邮路与人民路之间
用地面积：19974.09m^2
建筑面积：74819.58m^2
设计时间：2017.02—2017.08
竣工时间：2018.06
获奖信息：二等奖
设计团队：张 旭 乐 巍 赵 刚 陈 欣 宫少飞 李 铿 建慧城 朱永财 陈 勋 钱余勇 王建军 盛岳泽 周 玮 雷 栋 徐秋玉

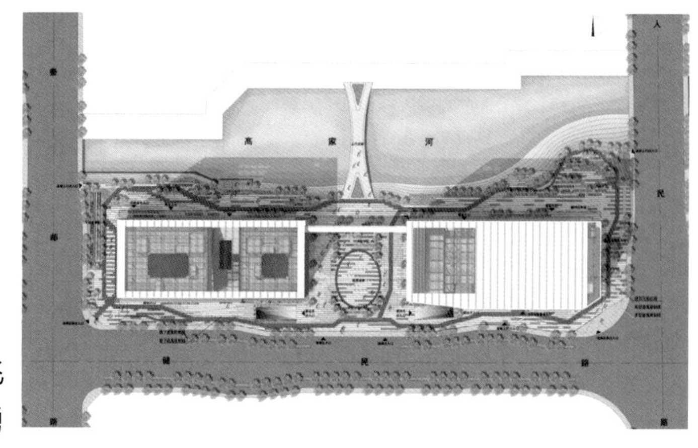
总平面图

设计简介

本项目位于扬州市广陵新城核心区南北中轴线上，与扬州市科技馆隔河相望，基地西至秦邮路，南临健民路，东至人民路，北临规划河道，交通便利。整个地块呈东西向长条形，南北用地长约70米，东西向长约290米。项目分为东侧广陵区体操馆，西侧为出租型办公建筑。

主体建筑为办公和体操中心，办公楼位于西侧，为 6 层办公加两层裙房商业，体操中心位于东侧，一层为商业，二层以上为培训教室和健身教室、体操馆和训练馆，两栋高层裙房部分有架空连廊连接。为了与北侧隔河相望的科技馆有良好的呼应和空间互动，两栋楼通过形体的切削与开洞形成各自中心公共空间，并对应科技馆延伸过来的轴线。在地块与北侧科技馆之间的河道上沿中轴线上设置了一座景观人行桥，方便南北联系。体操馆与办公平面上建筑的各个角设置不同的出入口，让商业、观众、运动员、媒体等不同群体实现分流。

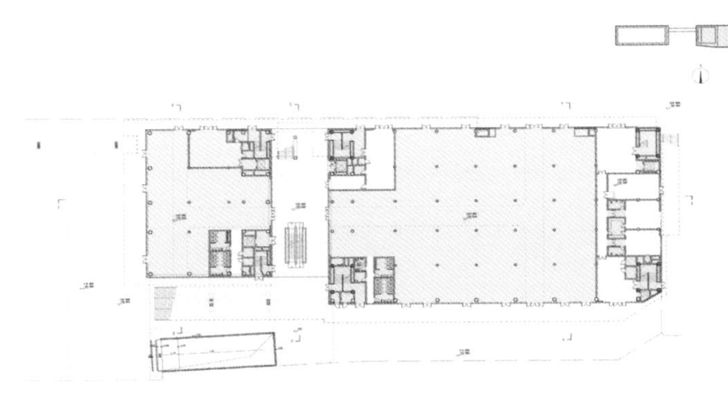

B 体育馆 · 一层平面图

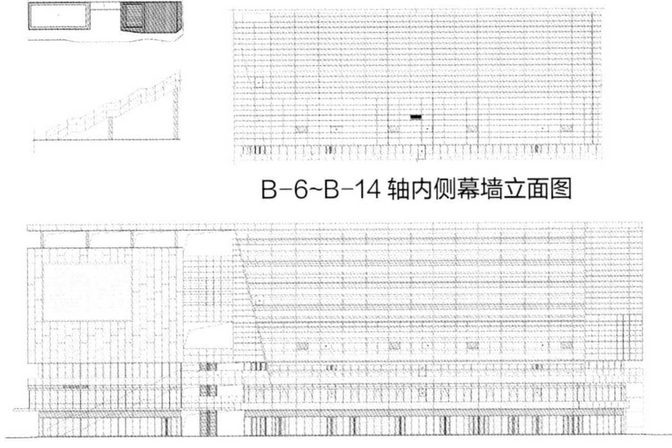

B-6~B-14 轴内侧幕墙立面图

B-1~B-5 轴立面图

南通大学附属医院新建门诊楼

项目类型：公共建筑
设计单位：东南大学建筑设计研究院有限公司
建设地点：南通市西寺路20号（原启秀中学地块）
用地面积：9976m²
建筑面积：40869m²
设计时间：2015.07—2017.08
竣工时间：2019.06
获奖信息：二等奖
设计团队：王彦辉　齐　康　王志明　王　宇　吴晓莉
张咏秋　罗汉新　宋　涛　叶　菁　庄丽萍
王晓伟　徐　疾　马　程　王天瑜　钱长远

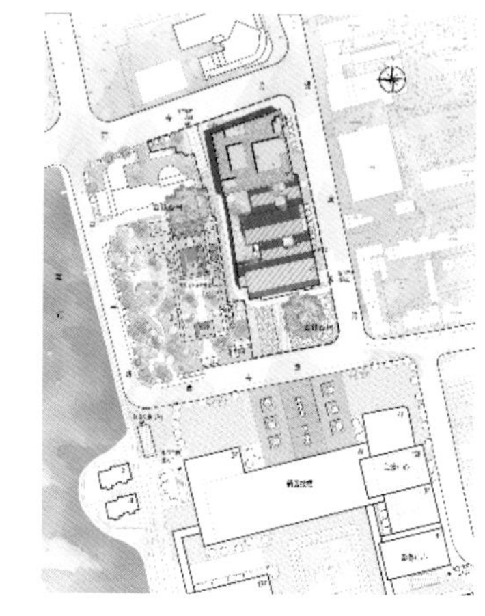
总平面图

设计简介

南通大学附属医院的历史可以追溯到清末状元张謇先生创办于1911年的通州医院，是一所具有100多年历史的综合性教学医院。新门诊楼的设计面临以下挑战：（1）原门诊楼用房面积不足、布局不合理、功能不齐全；（2）由于医院位于城中心区过往车辆密集，同时用地周边道路狭窄、院区内停车场容量不足，院内外交通拥堵严重；（3）院区紧临国家 5A 级濠河风景区，用地西侧与文物保护单位西寺古建筑群相依，东南角有树龄600余年的古银杏树一株。

面对复杂的现实条件，新门诊楼建筑设计具有以下特点：（1）南北院区的融和一体化：设计拆除老院区内的部分零散、破旧建筑，规划形成新门诊楼、医技综合楼和行政综合楼三组新功能建筑群，形成功能完善高效的新空间格局；顺应交管部门将西寺路和健康路改为单行车道的举措，合理组织老院区和新门诊楼机动车流线及地下车库出入口，提高车辆通行及进出院区的效率，并尽量实现人车分流；形成多个公共空间节点，与濠河风景区有机渗透，使整个院区形成完整、丰富、人性化的空间环境景观系统。（2）门诊楼采用“医院街”“医疗单元”结合的平面功能布局，并将科室的划分由传统的按照学科划分改为按组织器官系统标准进行划分的模式，从而大大简化交通和服务流线。空间流线组织上实现“二级候诊”“医患分流”，结合大量的智慧医疗和现代化自助服务设施的配置，显著提高了患者看病及医生诊疗的高效性与人性化。（3）形态风格的文脉协调性：新门诊楼在建筑尺度和界面控制上寻求与周边建筑环境的对位和控制关系。建筑立面尽量后退形成主入口广场，并实现对银杏树的良好保护及与南部院区北广场的呼应；北侧十层主楼的南向界面与其西侧的七层原日报社大楼相对齐，最大限度降低较大建筑对濠河景观带来的不利影响。裙房部分采用直立锁边金属屋面板铺设的坡屋顶形态意象，并设置多个内庭院和屋顶花园空间，使门诊楼这一现代化新建筑在体块尺度、空间形态、色彩肌理上与濠河风景区和西寺等传统建筑相协调。

一层平面图

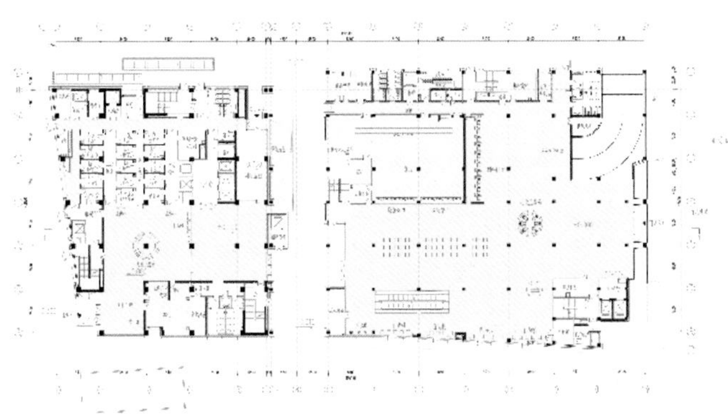

西立面图

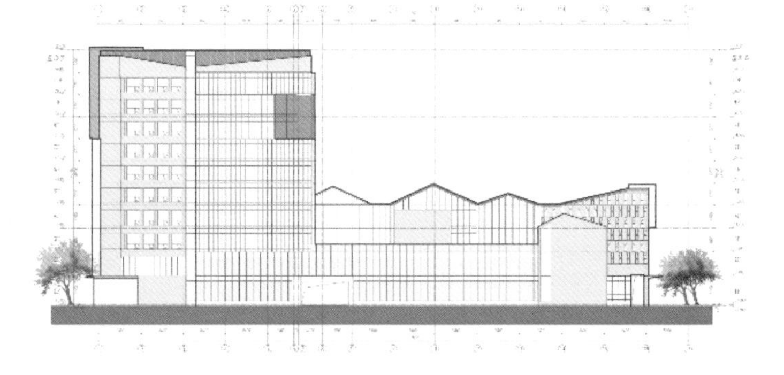

天隆寺地铁上盖物业项目

项目类型：公共建筑
设计单位：南京金宸建筑设计有限公司
法国荷斐德建筑设计公司（合作）
建设地点：南京市雨花台区
用地面积：46550.22m²
建筑面积：215446.29m²
设计时间：2016.08—2017.02
竣工时间：2019.05
获奖信息：二等奖
设计团队：牛 钊 陈跃伍 徐从荣 朱晓文 焦 昱
张 玥 王 浩 王 力 葛少平 郝 民
杨振兴 李乃超 林云旦 俞士军 耿 天

总平面图

设计简介

本项目位于城市干道安德门大街（宁丹路）西侧，软件大道（纬九路）以北，西临国家级文物保护单位渤泥国王墓及天隆寺景区，东临地铁1号线天隆寺站，项目为商办混合用地，整个基地南北向高差17米，东西向高差9米。方案根据条件对建筑物的退让及交通组织要求，结合现有地形高差设置多个台地，形成特有的景观轴线，将各栋楼完美的串联在一起，打造一个有机的商业综合体。在办公、公寓的底层设计商业网店。结合景观中心广场烘托整个地块的人气及商业氛围。

集中商业区的中庭共享空间是整个商业建筑内部空间的视觉焦点。商业店铺均围绕中庭共享空间设置。舒展流畅并富于变化的造型使室内空间更加丰富而有层次感。造型设计上通过玻璃幕墙及石材的变化，让建筑更加具有实用性的前提下不仅使得造型生动细腻、富于时代气息，又使得规整的形体产生丰富的变化。立面上幕墙构件的细部处理精巧恰当，在有限的形体变化中产生了丰富的立体空间效果。

地下室平面图

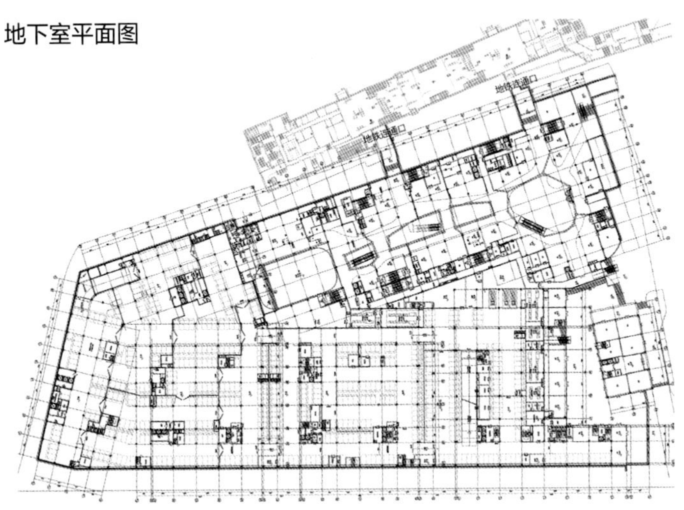

6 号轴 6Y-1 至 6-T 立面图

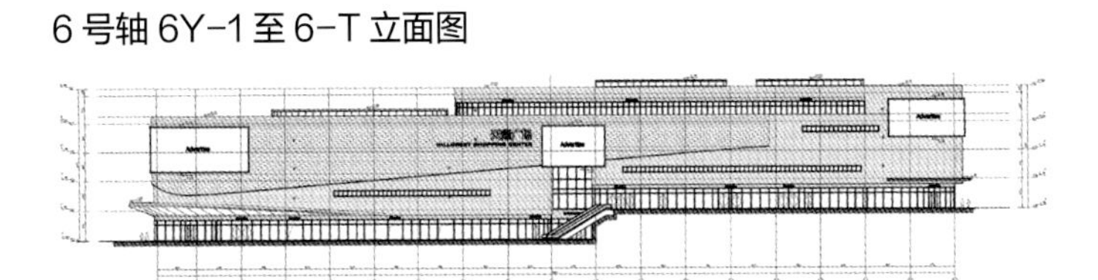

6 号轴 6-T 至 6Y-1 立面图

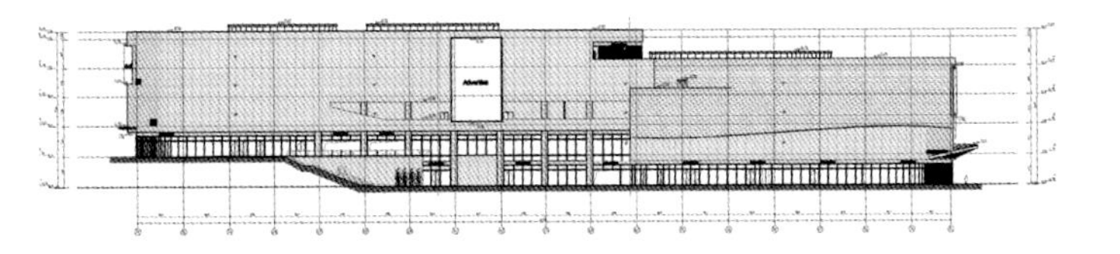

南京晓庄学院方山校区学生宿舍

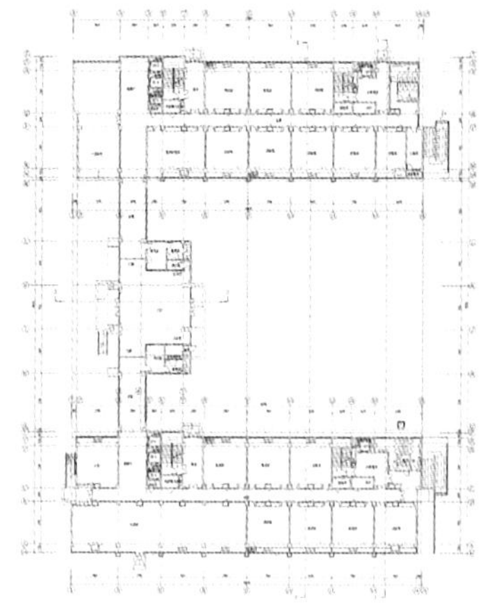

一层平面图

项目类型：公共建筑
设计单位：南京金宸建筑设计有限公司
建设地点：南京市江宁区弘景大道3601号
用地面积：3458.18m^2
建筑面积：44055.49m^2
设计时间：2016.01—2016.06
竣工时间：2018.12
获奖信息：二等奖
设计团队：马 莹 余 杨 张伟玉 蒋叶平 李 凯 吴 喆 杨 静 王 薇 曹 坤 范丽丽 李 建 林云旦 郝 民 王丁丁 于 婵

设计简介

本项目位于南京晓庄学院方山校区内，紧临方山旅游风景区。校区基地地形平坦，周围拥有良好的自然风光，近可观绿荫河流，远可望长江老山。本次设计的学生宿舍位于整个校区的东北侧，紧邻操场、招待所。学生宿舍为一栋高层建筑，包括南北两排16层的条形高层和连接南北的4层裙房以及配建地下室组成，总建筑面积约4.4万平方米，含学生宿舍747间。

设计秉承以学生为本的宗旨，力求在满足教学办公功能的基础上，创造出一个学生渴望的既有自然景观，又能促进交流互动的空间场所。学生宿舍的用地选址没有拘泥于原建设用地范围，而是充分分析了用地四周的建筑环境以及城市空间界面，使用传统的围合布局，在保证统一管理、功能合理的情况下，大胆运用局部架空空间手法，为学生提供了一处可去、爱去的半室外空间，形成校园空间亮点。

地下一层平面图

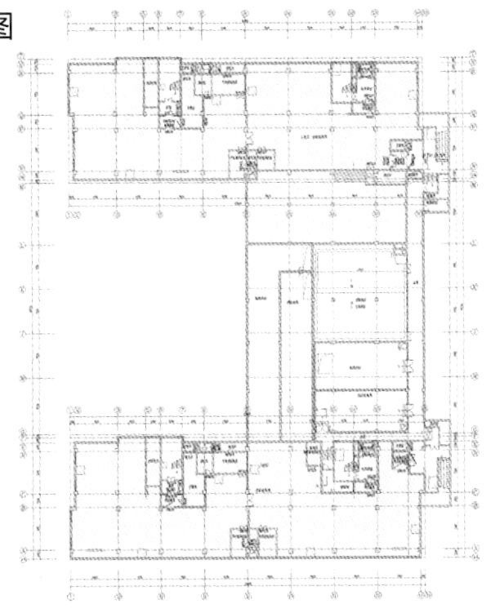

1-15 轴立面图

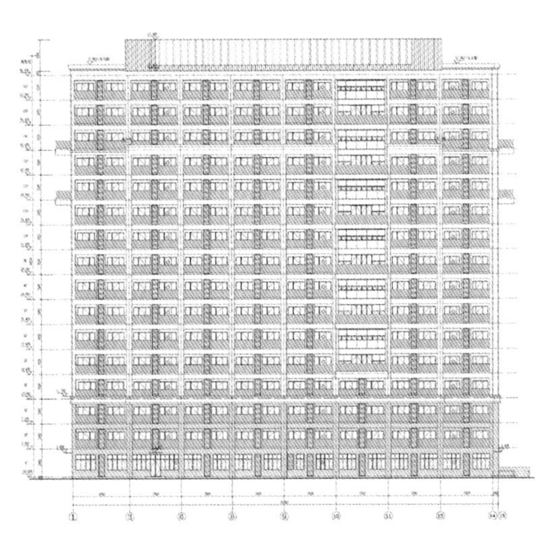

常州市轨道交通工程控制中心及综合管理用房

项目类型： 公共建筑
设计单位： 江苏筑森建筑设计有限公司
建设地点： 中吴大道与和平路交叉口西南角
用地面积： 16061m^2
建筑面积： 104119.13m^2
设计时间： 2016.05—2016.09
竣工时间： 2019.06
获奖信息： 二等奖
设计团队： 恽　超　韩海侠　陈　涛　刘　贺　吴华东　薛　斌　汪丁祥　郑丹丹　胡　宏　王旭明　江伟山　钱余勇　王　涛　雷　栋　何　莹

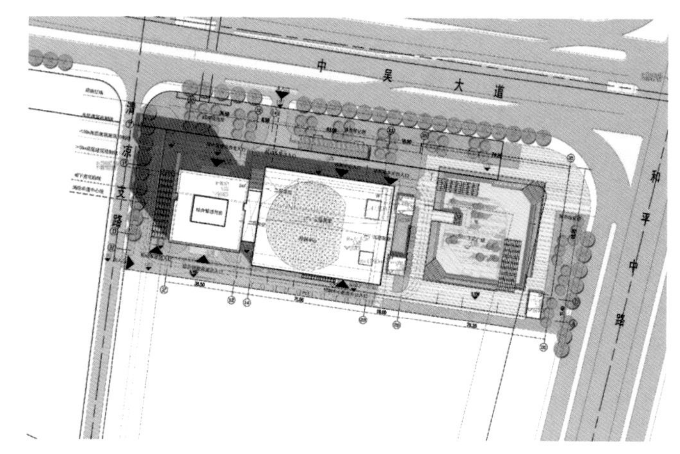

总平面图

设计简介

本项目位于轨道交通1号线、4号线交汇处，是集交通、便民设施、综合用房于一体的城市综合体。地上部分由综合管理用房与控制中心组成，地下部分由厨房、职工餐厅、配套便民设施、设备机房、机动车库、非机动车库、人防地下室等组成。

在有限的用地条件下，方案将主体办公楼主要出入口布置在中吴大道一侧，结合城市绿化带，形成了一个功能与环境完美结合的室外集散广场，解决了场地内部用地紧张的问题，建筑体量从东侧向西侧逐步升起。一个下沉广场布置在基地东北角，承担茶山站人流的引导功能，为市民提供一个愉悦的公共场所。裙房一、二层设置部分架空空间和天井，这一有机的形态组合同时营造了良好的室外气候条件。

建筑立面设计沉稳简洁，融合城市条形码的概念，寓意了轨道交通的速度感、便捷性，和深入市民生活的密切度。塔楼通过形体的切割以及竖向肌理线条使得建筑形象更加挺拔；轨道交通控制中心底层创造了适度的放性空间，使建筑具有了更多公共和开放性的空间，立面上通过彩釉玻璃、磨砂玻璃及高透玻璃的搭配体现建筑的科技感、时尚感，八到九层向东侧广场悬挑，形成城市的窗口，并带来视觉冲击力，也预示了其特殊的建筑功能。该项目通过建筑细部精细化立面设计、夜景赋予动感的建筑照明设计，力求打造具有时代感、科技感、标志性的建筑。节能设计方面通过太阳能光伏板、低辐射镀膜玻璃幕墙系统等环保节能方式，展现了轨道交通绿色环保的理念。

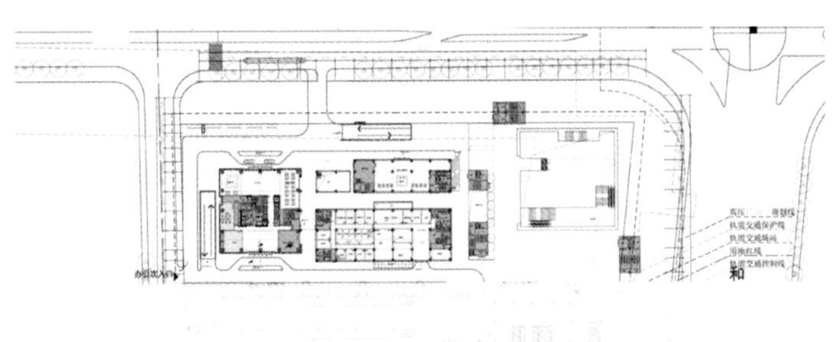

一层平面图

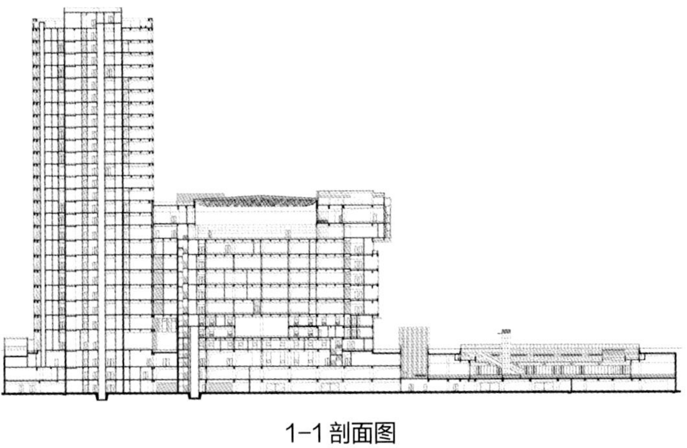

1-1 剖面图

镇江市京口区人民法院新建审判法庭

项 目 类 型：公共建筑
设 计 单 位：江苏中森建筑设计有限公司
建 设 地 点：镇江市焦山路西侧，米山人家北侧
用 地 面 积：5862m^2
建 筑 面 积：20608m^2
设 计 时 间：2015.03—2016.06
竣 工 时 间：2019.05
获 奖 信 息：二等奖
设 计 团 队：姚庆武　常建君　吴兴强　集永辉　俞俐俐
黄泽清　耿德晔　孟　浩　王晶晶　吴　晶
黄宪忠

总平面图

设计简介

法院由审判楼和大法庭两个部分构成，在基地内采用对称的方式布局，以体现法院建筑“公平公正”的特点。两大功能体块形成南北轴线。形成由前广场—大法庭—审判楼的串联形式，强调了以法院审判为中心，为民服务的鲜明特点。大法庭位于基地的北侧，审判楼位于大法庭的南侧，整体布局紧凑，分区明确，交通联系路线较短，联系方便又互不干扰，同时考虑到各个部门独立使用的可能性，根据不同功能而设置不同出入口，从而实现了内外区域的人车分流及内外办公区域的完全分离，满足法院建筑在功能上的特殊要求。

一层平面图

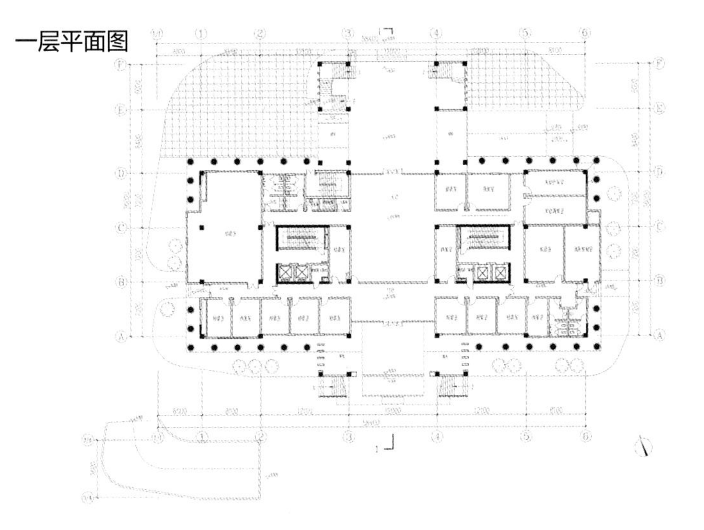

立面图

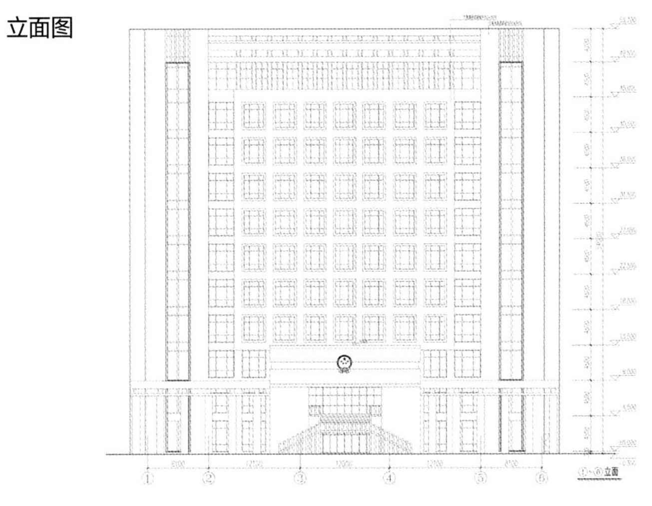

紫一川温泉馆

项目类型： 公共建筑
设计单位： 苏州古镇联盟建筑设计有限公司
Wutopia Lab（俞挺工作室）（合作）
建设地点： 苏州阳澄湖半岛莲花路东侧支路南
用地面积： 26016.52m^2
建筑面积： 17734.72m^2
设计时间： 2015.05—2016.03
竣工时间： 2017.04
获奖信息： 二等奖
设计团队： 黄　平　俞　挺　濮圣睿　万　骅　倪欢欢
王晓亮　王　帅　倪　剑　王　进　陆利强
鲁　齐　成　林　曾俊明　陈　哲　沈建伟

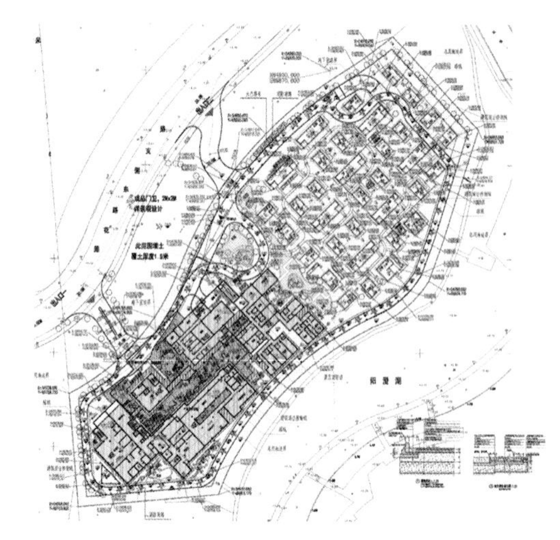

总平面图

设计简介

紫一川温泉馆地处5A级景区阳澄半岛，面朝宽阔湖面，景色秀丽。本项目依托阳澄湖湖景，辅以室外温泉，致力于打造精致宜人的日式温泉馆。 在有限的用地条件和建筑限高下通过巧妙的空间组织，达到最佳的土地利用率。总建筑面积17734.72平方米，建筑高度14.970米。方案从建筑的视角重新对日本传统文化和技术进行定义，利用现代美学将传统再修饰，在传统中添加现代元素，对日式庭院重新阐释，构建独享的私密性空间。建筑平面用放松的水平构图沿河岸线展开。大堂、餐饮、套间与温泉馆各功能区围合成几个大小不等的庭院，并设置干净质朴的日式景观。灰色调的建筑与白色的枯山水相得益彰，让人放松心神，沉静如水。

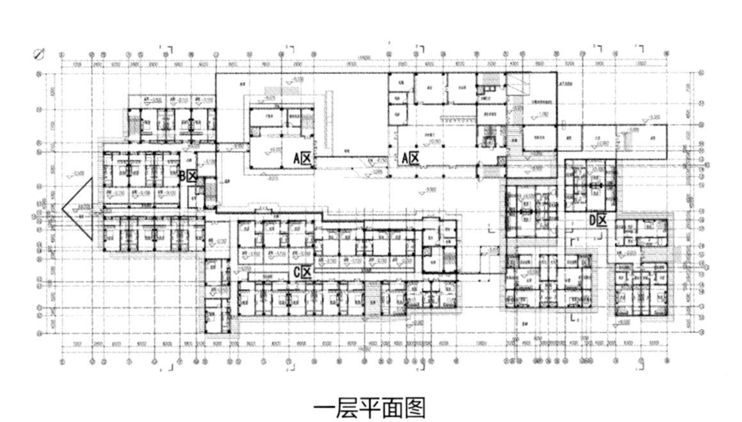

一层平面图

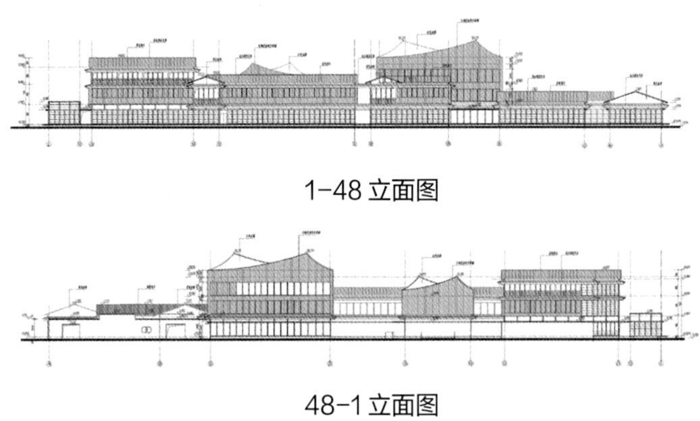

1-48 立面图

48-1 立面图

中恒电气生产基地改扩建项目

项目类型： 公共建筑
设计单位： 江苏中锐华东建筑设计研究院有限公司
建设地点： 杭州市滨江区东信大道69号
建筑面积： 14340.5m^2
设计时间： 2018.02—2018.04
竣工时间： 2019.04
获奖信息： 二等奖
设计团队： 冯　杰　杨来光　张国清　董　鸣　蔡文毅
刘江军　荣朝晖　顾方红　聂礼鹏

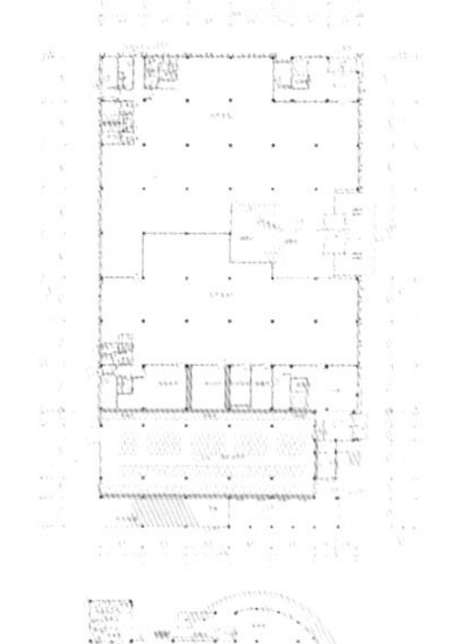
一层平面图

设计简介

中恒公司将原厂房进行改造，作为公司能源互联研究院项目的软件生产场地，重点研究智能化生产系统及过程，以及网络化分布式生产设施。在改造过程中，主要针对下面四个方面对建筑进行重组和优化。

一是平面布置上，原设计中厂房南、北楼之间为一层裙房，屋面为覆土绿化，本次设计将此处一层裙房调整为四层，内部空间为中庭。在二至四层增加钢结构连廊，将南、北楼连通。二是功能分区上，厂房部分在一楼布置了功能房间及相关设备用房，通过中庭设置创造了较为宽敞的共享空间，二楼以上可人为划分为南楼北楼，通过东西两侧的连廊连接，功能上互相分开，交通上互相串联。三是在生产厂房南楼南侧毗邻新建一栋单层停车楼，一层功能为非机动车停放，屋面为停车场及屋顶花园。四是立面设计上，改造建筑相邻为一栋现代风格高层建筑，本次改造基于该风格进行延续，强调竖线条风格，采用砖红色的劈开砖，配合深灰色涂料，营造整体协调的厂区风貌。

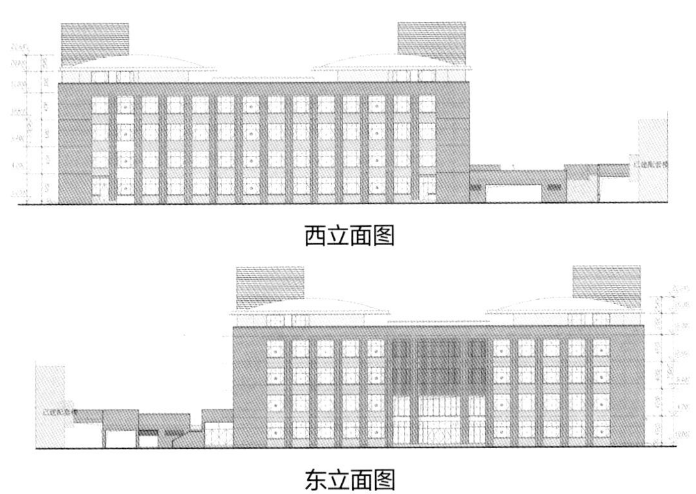

西立面图

东立面图

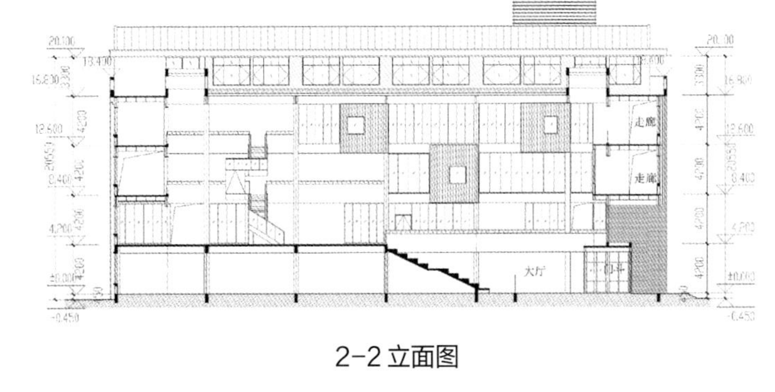

2-2 立面图

之江第一中学

项 目 类 型：公共建筑
设 计 单 位：江苏中锐华东建筑设计研究院有限公司
建 设 地 点：杭州市珊瑚沙路东侧、碧波路北侧
用 地 面 积：72451m^2
建 筑 面 积：95729.8m^2
设 计 时 间：2017.09—2018.11
竣 工 时 间：2019.06
获 奖 信 息：二等奖
设 计 团 队：荣朝晖 冯　杰 聂礼鹏 蔡文毅 桓少鸣
顾方红 刘　虎 王之昊 杨来光 薛　磊
吴　滨 谢　伟 张小燕 钱　威 丁　飞

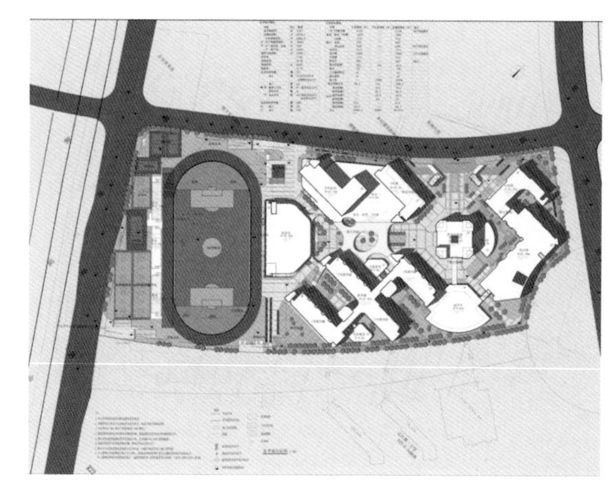

总平面图

设计简介

初中教育的特点是理性和诗性的结合，学生既要严谨，也要有活力。校园作为教育的载体必须为这样的精神提供合适的空间氛围。设计与周边城市界面相协调，旨在创造一个功能合理，又充满活力、自由交流的内部空间。设计以教学区为中心进行功能分区，形成“一心两轴”，“一心”是指以教学活动为中心而展开设计，“两轴”是指基地西南至东北的走向形成了校园的主轴线。设计赋予它现代轴的意义，同时在基地东南至西北非常巧妙地设计了一条礼仪轴线。两条轴线汇聚在校园中心——“图文信息楼”。现代轴由图书信息楼前广场展开，通过两侧教学单元和生活单元的序列推进，进入中央开放式广场，形成一个充满活力的校园客厅。礼仪轴线从西北主入口进入，穿过入口广场，到图书信息楼的水院，最后到尽端的图文信息楼。两条轴线序列是完全不同的空间和尺度感受，一个开放、大气且充满时代气息，一个内敛、含蓄，富有文化底蕴。自由、平等、开放的围合空间尊重教育的空间表达。中央开放式广场犹如一个学校的公共客厅，将全校师生汇聚于此，这也将成为之江第一中学的一大特色。

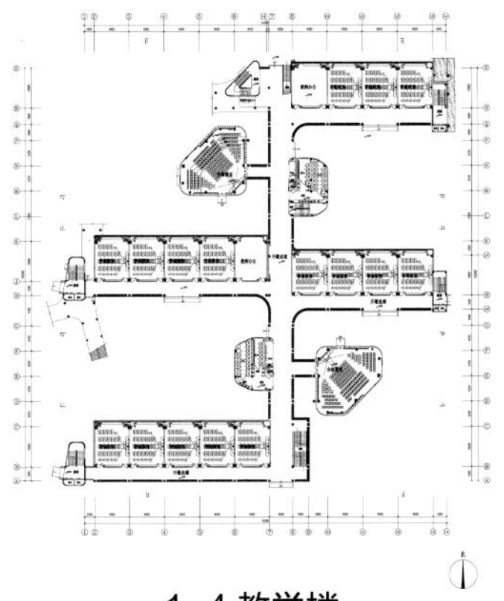

1-4 教学楼
一层平面图

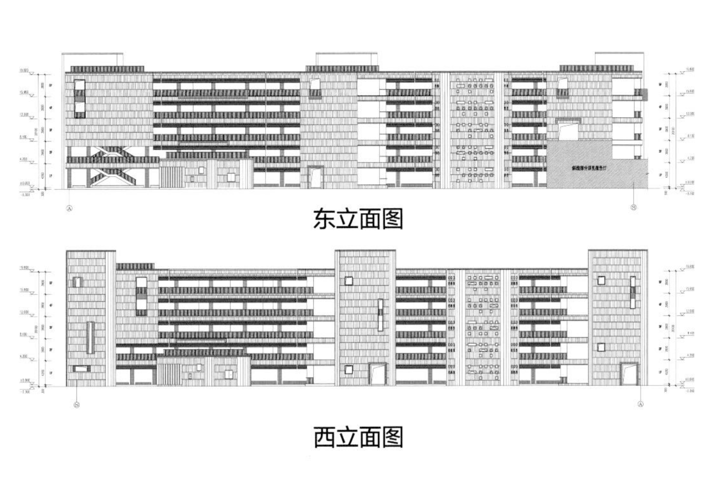

东立面图

西立面图

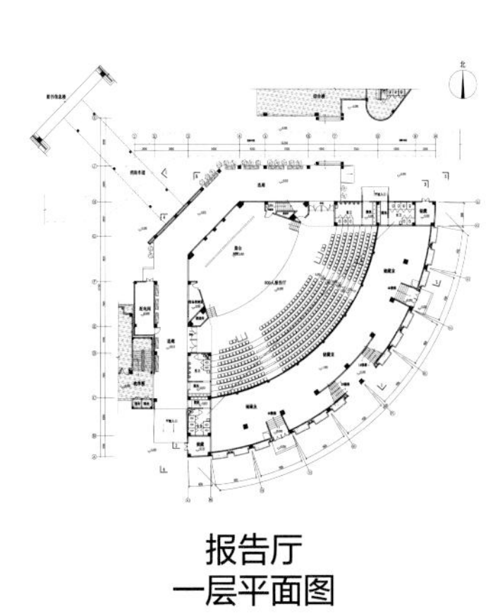

报告厅
一层平面图

证大南京喜玛拉雅中心项目二期（南京证大大拇指广场C、D地块）

项目类型： 公共建筑
设计单位： 南京金宸建筑设计有限公司
MAD建筑师事务所（合作）
建设地点： 南京市雨花区站中七路
用地面积： 30624m²
建筑面积： 208531.4m²
设计时间： 2014.02—2015.04
竣工时间： 2018.06
获奖信息： 二等奖
设计团队： 牛 钊 潘可可 吴春雷 赵 璐 季晓玲
葛 玲 曹洪涛 周晓娟 吕静静 周文键
张智琛 蔡慎德 叶龚灿 俞士军 李 建

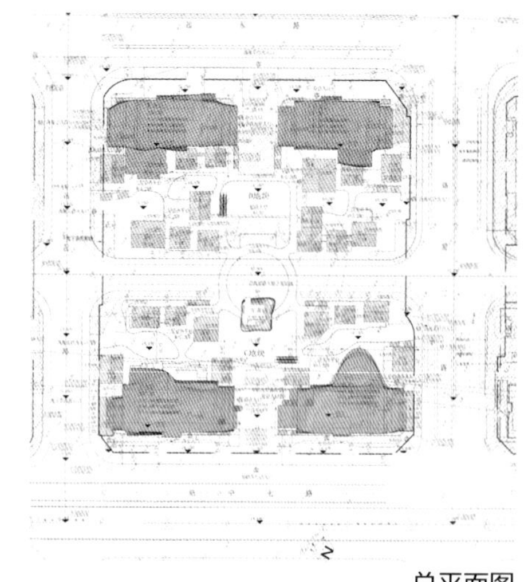

总平面图

设计简介

挖掘南京六朝古都灿烂的历史文化，秉承“证大建筑艺术生活”的开发理念，从建筑形态、环境营造、业态安排、活动策划等多层面注入人文艺术内涵，创新性继承弘扬传统文化，演绎新南京人文艺术生活。坚持“以综合消费为主调，以文化时尚流行为特色，以餐饮休闲娱乐为亮点”的商业规划原则，营造“一站式体验购物中心”，以生活方式体验为核心动力，发挥区域级商业中心的辐射作用及影响力。

将传统文化与现代空间相结合，将自然景观与人文设施相结合，营造高山流水的建筑盛境，成为南京的时尚休闲乐园。设计应充分考虑低碳规划的可能性，因地制宜地利用场地现有条件，进行科学的总体布局并尽可能设置立体绿化系统。形成“办公和居住的复合、商业和娱乐的复合、室内和室外的复合”的多功能复合空间。

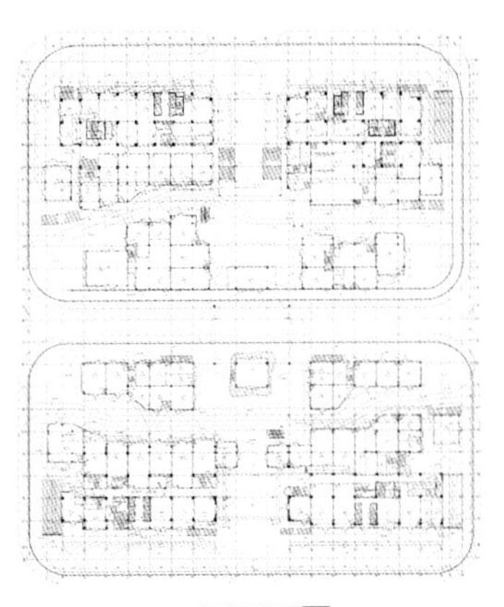

一层平面图

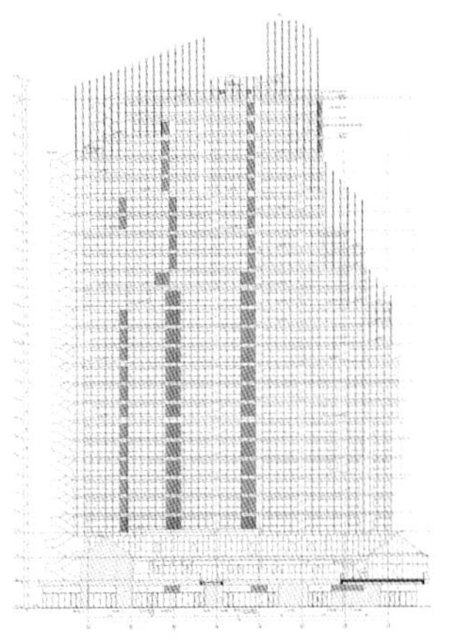

塔楼 J J-8 ~ J-1 立面图

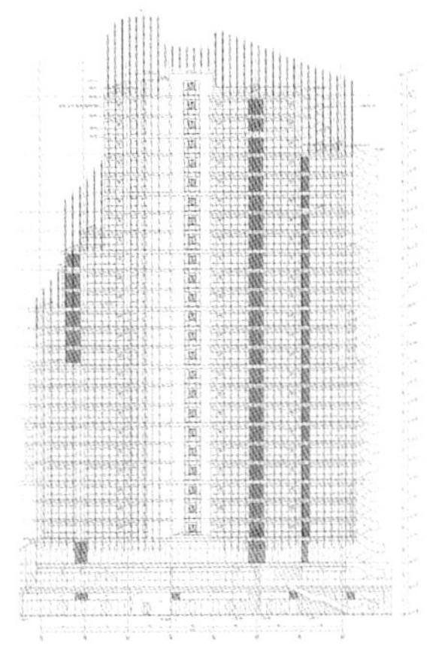

塔楼 J J-1 ~ J-8 立面图

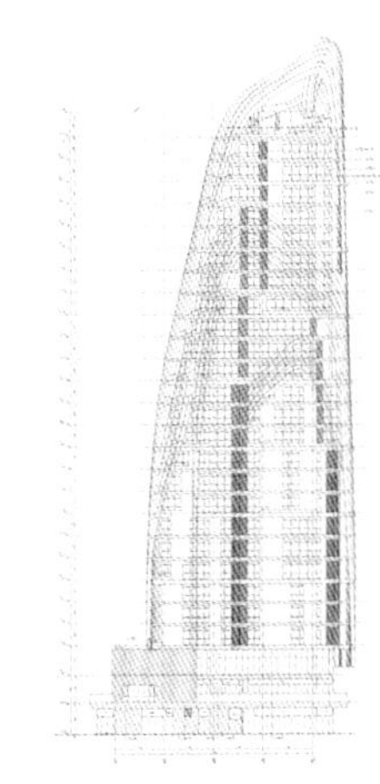

塔楼 J G ~ J-A 立面图

南京青奥中心项目——超高层塔楼

项目类型： 公共建筑
设计单位： 深圳华森建筑与工程设计顾问有限公司
中国建筑设计研究院（合作）
Zaha Hadid Architects（合作）
建设地点： 南京市建邺区燕山路交金沙江街处
用地面积： 520200m^2
建筑面积： 276293.4m^2
设计时间： 2011.10—2013.10
竣工时间： 2018.06
获奖信息： 二等奖
设计团队： 汪　恒　买友群　宋　源　张良平　任庆英
叶　铮　从俊伟　刘文斑　张　磊　杨东辉
张文建　李俊民　王为强　孙淑萍　郭友明

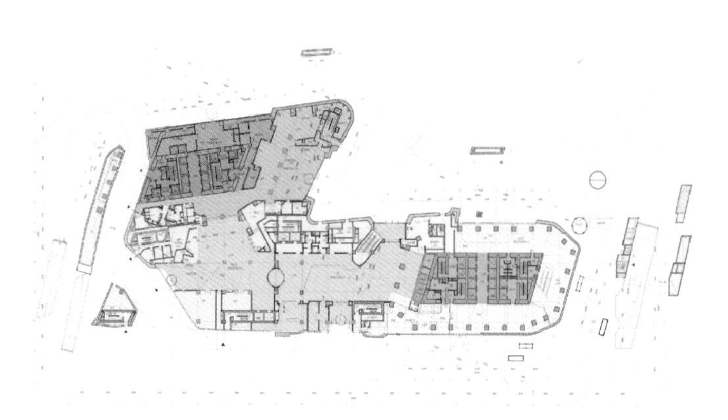
裙房一层平面图

设计简介

青奥中心超高层塔楼所处位置得天独厚，坐享长江的滨江绿色风光带，景色优美，交通便捷。场地跟青奥运动员村、青奥广场、滨江青奥公园、国际风情街等项目一脉相承，共同形成青奥轴线的高潮节点和对景空间，把河西青奥轴线上的中央商务区和河边对面的江心洲岛连成一线。

南京国际青年中心双塔在总体规划上与相邻的会议中心以及东南角的青奥广场形成青奥中心建筑群。双塔包括1栋314.5米的五星级酒店及写字楼、1栋249.5米的会议酒店及配套设施。两栋超高层建筑共用5层配套用房，与会议中心在15米及21.12米标高处通过空中走廊连通。

建筑外幕墙大量采用曲线、曲面、折角，整个外幕墙采用了1.2万多块GRC（玻璃纤维增强混凝土）板材，其中曲面板最大面积达35平方米，最重达2.1吨。外幕墙采用直立锁边铝合金金属复合保温。

建筑功能及平面布置在结构平面、竖向布局上尽量遵循简单、规则、对称的结构布置原则，以利于整体结构的抗震与抗风，同时采用了超高层建筑设计中极少采用的密柱框架一核心筒结构形式，取消了超高层结构设置加强层等惯用手法，极大地提高了结构的抗侧力性能，避免了加强层对结构带来的刚度、承载力突变等不利影响，并对两塔楼进行抗震性能化设计。为增强外围密柱框架的抗侧力性能提高其整体抗侧能力，外围框架梁采用了截面高度较大的宽翼缘H型钢梁，同时为方便与矩形钢管柱的连接，楼面梁也采用了工字型钢梁。为配合施工进度要求，同时为减轻结构楼面重量，楼板采用闭口型压型钢板组合楼板的梁板体系，每跨间设1道次梁，对于两侧斜柱与核心筒连接部位，为保证水平传力的可靠，楼板采用现浇双向受力模式。

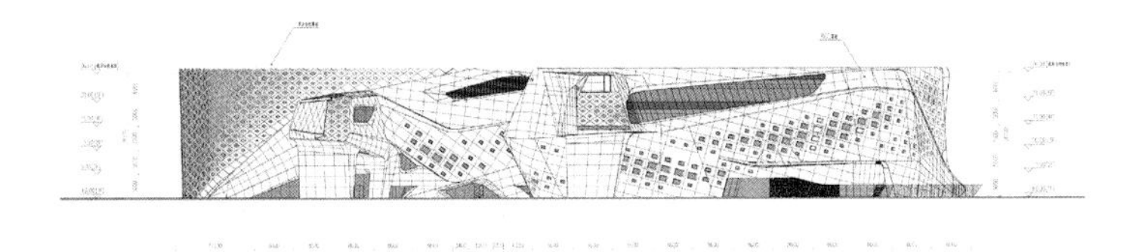

裙房北立面图

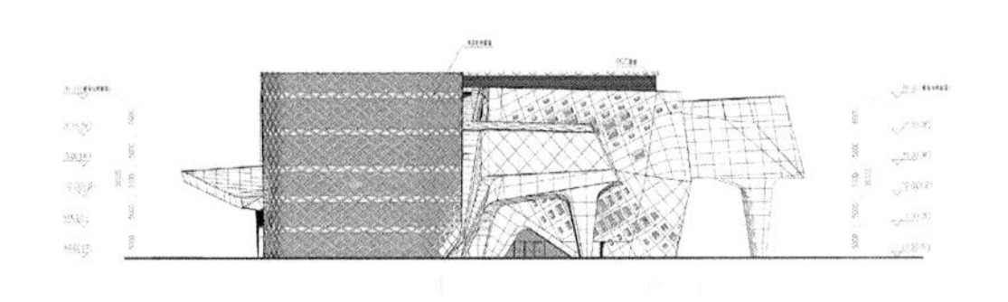

裙房西立面图

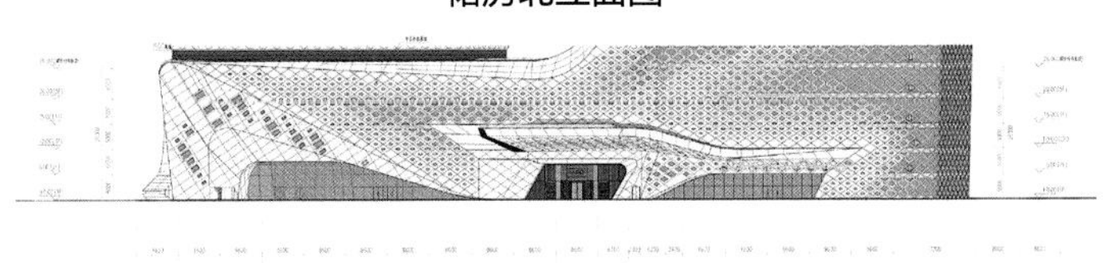

裙房南立面图

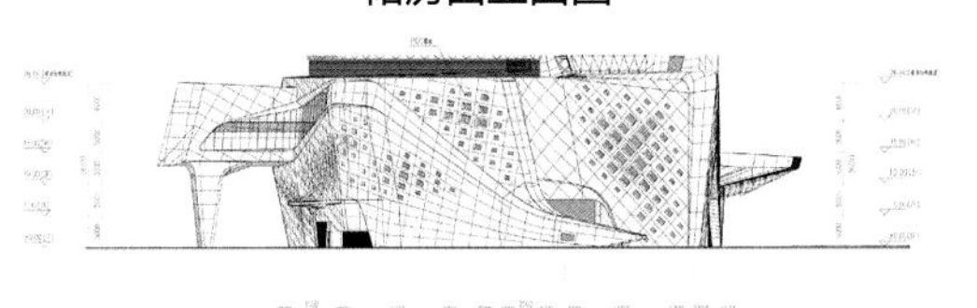

裙房东立面图

河西南部市政综合体

项目类型： 公共建筑
设计单位： 南京城镇建筑设计咨询有限公司
建设地点： 南京市清河路以东、黄河路以南
用地面积： 30419m²
建筑面积： 160184m²
设计时间： 2012.02—2014.03
竣工时间： 2018.12
获奖信息： 二等奖
设计团队： 陶敬武　谢　辉　肖鲁江　钱正超　张金水　唐　犇　于洪泳　张宗超　王　健　吕维波　张宗良　赵月红　徐　艳　王　琰　孙长建

设计简介

河西南部市政综合体是目前华东地区第一个由市政项目与商业项目在同一地块内高强度、多功能复合开发利用的经典案例，为城市存量用地的开发和利用提供了新思路。项目包括220kV滨南变电站（在建）、特勤消防站、公安特勤营地、小汽车及公交车充换电站、供电所收费站、公交首末站、公交保养厂、环卫停车楼、环卫办公楼、加油站、商业配套设施、高层办公楼、人防医疗救护站、专业队及人员掩蔽工程等功能。如何实现以上各种功能的临避效应与其外向属性，即要求直接临街或便于与城市道路连通以保证其使用的高效性之间的矛盾是项目成败的关键。

在仔细分析各功能区块占地面积要求、出入口要求、开放性与识别性要求的基础上，方案对各种功能进行合并、复合叠加集中建造：根据L形用地特点，在用地西北侧沿城市主干道渭河路一侧布置1号综合楼，功能涵盖公交首末站、商业、商务办公及附属用房。电动车充换电站紧邻1号综合楼东侧布置。3号综合楼布置在用地最东侧，功能为公交保养厂、共用食堂、环卫楼、环卫停车场等，公交保养厂可以承担公交车白天维保并兼顾夜间停靠的功能，环卫停车指标按2.5辆/万人（服务城区人口）规划设置；以上功能相对集中、便于使用且避免了对城市主通道的交通影响。

项目采用太阳能光热、光伏和地源热泵等可再生能源系统，屋顶太阳能集热器为厨房、宿舍提供热水需求；地源热泵为商业提供冷热源；太阳能光伏容量达到项目建筑物变压器总装机容量的0.4%，为地下车库等公共区域提供照明电源。结合绿化设置的太阳能光导管为地下室带来了光亮；基地内设置336吨雨水收集池，雨水收集系统年雨水收集量为30800吨，可以为基地内绿化提供日用水量30吨。

综合体塔楼一层公交场站平面图

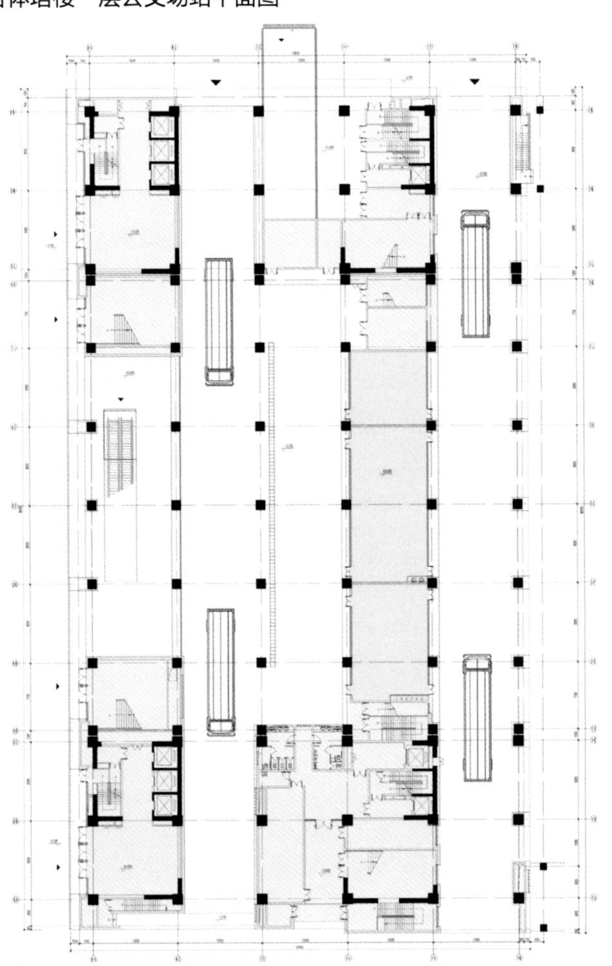

综合体立面图

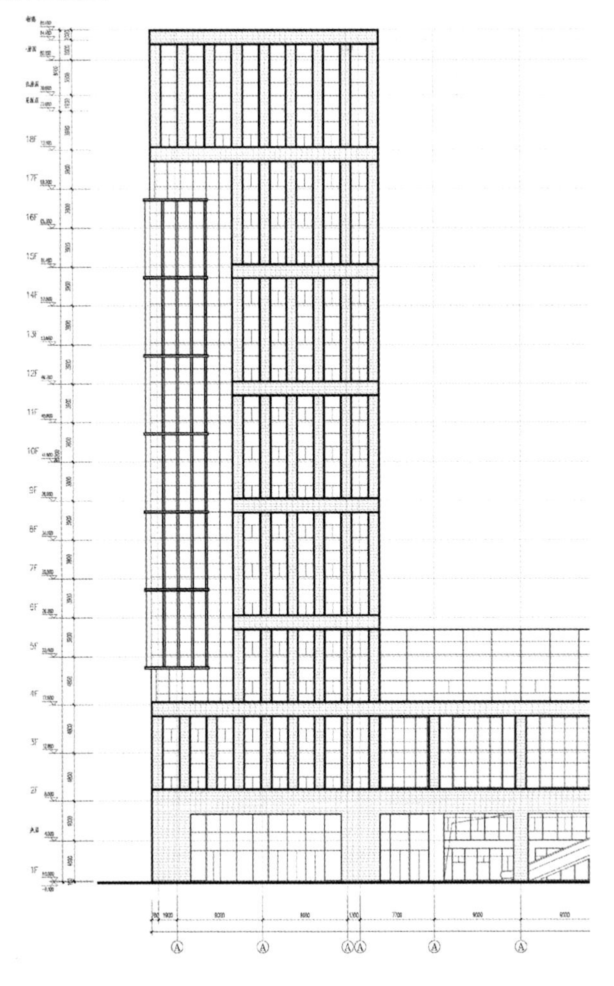

南京河西新城四小工程项目

项目类型： 公共建筑
设计单位： 江苏省建筑设计研究院有限公司
建设地点： 南京市建邺区黄山路与江山大街东侧
用地面积： 28710.7m^2
建筑面积： 27894.25m^2
设计时间： 2015.09—2017.07
竣工时间： 2019.03
获奖信息： 二等奖
设计团队： 汪晓敏　徐震翔　陈玲玲　张　坤　翟毓卿
张永胜　赵建华　丁　李　葛佳琦　王晓军
李林枫　张　蕾　蔡德洪　卞　捷　殷　岳

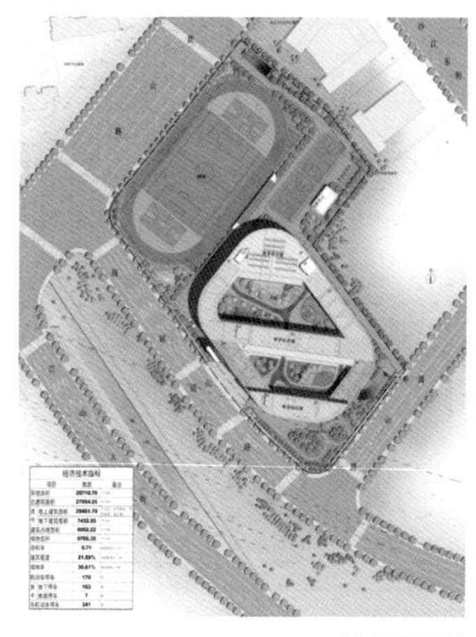
总平面图

设计简介

本项目以独特的建筑形式打造受保护的学校庭院，创造舒适宜人的学习环境，将技术成熟的德国建筑设计与当地气候全面结合，创建一个激发体脑全面发展的学习环境。本方案以运动和健康为起点，将教育与体魄融入可持续的校园中。将传统跑道延伸到教学楼的设计，为所有的学生提供了更多的室外活动机会。将教育与身体健康融入一个可持续的校园设计中。

依据中小学规范及优化的日照朝向，整个建筑分为三栋主要建筑。所有普通教室均朝南，其余专业教室及活动室则依据各自所需的光照条件分布各处。风雨操场设置在北向，用以屏蔽操场的噪声，同时也使各功能紧密联系。整个地面层是一个开放式的公共讲台，环绕有入口门厅、图书馆、多功能厅、餐厅等。各个功能以环状流线整合起来，提供多种路径，既有趣味性又增加相互联系。

本项目外立面主要根据功能需求设置走廊、外窗及遮阳系统。外窗为Low-E中空玻璃，窗框采用隔热金属型材。根据太阳角度，外窗设有凸出墙面的金属窗框，既是立面造型的元素，也为室内提供良好的遮阳系统。同时设有电动金属遮阳百叶，可进一步调节室内微环境。建筑在一层大片区域为架空，创造了良好的行走及通风环境，有利于夏季遮阳、微风环境。屋面设有种植园地，既降低屋面的热量传导，又提供丰富的园艺教学活动及优美的建筑第五立面。

本项目采用了光伏发电、太阳能热水等利用可再生能源措施。在风雨操场大空间顶部设置了光导照明，降低人工照明。大量采用雨水收集、透水铺装路面、下凹式绿地、景观湿地等措施，满足海绵城市的要求，减轻排水系统压力，充分循环利用自然水资源。还采用了装配式结构等绿色节能措施，使用干挂铝板幕墙，提高建筑构配件的预制率和可循环材料的使用率。地下室消防泵房采用VR可视化装配式机房技术，通过BIM建模及VR技术，将所有管件、配件在工厂进行预制加工，现场安装仅用8小时。

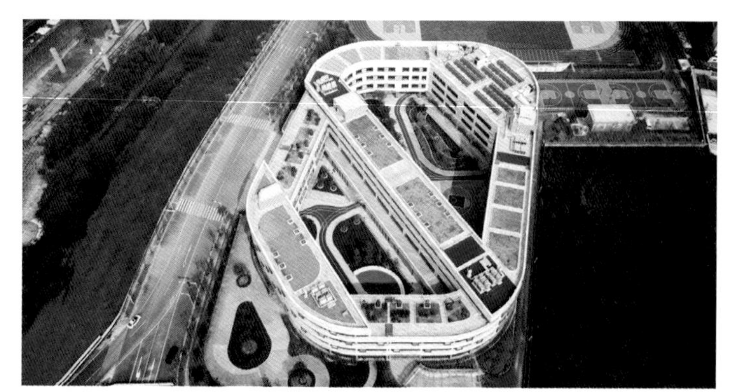

地下一层平面图

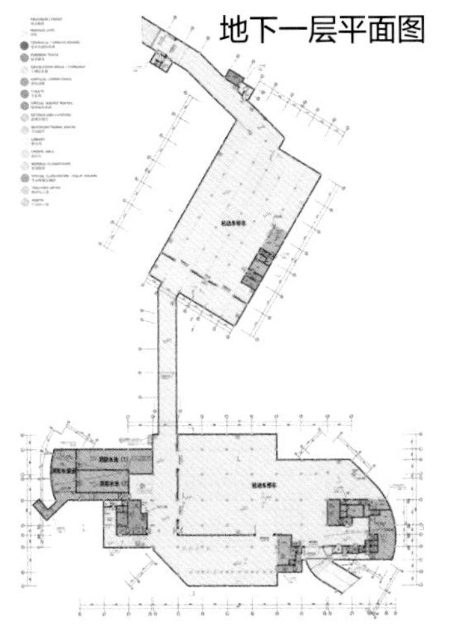

一层平面图

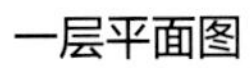

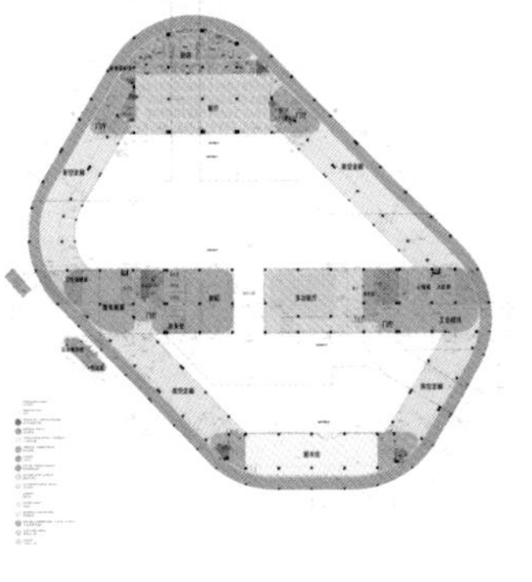

2-2 立面图

1-1 立面图

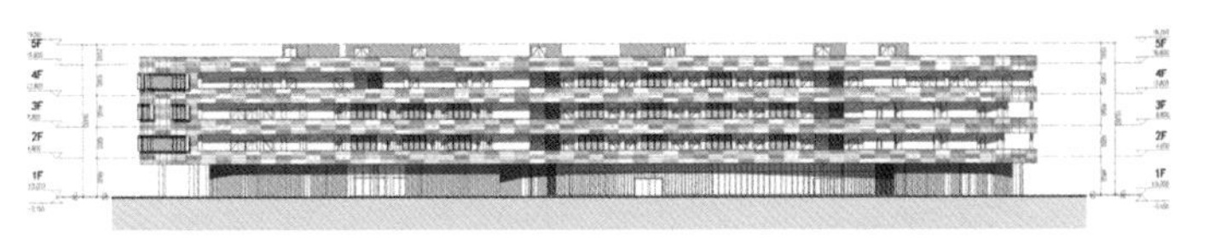

江阴九方广场

项目类型：公共建筑
设计单位：江苏中锐华东建筑设计研究院有限公司
建设地点：江阴市澄江街道征存路东
用地面积：57333m²
建筑面积：336041.89m²
设计时间：2014.08—2015.11
竣工时间：2018.06
获奖信息：二等奖
设计团队：王 伟 卞 奕 冯丽伟 沈 楚 郑一龙
沙乃健 袁 清 于 丹 谢 伟 董 鸣

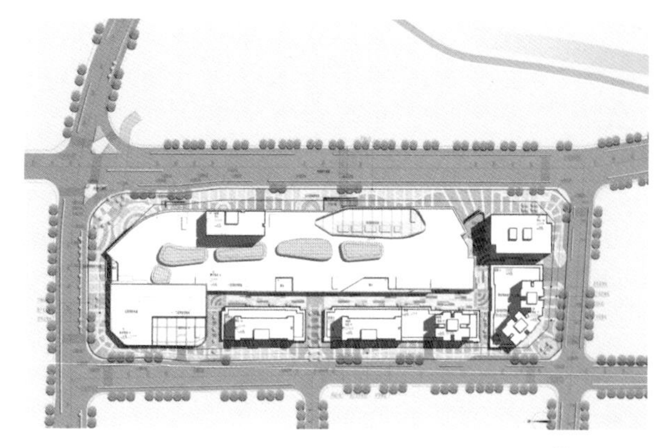
总平面图

设计简介

项目地处江阴市中心城区城中分区段核心地段，是市政府重点打造集政治、经济、文化于一体的主要聚集区。本项目由一座购物中心，若干街铺裙房，两栋办公塔楼及四栋商业塔楼组成，涵盖大型商业中心、地标写字楼等多种业态，以室内动线与室外步行街为主轴，串联各个区块，成就一个集购物、餐饮、文化、娱乐、办公及休闲等多种功能于一体的“一站式”城市综合体。

项目周边公园绿地及水景资源丰富，向北可远眺中山公园、兴国园、适园等人文公园景观，向东可目及澄塞河两岸风光，规划中的八字桥公园近在咫尺。设计充分发挥景观优势，合理布置塔楼，自南向北一字排开，每栋塔楼都拥有最大的景观界面。尽量使各个户型单元都能享受外部天然景观。集中商业及街铺屋顶合理设置屋顶花园，有效组织空间层次，力求景观资源共享，局部考虑微地景观。

方案结合规划功能布局设置人行交通，步行街南北贯穿，同时商业中段和南侧的下沉广场将地面人流引入地下商业空间。项目沿虹桥南部规划的两处地下人行过街隧道，与东侧的规划商业街区设计便捷的步行交通联系。

方案充分利用自然风，高层塔楼主要采用蝶形及类板式产品，保证充分的通风和采光。塔楼之间距离均超过消防要求距离，不会产生屏风效应，充分保证区域内的空气流通和小气候品质。

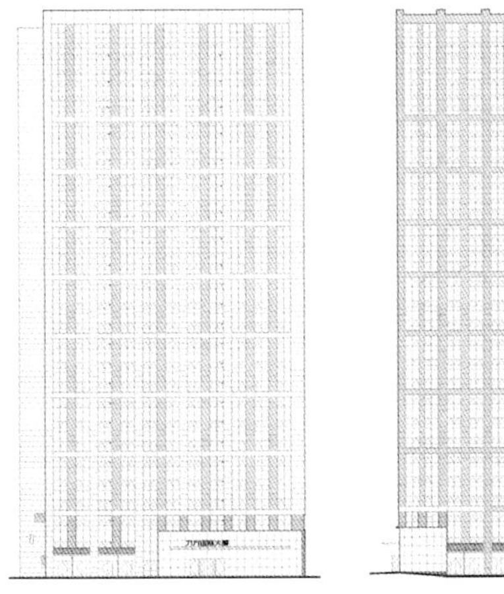

2 号东立面图　　2 号北立面图

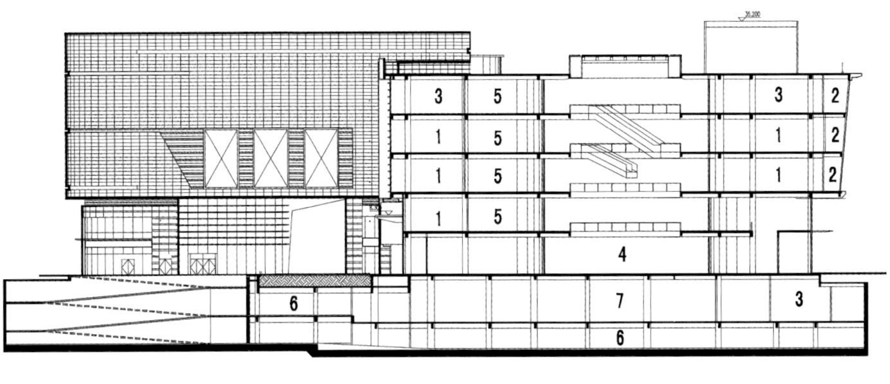

1 号 1–1 剖面图

南京江宁车辆综合性能检测站东善分站

项目类型： 公共建筑
设计单位： 南京长江都市建筑设计股份有限公司
建设地点： 南京市江宁区隆盛路与金鑫北路交叉口
用地面积： 13331m^2
建筑面积： 28452.63m^2
设计时间： 2016.02—2016.08
竣工时间： 2018.04
获奖信息： 二等奖
设计团队： 王　畅　毛浩浩　王　亮　江　丽　张　磊
毛黎明　顾　巍　芮　铖　吴晓天　向　雷
张　俊　陶　冶　陆　蕾　邹　月　黄　远

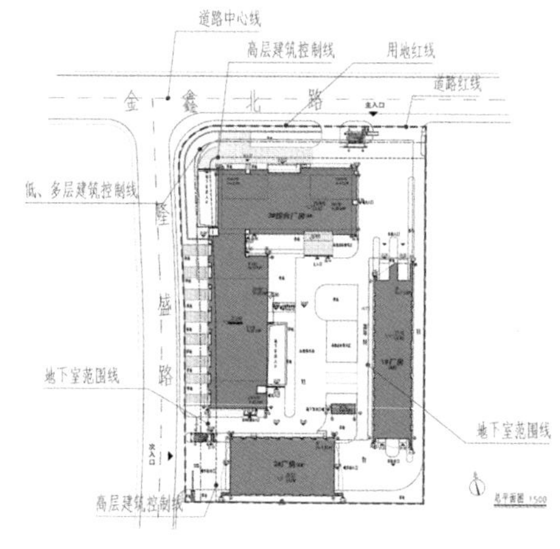

总平面图

设计简介

东侧1号厂房高7.5米，为单层工业厂房，建筑功能为车辆的安全检测，建筑造型简洁大方，建筑立面色彩以白色为主，与高层厂房的立面形式泾渭分明。南侧2号厂房高7.85米，为单层工业厂房，建筑功能为车辆环保检测，建筑造型与1号厂房保持和谐统一，车辆检测的流线也与1号厂房统一，避免车检验流线交叉。北侧3号厂房高38.6米，为高层工业厂房，建筑功能为车辆零部件检测及配套办公，形式为板式高层，位于用地北侧，高层建筑不影响其他建筑和房间的日照，且位于道路交叉口，路口形象比较好。西侧为5层裙房，主要功能为汽车美容，合理利用场地的长边，能尽可能多地布置汽车整修、保养等功能。在满足退让用地边界要求的前提下，避开检测站，满铺地下室，满足大空间和停车库的功能需求。方案考虑功能需求，车辆检测的流线需求，车辆检测噪声对配套检测室和配套办公的影响，将建筑布置于场地四周，中间预留场地作为绿化和内部停车使用。

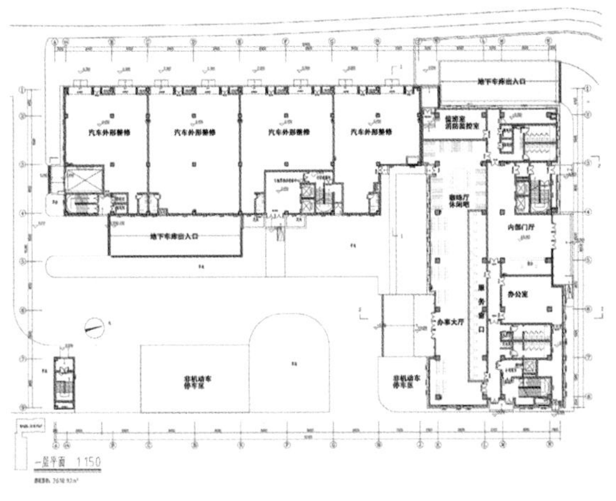

一层平面图

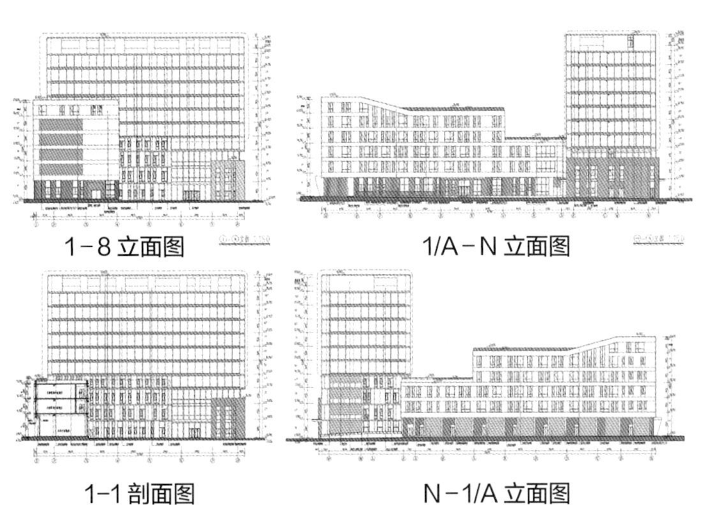

1-8 立面图

1/A-N 立面图

1-1 剖面图

N-1/A 立面图

南京航空航天大学将军路校区民航教学实验研究中心

项目类型：公共建筑
设计单位：南京长江都市建筑设计股份有限公司
建设地点：南京航空航天大学将军路校区
用地面积：9900m^2
建筑面积：26033.14m^2
设计时间：2016.05—2017.01
竣工时间：2019.05
获奖信息：二等奖
设计团队：王 畅 王 亮 向 雷 杜 磊 吴 涛
郑 峰 李蒙正 毛浩浩 孙娅淋 柯国敏
吴晓天 袁梦婕 谭德君 朱加庆 张荣升

总平面图

设计简介

本项目建设用地位于将军路西校区，1号教学楼东侧，人行天桥北侧，机场高速西侧，用地北侧规划为运动场地。用地东西约110米，南北约90米，用地面积约9900平方米。设计将建筑以内院方式布局，重点实验室相对独立，各自独立设置特殊实验室的主要入口。将部分无柱大空间会议室设置在实验室上方，避免对层高和空间的限制。院落为各层功能用房提供良好景观的同时，也满足空间对通风采光的要求。教学实验及办公楼为板式高层，位于用地北侧，高层建筑不影响其他建筑和房间日照。东侧和南侧为特殊实验室，西侧为各类普通实验室用房。各类实验室与教学办公用房相互联系形成了一套科研与教学体系完整的建筑。在满足退让用地边界要求的前提下，避开特殊实验室，满铺地下室，满足大空间和停车库的功能需求。建筑自身围合出的庭院，宽约16米，尺度合理。屋顶花园和内庭院的设置给师生提供了良好的交流、休憩场所。建筑内部空间主要满足科研实验自身功能需求，一层设置较大门厅，层高为4.2 米，空间高大，塑造了良好的实验中心形象。特殊实验室采用两层通高，层高为7.8米，满足特殊实验室对层高的要求。报告厅位于特殊实验室上方，形体与空间自由活泼，突出大学建筑轻松活跃的风格。

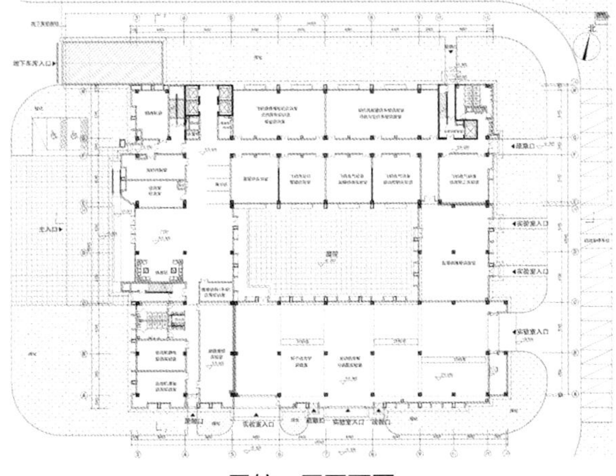

民航一层平面图

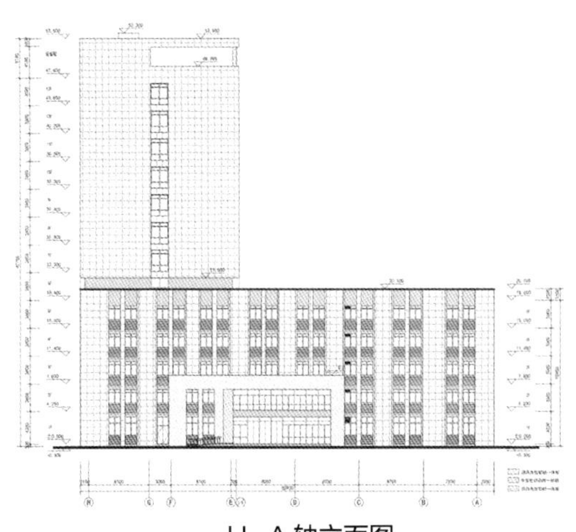

H－A 轴立面图

西津渡镇屏山文化街区复兴项目

项目类型： 公共建筑
设计单位： 江苏省建筑设计研究院有限公司
东南大学建筑设计研究院有限公司（合作）
建设地点： 镇江市迎江路
用地面积： 76000m^2
建筑面积： 17316.04m^2
设计时间： 2013.10—2016.08
竣工时间： 2016.09
获奖信息： 二等奖
设计团队： 彭 伟 马士良 集永辉 吴德茂 王春林
沈 晟 王 帆 刘 金 刘 青 汤 勤
陈 忠 张洋洋 周晓春 钱 锴 潘化冰

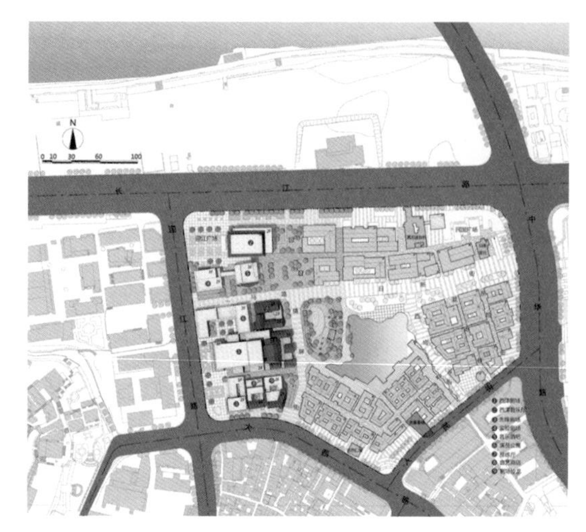
总平面图

设计简介

本项目地块紧邻西津渡历史文化街区，并与伯先路以及大龙王巷相毗邻，周边保留有大批清代以及民国时期的优秀历史建筑，建筑多为青砖，以及青砖、红砖相搭配的传统与西式相结合的建筑风格。地块内部保留一批清代、民国时期的建筑，以及可供改造的工人电影院。本案尊重场地文脉，充分挖掘、利用并有机组织场地内外的自然与人文要素，延续西津渡的文化与人气，形成以观演为主题的文化艺术街区。

在空间肌理上，恢复街巷的主要道路，保留地块的城市记忆。在基地南区和东区延续大西路南侧民居的小尺度肌理，基地北区则延续沿长江路较大尺度的肌理，并通过玻璃连廊与钢结构的引入，对原有风格进行发展，反映时代特征，呼应城市的历史。

在功能设置上，整个地块形成文化艺术街区、核心景观区、文娱配套区、民俗售卖区四大区块。通过功能的混搭，引入特色餐饮、会所，传统客栈，民俗商店等为增加文化艺术街区的活力与人气提供支持。在文化艺术街区部分，以西津音乐厅、西津剧场为观演核心，结合西津音乐厅布置实验剧场、音乐酒吧，结合西津剧场布置先锋剧场、演员公寓以及排练厅，并沿大西路布置曲艺商店与剧场沙龙等配套功能，形成文化艺术街区浓厚的观演氛围。

立面设计上，借鉴西津渡和地块周围民国时期的建筑风格，外墙采用中国传统的青砖与红砖的搭配，细部采用欧式的拱券、柱式、线脚，让建筑的中西合璧得到完美体现，使整个建筑在历史与现实、建筑与环境之间建立一种文脉上的勾连，并产生修辞效果，打造独具特色的文化艺术街区，为镇江市民提供文化与休闲的新天地，为镇江打造新的城市文化名片。

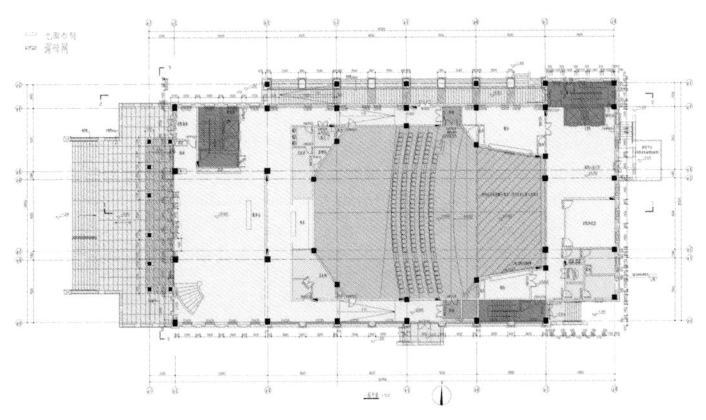

音乐厅一层平面图

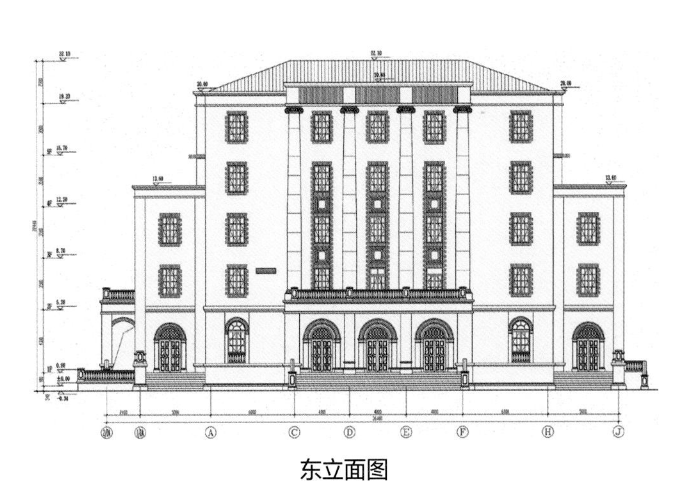

东立面图

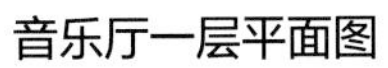

滨湖新区政务服务招商中心

项目类型：公共建筑
设计单位：苏州东吴建筑设计院有限责任公司
建设地点：合肥滨湖新区紫云路西藏路交口
用地面积：35971m^2
建筑面积：21171m^2
设计时间：2016.02—2016.10
竣工时间：2018.10
获奖信息：二等奖
设计团队：王　华　张　凯　牟德亚　关　瑾　陈太恩
强惠祥　杨　威　曹　炜　马　啸　李荷芬
许克明　吕汝强　吴宏政　陆进春　樊　帆

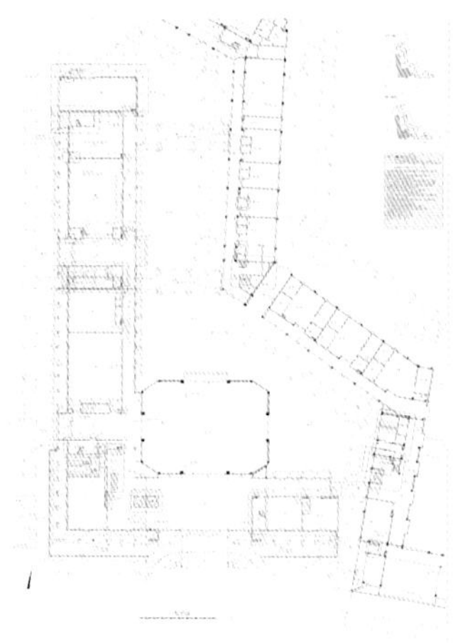
一层平面图

设计简介

为了传承滨湖新区的创立发展史，方案遵循原有建筑的肌理，在现有地块上沿塘西河景观带展开设计。考虑到本建筑具有政府办公性质，决定采用皖南徽派的青砖木雕作为基本元素，同时结合地形及老管委会的肌理，采用较为自由和现代的平面构成方式，设计了具有传统元素的合肥滨湖新区政务服务招商中心。该建筑体现了绿色生态的理念，采用了地源热泵、太阳能光伏发电、导光筒、建筑能耗监测、地下室二氧化碳浓度监测，是合肥市精品工程，是2017年安徽省绿色建筑示范项目。项目主要功能为招商展厅、3D演示厅、会议、办事大厅、业务用房、网络信息平台机房等。本项目由于采用了青砖作为饰面材料，故保温采用夹心墙模式，避免了传统保温材料外面砖剥落的缺点。屋面采用现代的锰镁铝板，墙面局部是转移木纹印刷的铝板，还原了传统建筑的色彩。项目建设中原址保留了原场地的两颗大松柏，与新的建筑交相呼应，努力打造生态、自然、美观、传承的滨湖新区门户建筑。

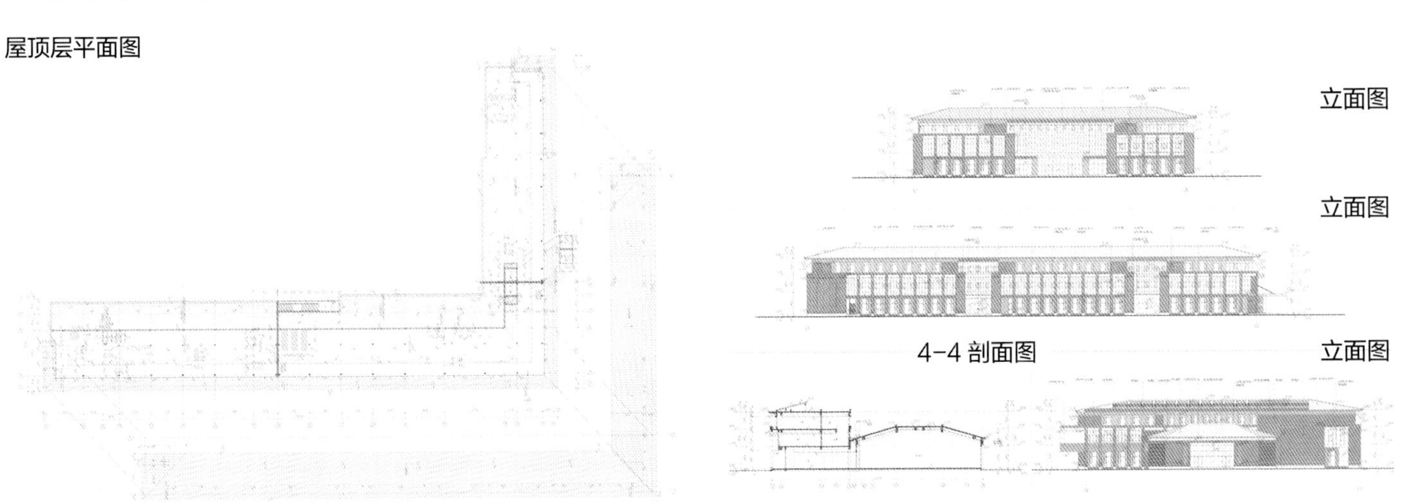

屋顶层平面图

立面图

立面图

4-4 剖面图

立面图

新龙路小学

项目类型：公共建筑
设计单位：南京大学建筑规划设计研究院有限公司
建设地点：江苏省南京市溧水区新龙路以西
用地面积：36145.03m^2
建筑面积：31422.14m^2
设计时间：2014.08—2016.10
竣工时间：2019.05
获奖信息：二等奖
设计团队：王新宇　陆　枫　康信江　王　进　李文瑾
　　　　　王　成　董　婧　朱晓艳　魏江洋　袁　真
　　　　　赵丽红　丁小峰　周　啸　王　倩　何　雯

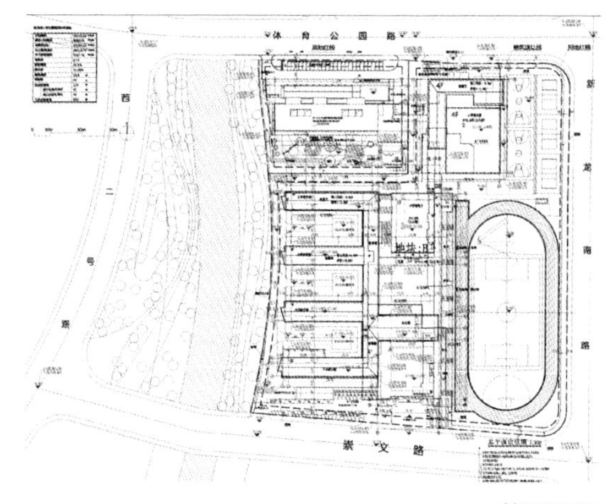

总平面图

设计简介

本方案设计从整体校园规划层面出发设计体验式教学空间，采用庭院式学校结构，贯穿学生活动成长之廊，为师生的交往交流与日常活动提供更多的可能性与多元化的空间。在教学区和运动区之间，设置公共功能，从南往北依次为行政楼、图书馆、报告厅，运动场北侧为食堂和风雨操场。公共功能区底层架空，形成校园中轴线，同时也形成较好景观环境。通过不同功能的主题庭院，自然联系学校功能体块。校园南北中心主轴串联南主入口广场、中心庭院和北入口广场，并联西侧教学楼单元的学生室外活动庭院，教学楼庭院自动结合西部城市规划绿地公园，东侧则为运动场，庭院动静分离，过渡自然。院落与院落间相互连通，增加空间的围合感，强化院落的积极性，每个院落都有自己的特点与功能，形式上相互协调，庭院有效整合修饰了校园环境，为师生提供了有趣味的交往成长场所，更为校园注入隽永清新的活力。

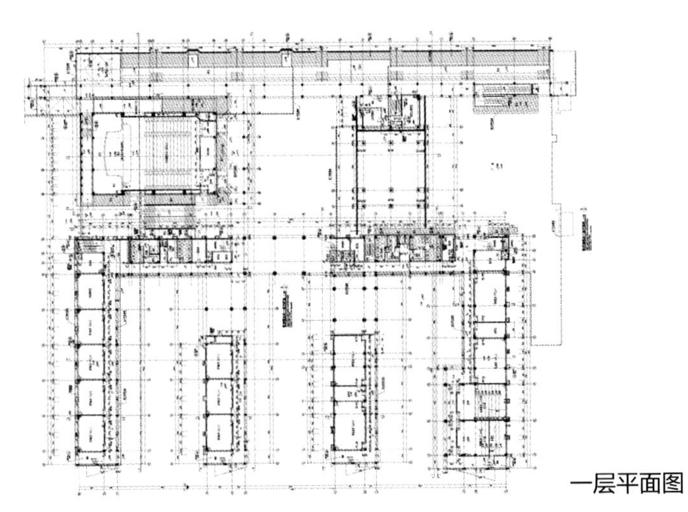

一层平面图

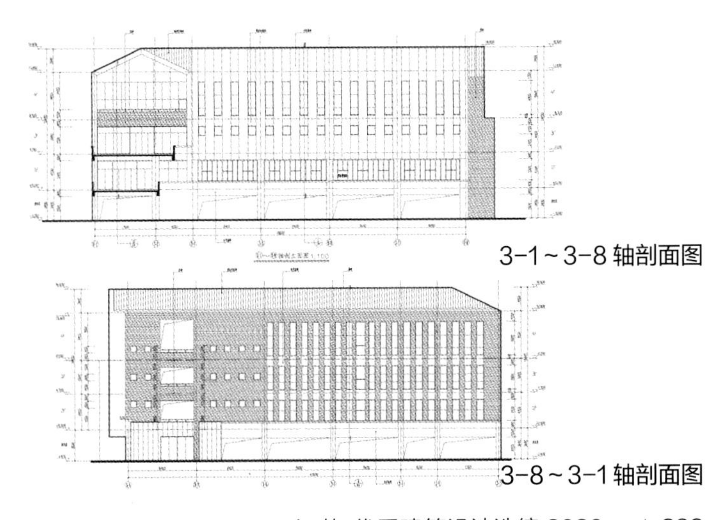

3-1～3-8 轴剖面图

3-8～3-1 轴剖面图

南京银城君颐东方国际康养社区（NO.2014G97）项目

项目类型：公共建筑
设计单位：南京长江都市建筑设计股份有限公司
栖城（上海）建筑设计事务所有限公司（合作）
建设地点：南京市栖霞区马群大道3号
用地面积：30020.4m²
建筑面积：77520.78m²
设计时间：2015.12—2016.11
竣工时间：2018.09
获奖信息：二等奖
设计团队：王克明　孙承禹　江　韩　濮炳安　朱云龙
周凤平　谭德君　江　丽　汤洪刚　高华国
许　建　刘　铁　张治国　张荣升　刘　颖

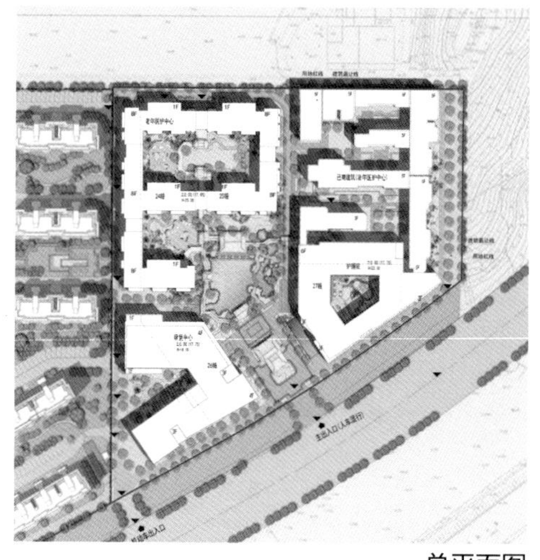
总平面图

设计简介

本设计方案采用功能复合原则，通过合理的布局，将医疗、康复、活动、居住功能有机结合起来，并通过完善的交通出行系统实现内外空间的有机结合，形成功能复合的活力老人社区。通过各功能建筑体之间多层次的联系，形成互补、流动、连续的空间体系，各个组团之间有分有合，形成整体性的建筑风貌。

设计从老人需求出发，创造适老化、宜老化形式居住环境。同时考虑全年龄人群需求，以通用设计原则，创造满足多层次需求的持续照料社区。

通过地热、太阳能、中水和雨水回收、屋顶绿化与垂直绿化、环保建材以及节水节电设备，设计合理运用通过绿色节能技术打造低能耗、零能耗建筑，创建低碳社区。

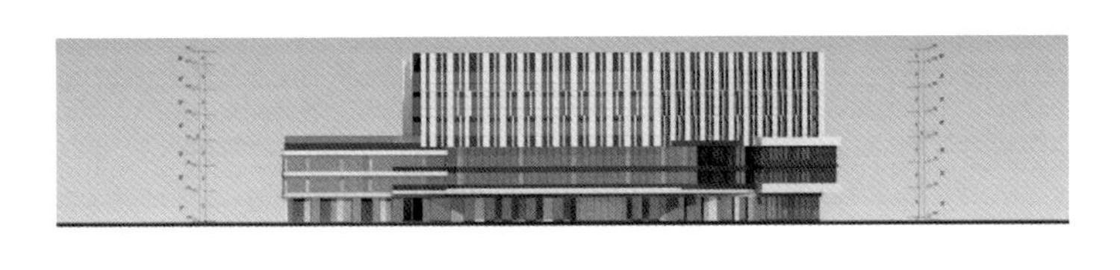

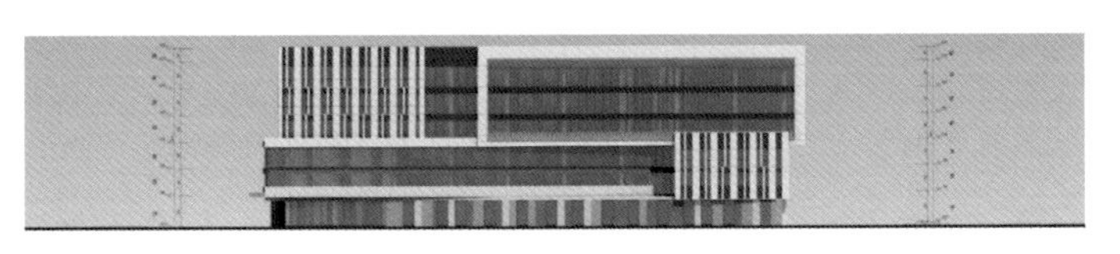

护理院立面图

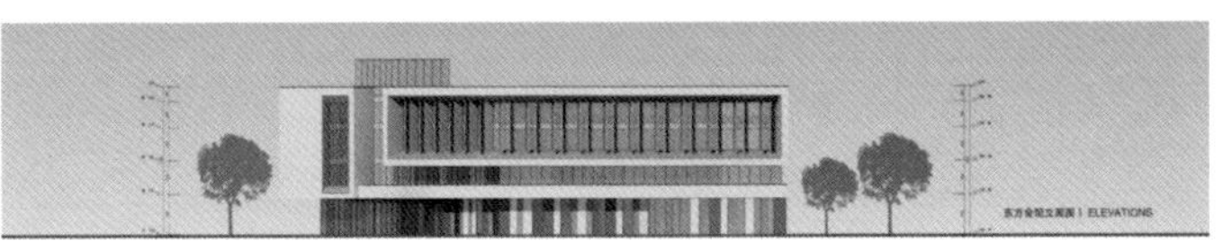

东方会馆立面图

江苏康缘集团总部暨创新中药研究与GLP安全评价中心项目二期工程

项目类型： 公共建筑
设计单位： 南京市建筑设计研究院有限责任公司
建设地点： 南京市建邺区（河西新城）泰山路东侧
用地面积： 24811.32m^2
建筑面积： 106172.9m^2
设计时间： 2016.05—2016.11
竣工时间： 2019.01
获奖信息： 二等奖
设计团队： 马　骏　尤　优　孟礼昭　崔　杰　宋　滔
邓大利　金　龙　王忠民　高　斌　郑红旗
张珺俊　曹清蓉　高晓叶　丁苏煌　谢　岩

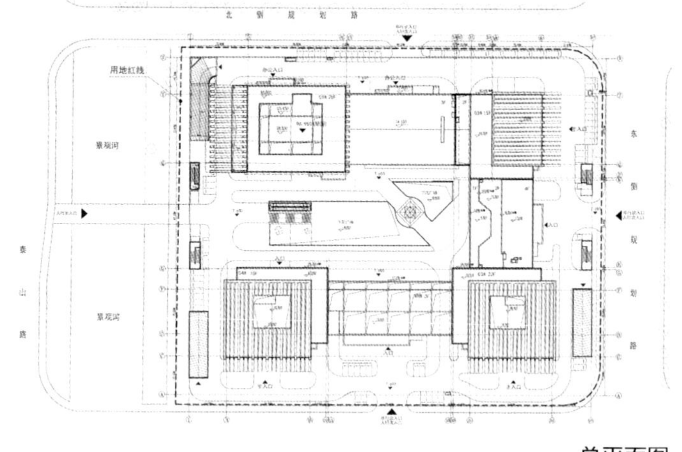
总平面图

设计简介

江苏康缘集团总部暨创新中药研究与GLP安全评价中心位于南京河西新城科技园内，项目北临规四路，西临泰山路及沙洲东河，南临嘉陵江东街，东临云龙山路，总用地面积2.55公顷。项目由四栋高层建筑及其裙楼建筑组成，建筑高度约100 米。在南京河西商务中心大发展的背景下，项目旨在与城市“生命交融”。因此在城市肌理、空间界面、空间关系等方面与城市是理性联系的，通过对轴线的强化，梳理项目与商务中心的关系，在功能上起到健全城市业态的作用。在空间上，充分利用城市环境的可持续发展，通过中心广场强调交融渗透，形成城市活力的起搏点。在风貌上，设计强化竖向线条和虚实对比，对城市高低起伏的天际线起到优化的作用。

一层平面图

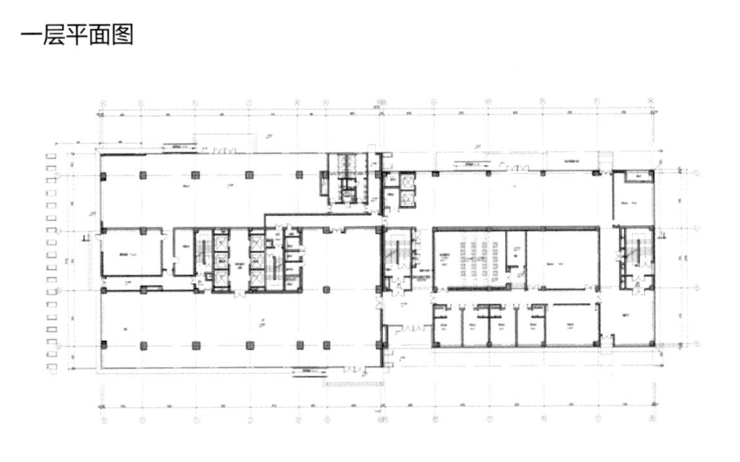

1号东北立面图

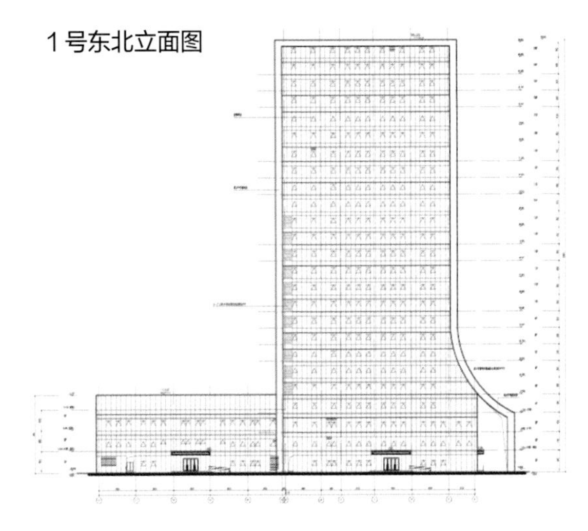

南京NO.2012G83-1号地块

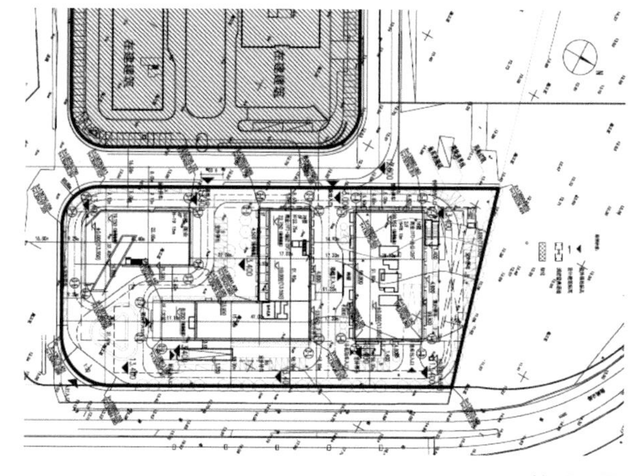
总平面图

项目类型：公共建筑
设计单位：南京市建筑设计研究院有限责任公司
建设地点：南京南站站房西侧
用地面积：13151.5m^2
建筑面积：69459.91m^2
设计时间：2013.12—2017.04
竣工时间：2019.04
获奖信息：二等奖
设计团队：周　建　邹式汀　孙　艳　高晓叶　尤　优
杜东风　李家佳　刘文捷　陈海元　袁爱伟
胡恒祥　陈　铁　吴佳祎　史书元　刘雨鑫

设计简介

项目地块南京NO.2012683-1位于南站站房西侧，地块北临城市绿地，南侧是未来大型的轨道交通换乘站，二者之间仅有站北一路相隔。本项目用地面积13151.5平方米，地上建筑面积52596.3平方米，地下建筑面积17163.61平方米，总建筑面积69759.91平方米，地上计容面积52596.3平方米。项目包含3栋建筑单体，依次南北排列。1号为甲级办公楼，底层为商业，建筑高度98.35米（室外地坪到屋面层）；2号为酒店，底层为商业，建筑高度约22.95米；3号为商业，建筑高度19.3米。

建筑呈回字形布局于地块范围内，商业沿道路四周布置，场地人行主入口位于基地北侧站北一路。整个建筑布局通透无遮挡，采光及通风良好，场地中间围合成内院景观中心，可以提供休闲散步的场所。各功能区均单独设有对外出入口，建筑内各主要功能相对独立又联系密切。建筑采用标准化模数柱网，设计双层地下车库，办公建筑采用智能化设计，并引进绿色植物及园林小品，改善办公环境，丰富空间层次，增加视觉亲切性。

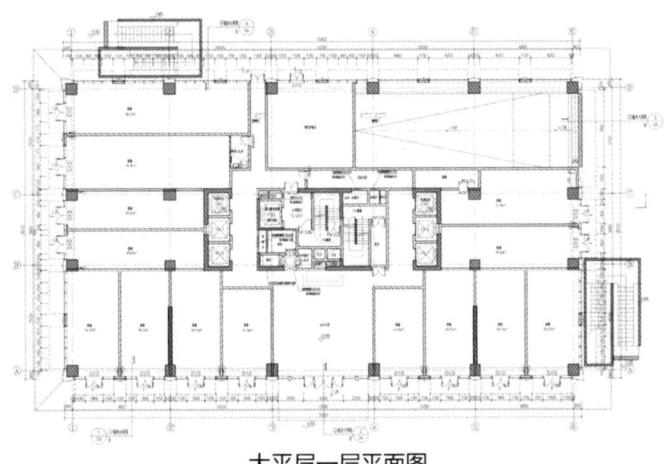

大平层一层平面图

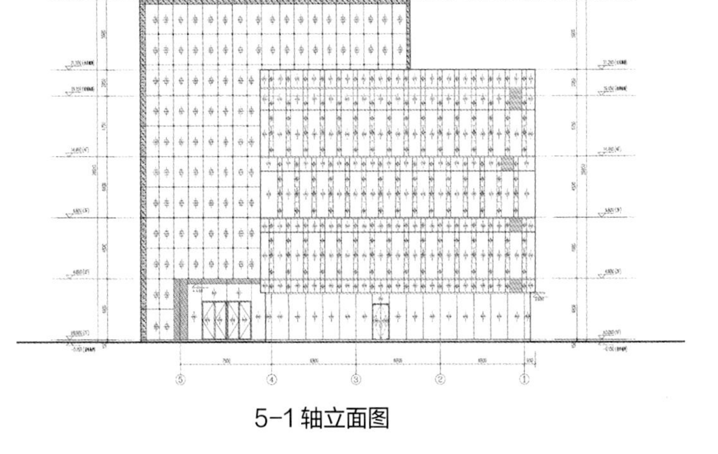

5-1 轴立面图

溧阳市城投艺体馆

项目类型：公共建筑
设计单位：南京大学建筑规划设计研究院有限公司
建设地点：江苏省溧阳市台港路北侧，育才路西侧
用地面积：6707m^2
建筑面积：5835.62m^2
设计时间：2017.04—2018.07
竣工时间：2019.04
获奖信息：二等奖
设计团队：王新宇 蒋 晖 崔洧华 董贺勋 肖玉全 胡晓明 刘范春 杨轶雯 董 婧 刘晓黎 丁小峰 周 啸 谢武威 王 问

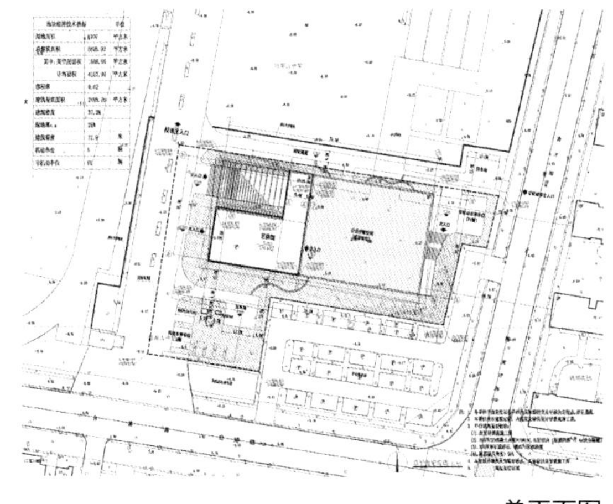
总平面图

设计简介

本项目位于溧阳市燕山中学东南角，紧临校园南入口，育才路西侧，台港路北侧。主要功能为篮球馆、培训教室、办公用房及附属设施用房。设计尝试扩大范围，将设计内容从学校外延伸展到城市街道，尝试消解校园围墙，作为展示新时代校园风采的标志性节点对城市开放。利用校园东南角独特的区位条件及外部街角停车场，设计将底层架空，将城市与校园的围墙设在架空层内，市民可通过架空层进入健身房、乒乓球室、舞蹈室，通过东侧广场楼梯直接到达二层体育馆。建筑校园内学生主入口位于建筑西侧，方便家长接送学生，也方便市民使用，提升了城市环境品质，实现艺体馆社会效益和经济效益的最大化。

艺体馆外立面形式新颖独特、简洁有力、落落大方，斜向线条充分彰显了体育建筑的动感，建筑风格协调统一又不失变化。材料选用了亚光银色铝板金属竖肋组合，使得建筑整体质感晶莹温润，统一中又富于细腻的金属光感变化，宛如一块璞玉，坐落街角，展示校园和城市良好的精神风貌。动感的外立面幕墙异形造型使得钢结构设计难度大，工艺复杂，定位要求精确。幕墙在设计中为施工单位提供了精准的空间三维坐标控制点，方便其现场测量放线，也为钢构外表造型的找形提供了可靠保障。其次，铝格栅线条设计分布不规则中有规则。作为本项目外在亮点的线条设计，幕墙在技术上突破常规做法，采用了铝型材加铝板复合塑形设计，即前端铝型材塑形后端铝板承延的手法。线条最终呈现出金属质地感强，外形硬朗明快，现代感和科技味足的视觉效果。

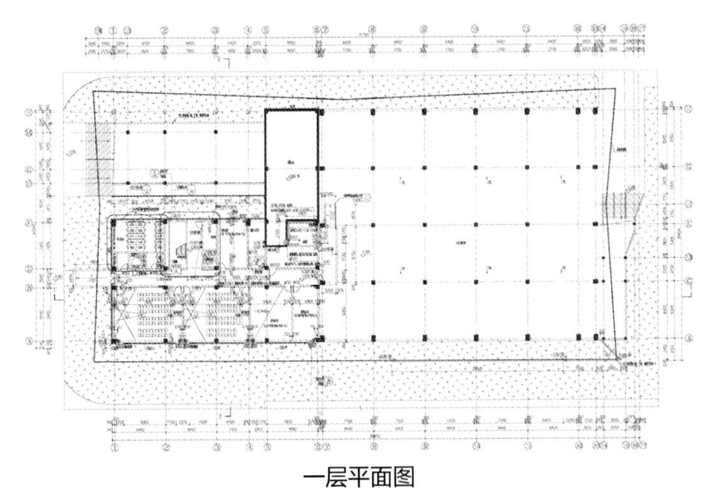

一层平面图

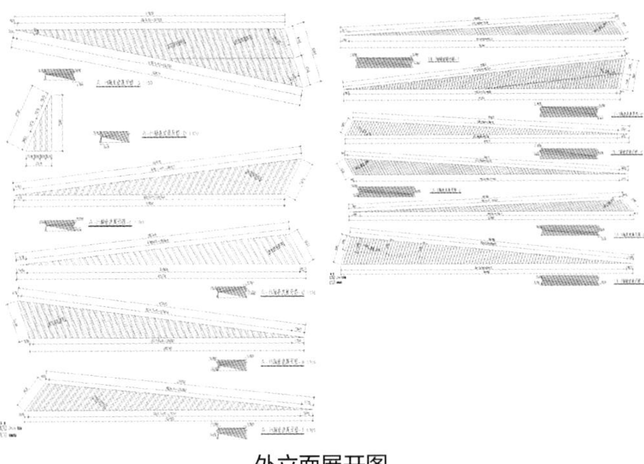

外立面展开图

欢乐广场项目

项目类型：公共建筑
设计单位：南京城镇建筑设计咨询有限公司
建设地点：江苏省南京市六合区
用地面积：40453.9m^2
建筑面积：281295m^2
设计时间：2015.05—2017.03
竣工时间：2018.08
获奖信息：二等奖
设计团队：肖鲁江 谢 辉 钱正超 姚 凡 张金水
俞钧文 王 健 于洪泳 肖 蔚 吕维波
赵月红 徐 艳 刘 亮 王 琰 孙长建

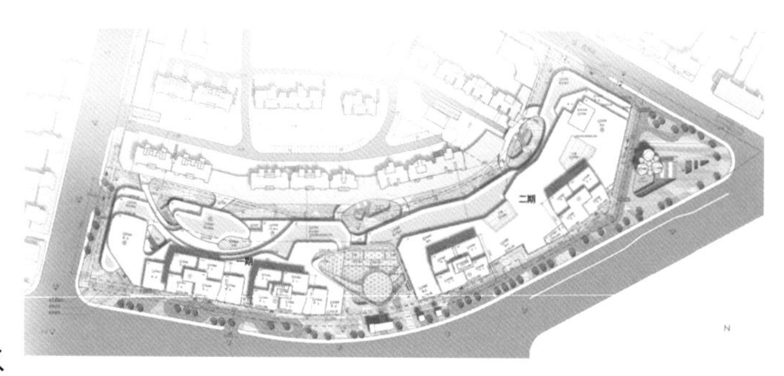
总平面图

设计简介

本项目包含自持商业、销售商业和酒店式公寓三大功能板。由于项目地块形状较长，方案将整个项目分为东和西两个大区，西区为销售商业及1号和2号酒店式公寓塔楼；东区为自持商业及3号和4号酒店式公寓塔楼。塔楼的搭配商业裙楼形成了地区天际线的一部分，同时延续了城市完整街道界面。商业主出入口设计在中间及东西交口位置，并由广场作为室内商场出入口，形成有层次且活跃的空间感。

以简洁大气的高层形体凸现地段标志的冲击力，组合横竖的流线线条造型提升了整体的建筑形象。实与空的对比在内部形成张力的同时，对外结成了更具特征的高层体量组合。酒店式公寓外形高低错落，形成与整体环境相协同的城市天际线。整个建筑沿道路展开的布局使人们能够最快最直接地进入商场室内。同时，每个广场有自己的特性，巧妙地利用广场的公共空间作为文化及商业活动的引线，使商场成为周边市民生活的一部分，提高了人气。方案在整个展开面上形成了更具层次性的入口空间。商业空间由各种形式的内街所串联，与屋顶退台和花园一并扩展了城市公共空间，从而提高了整个项目的商业价值。商业退台面对步行街，有机地形成空间的收放，增加商业气氛。中心广场是项目建筑与空间的焦点所在，上空的超大玻璃雨棚既突显出项目之地标性，又提供了半室外空间的商业体验。

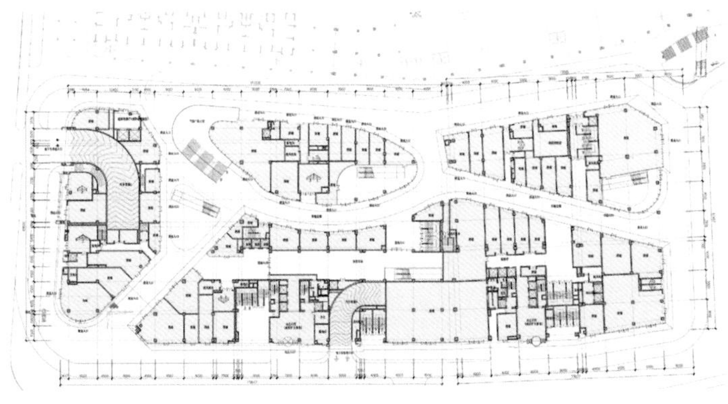

西区一层平面图

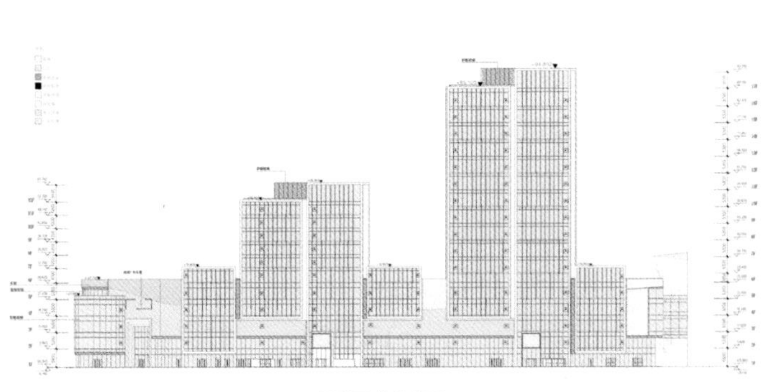

西区立面图

高淳区北部新城小学和初中项目

项目类型：公共建筑
设计单位：东南大学建筑设计研究院有限公司
建设地点：高淳区石臼湖北路以西，纬二路以北
用地面积：80543m^2
建筑面积：50163.9m^2
设计时间：2016.12—2017.09
竣工时间：2019.04
获奖信息：二等奖
设计团队：孙承磊 钱 锋 钱 洋 孙 毅 钱 锋
张本林 刘海天 许立群 孙铭泽 陈振龙
李斯源 李 响 沈梦云 朱筱俊 韩治成

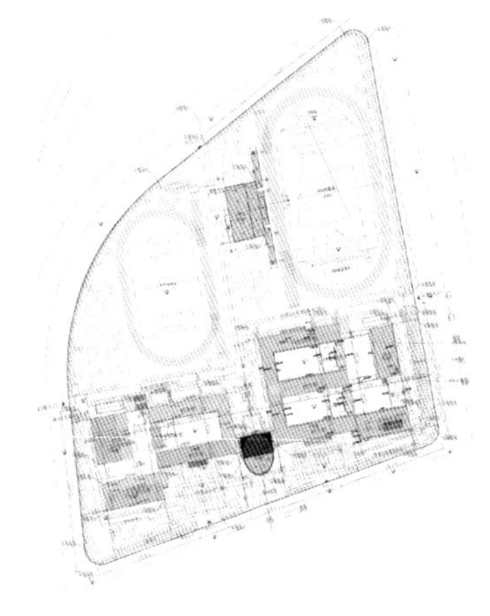
总平面图

设计简介

本项目位于南京市高淳区石白湖北路以西，纬二路以北，北漪路以东地块。总建筑面积约5.0万平方米，其中地上约3.9万平方米，地下约1.1万平方米。主要功能包括教学区、报告厅、风雨操场、餐厅以及运动场地等。

地块地处高淳区未来发展的主要建设区域，靠近建设中的宁高城际线路。整个地块由小学及初中共同组成，其中北部新城小学位于地块的西侧，北部新城初中位于地块的东侧。整体规划设计按照和谐统一的原则，按照一体化的格局进行规划建设。由于地块北侧为高速公路，因噪声的影响，主要教学空间均位于地块南侧布置，地块北侧主要设置体育运动空间。整个校园按照小学与中学独立设置，中部报告厅共用的原则，按照最优化原则进行规划。体育活动区设置于地块北侧，南侧集中设置教学组团。

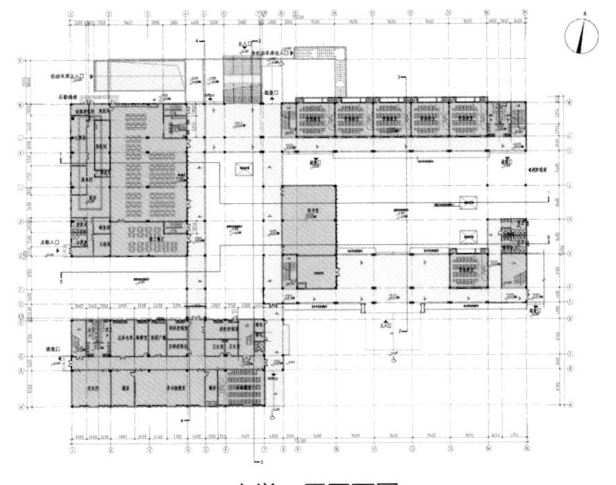

小学一层平面图

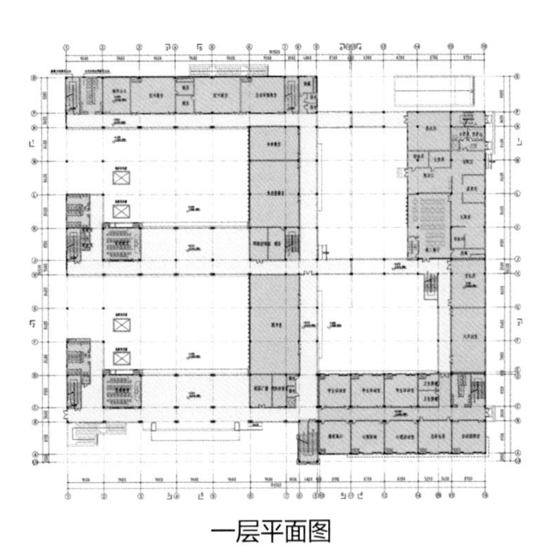

一层平面图

扬州市射击运动中心

项目类型：公共建筑
设计单位：扬州市建筑设计研究院有限公司
　　　　　江苏省建筑设计研究院有限公司（合作）
建设地点：扬州市扬冶路南侧
用地面积：34010m²
建筑面积：22109.05m²
设计时间：2016.08—2016.11
竣工时间：2018.08
获奖信息：二等奖
设计团队：宦佑祥　刘志军　缪小春　房　侠　唐志霞
　　　　　汤　静　朱爱武　范腾佳　孙　琪　刘　悦
　　　　　李笑雪　鲍　伟　汤　承　颜　粟　彭　睦

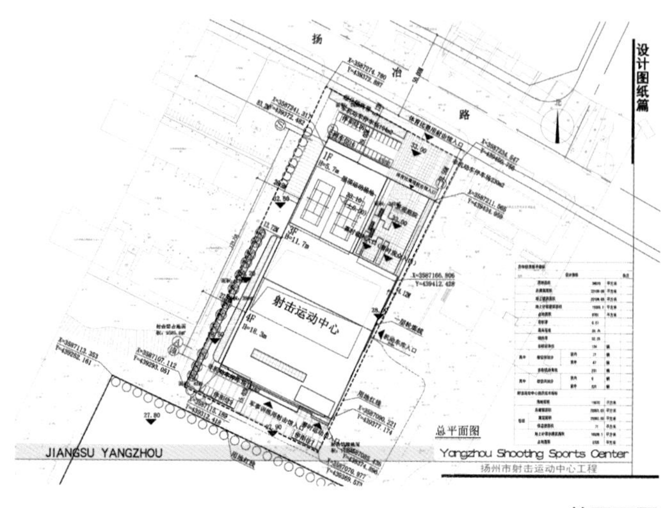

总平面图

设计简介

本方案以射击运动的体育标志为概念，取其流畅动感的曲线线条打造一个外观现代、新颖，并注重突出内涵的现代体育建筑。本方案将建筑与景观有机结合，设计了多层次的活动空间，屋顶运动区域、入口广场，为市民提供了多样化的交流和体验空间，为整个射击中心带来活力，既提高了土地利用价值，也为人们提供了更多的选择路径，并且在步行空间上形成“步移景异”的视觉空间效果。

射击运动中心综合馆建筑主体采用现代形式，运用横向流畅线条为主的划分和谐统一的方式。建筑造型舒展、富有雕塑感。建筑采用玻璃幕墙、GRC 及石材幕墙和横向铝合金百叶相结合的形式，增强了立面划分的节奏感，大虚大实的材质对比更显出其体量分隔的韵律感。

扬州射击运动中心项目作为专业比赛场馆采用了BIM技术。在整个模型的设计过程中，对靶场上空设置自然采光的轻钢白叶格栅和屋顶的灯光设计进行协调处理。建成的建筑信息模型除了具备整个建筑的全部信息，在施工阶段有关建筑立面板材加工和定位都可以在此信息模型中进行修改，大大节约了现场加工的人力与物力成本。

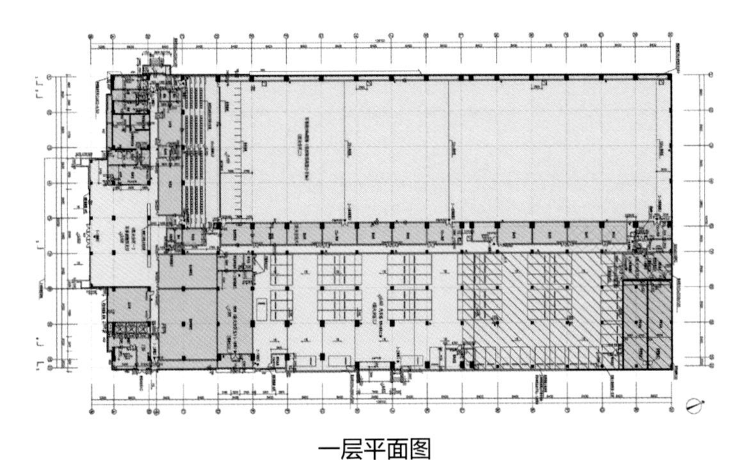

一层平面图

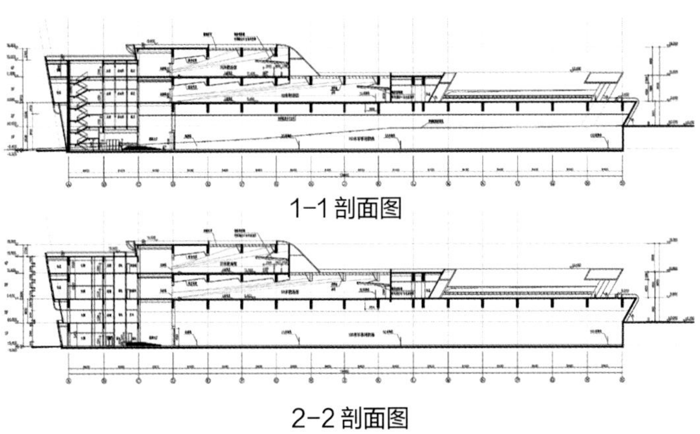

1-1 剖面图

2-2 剖面图

安徽省广德县文化中心

项目类型：公共建筑
设计单位：东南大学建筑设计研究院有限公司
建设地点：安徽省广德县
用地面积：86061m²
建筑面积：81150m²
设计时间：2012.09—2013.08
竣工时间：2018.10
获奖信息：二等奖
设计团队：孙友波　顾海明　单　踊　孙　逊　刘劲松
任祖昊　朱绳杰　全国龙　景文娟　汤春芳
周　青　周　璇　张成宇　范秋杰

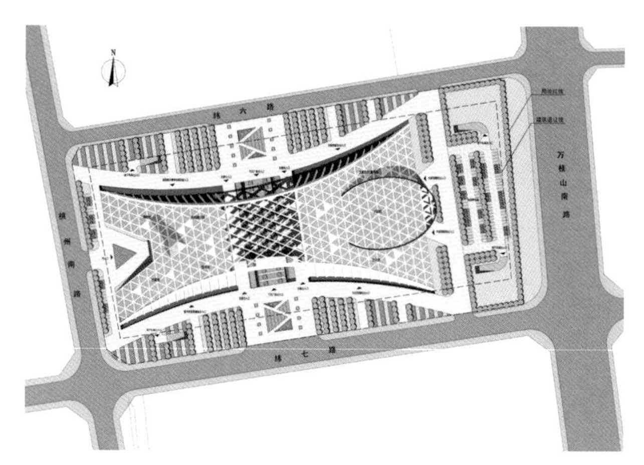

总平面图

设计简介

广德是三省交界之地、三支（移民）汇聚之地，还有祠山、太极、佛家三教共存。“三”在广德是多元文化的代表性元素。设计方案将“三”作为形态构成的要素，结合竹编艺术的经纬法，构筑了集广德的人与自然融为一体的六馆建筑表面肌理。广德誓节镇作为中国探空火箭发祥地，曾为我国的太空技术发展做出过不朽的贡献。本案在平滑流畅的彩虹汇状形体之上，不仅根据空间高度的需求将东部剧院的台塔部分升出弧型屋面，还在西部设置了高高矗立的棱锥状高塔。既有效地取得了建筑群的整体平移、提供了市民登高远眺的平台，又形象地综合表达了火箭发射塔和竹节高升的意象。

项目为综合体建筑，由规划展示馆、博物馆、图书馆、档案馆、文化馆和大剧院六部分组成。为避免六馆差异性可能引发的杂乱格局，本方案以聚合的手法将其整合，首先将中路的南北向景观视廊保留，并取“溶洞”的意象予以打造；其次将馆体密集的西部留出宽敞的东西通道，既满足了各馆的进出需求，又营建出市井街巷的宜人氛围。

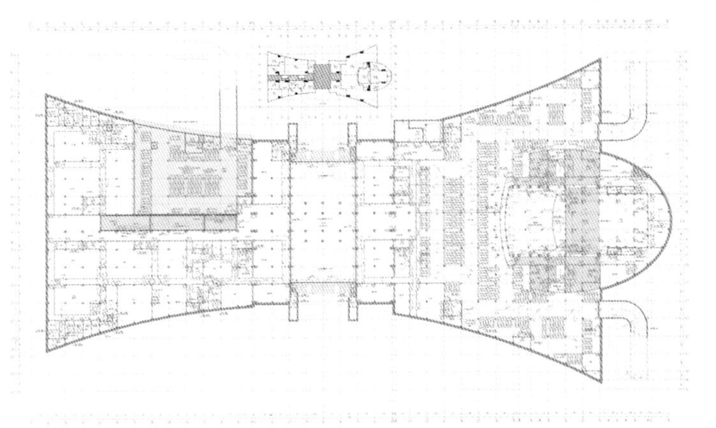

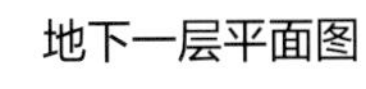

地下一层平面图

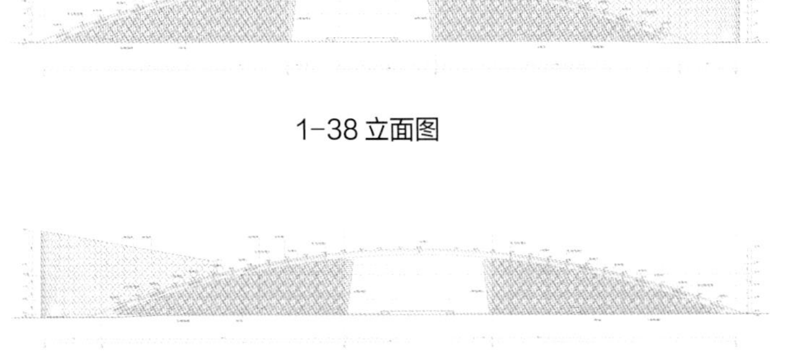

1-38 立面图

38-1 立面图

新医药产业园公共服务平台一期

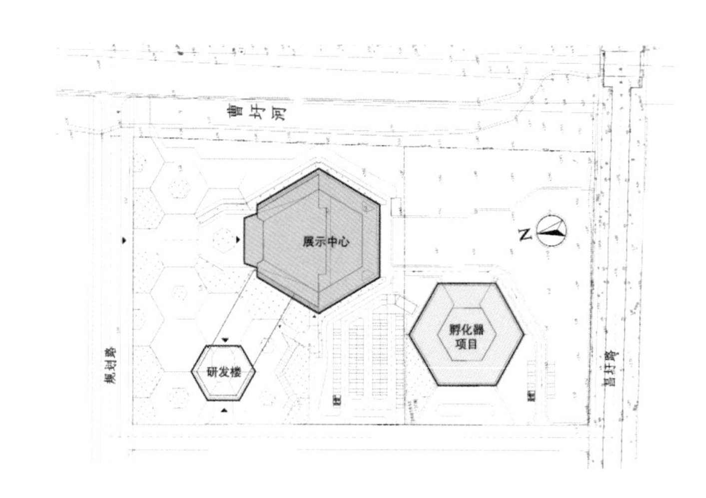

总平面图

项目类型： 公共建筑
设计单位： 连云港市建筑设计研究院有限责任公司
未来都市（苏州工业园区）规划建筑设计事务所有限公司（合作）
悉地国际设计顾问（深圳）有限公司（合作）
建设地点： 江苏省连云港市经济技术开发区
用地面积： 82785m^2
建筑面积： 71222.33m^2
设计时间： 2012.05—2013.07
竣工时间： 2017.08
获奖信息： 二等奖
设计团队： 时　匡　傅学怡　周　屹　查立意　吕　俊
王彤文　王玉敏　杨太山　李冬梅　彭娇娇
祁昌阳　公培恒　王　岚　段方中　吕　劲

设计简介

新医药产业园公共服务平台包含展览中心、研发楼及孵化器项目，三幢建筑成品字形布局，建筑及其组合的灵感来源于药分子结构的六边形。研发楼主体建筑形态为六边形塔楼，将六边形母题运用到平面空间的造型之中，充分表达了药分子在建筑上的创意，突出医药产业的主题。展馆根据使用功能要求，一层中部为4000平方米无柱大展厅，可满足多种类型的展览功能。展厅两侧对称起1:12的坡道展廊，迂回至二层展示平台及后部大跨度架空展廊，形成独具特色的展示空间。展览中心采用装配化施工，项目探索绿色生态建筑的可持续发展模式，其中研发楼经评审获得国标绿色建筑二星级标识证书。

一层平面图

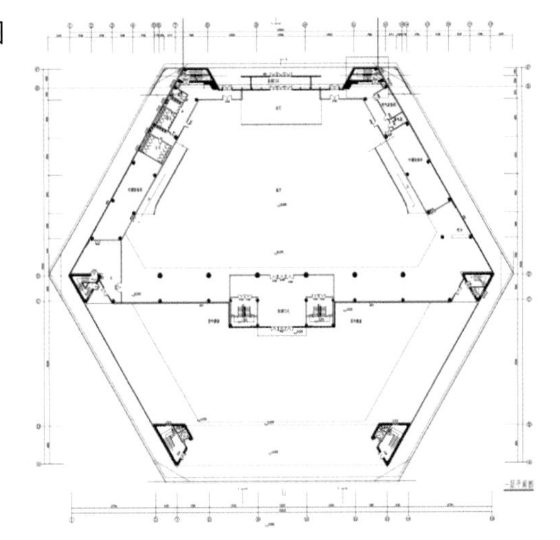

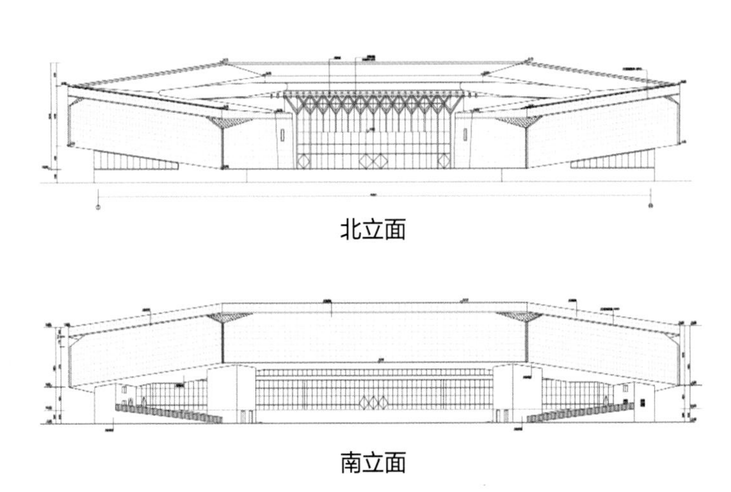

北立面

南立面

江苏铭城建筑设计院有限公司办公大楼（燕铭华庄28号）

项目类型：公共建筑
设计单位：江苏铭城建筑设计院有限公司
建设地点：江苏省盐城市南纬路南、西环路西
建筑面积：18161.98m²
设计时间：2010.08—2010.10
竣工时间：2017.12
获奖信息：二等奖
设计团队：夏伯宏 梁 威 黄春华 陈 尧 夏 澍
唐海毅 张 忠 董 闽 柏建韦 李莹莹
姜 沛 姜正胜 宋 兵 丁 玉 刘 礼

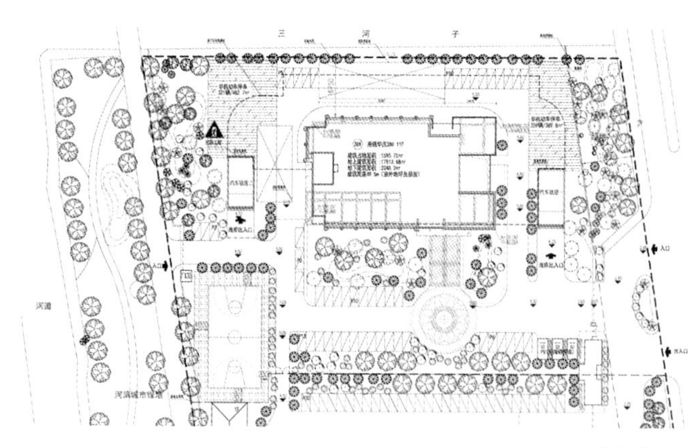

总平面图

设计简介

燕铭华庄28号位于江苏省盐城市海洋路南、西环路西交汇处，由盐城市腾达房地产开发有限公司开发建设，竣工后作为江苏铭城建筑设计院有限公司总部办公大楼。项目总建筑面积18162平方米，其中地上14914平方米，地下一层，地上十一层。建筑风格采用现代手法，追求平立面的自由生长。功能上，作为门厅，局部架空，营造丰富的景观、办公空间；二层作为员工食堂，局部结合一层架空营造空间；三层至四层作为专家工作室及发展用房；五层作为铭城智能化公司；六层作为铭城加固公司；七至十层作为铭城设计院办公楼层，七至十层设景观中庭，七层作为空中会客厅；十一层作为健身休闲及铭城大讲堂；屋面设网球场及屋顶花园。

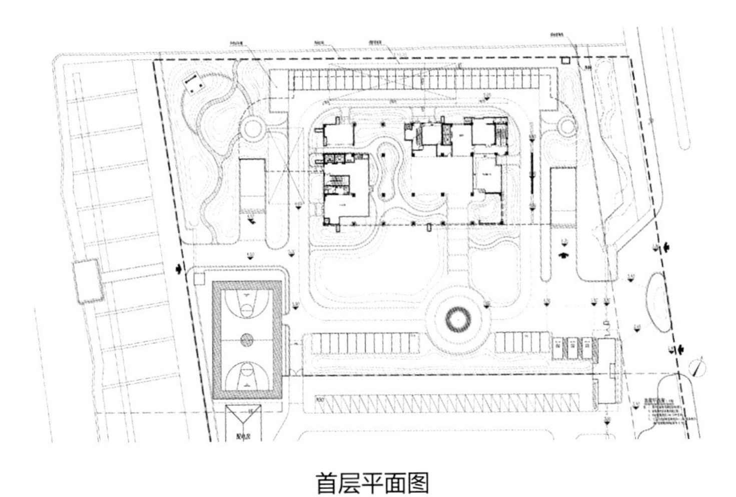

首层平面图

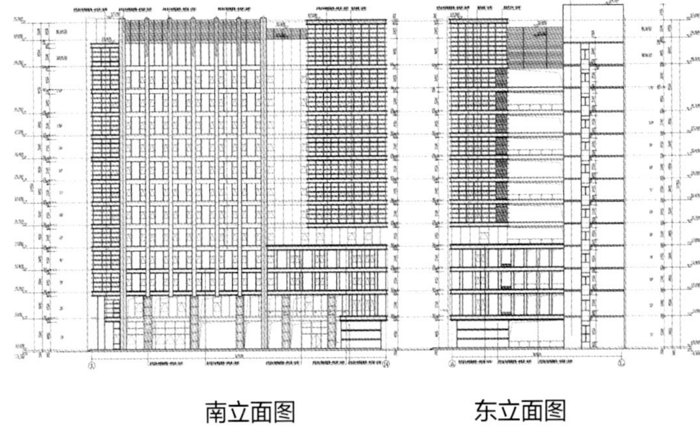

南立面图　　东立面图

中阿（联酋）产能合作示范园管理服务中心大楼

项目类型： 公共建筑
设计单位： 中国江苏国际经济技术合作集团有限公司
建设地点： 阿联酋—阿布扎比
用地面积： 19469m²
建筑面积： 5366m²
设计时间： 2018.05—2018.06
竣工时间： 2019.02
获奖信息： 二等奖
设计团队： 黄龙昶　邹勇刚　万　斌　韩效奎　季新强
范玉越　潘建国　邵劲松　杨建平　沈志刚
邹　鹏　张彩凤　李从军　尤一群　常　森

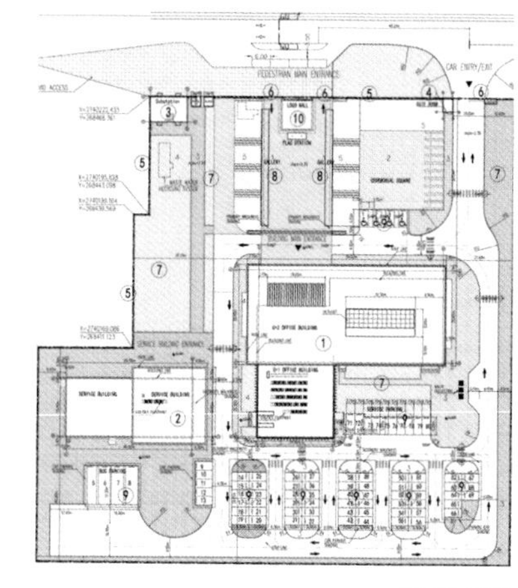
总平面图

设计简介

本项目已于2019年6月竣工投入使用。管理大楼用地19469平方米，建筑面积5366平方米，建筑高度21米。主要功能包括园区一站式服务中心、管理办公用房等。管理服务中心大楼是中阿（联酋）产能合作示范园的管理、运维、服务中枢，其在整个园区内发挥着至关重要的作用。项目位于园区主出入口西侧。规划布局在遵循阿联酋国家规定的框架内，引入中国设计元素，在突出主体建筑的规划格局上，加大建筑前礼仪广场空间。跳出阿联酋建筑规划的固有思维模式，将礼仪、庄重、谦逊的文化引入中阿（联酋）产能合作示范园，通过建筑空间及景观点缀相结合的方式在阿联酋荒芜的沙漠中打造出具有一片中国特征的区域，传播中国之文化。

本项目全部采用当地（以美标为主）规范及报审审查体系、设计软件与工具，这为中国设计咨询企业与国际体系深度比照和接轨，走出国门参与海外市场竞争提供了有益借鉴。

一层平面图

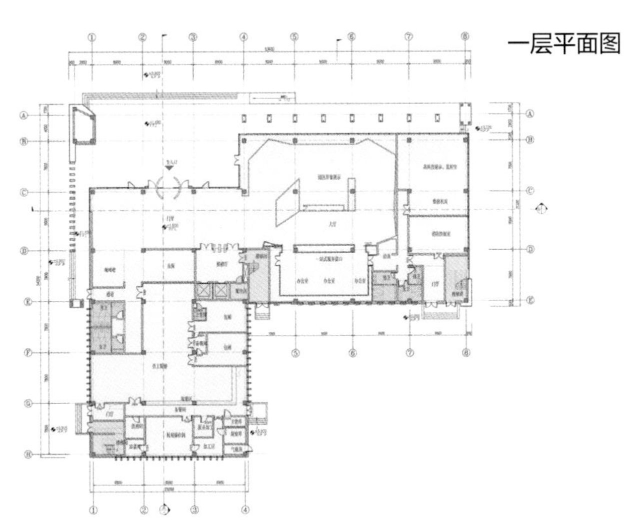

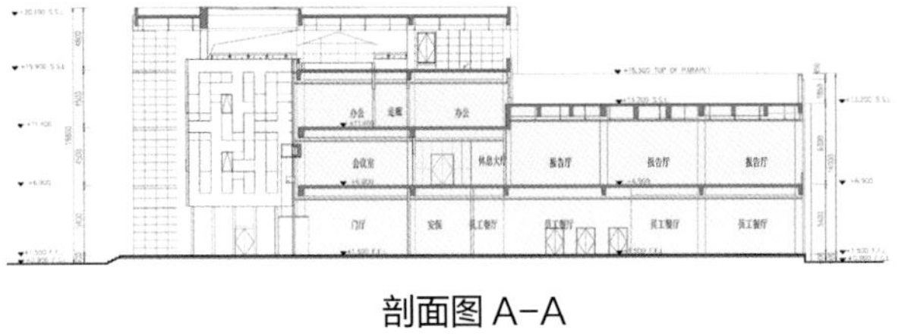

剖面图 A–A

剖面图 B–B

高铁新城体育馆项目

项目类型：公共建筑
设计单位：启迪设计集团股份有限公司
建设地点：苏州高铁新城被天成路北、水景街西
用地面积：22600m^2
建筑面积：9542.89m^2
设计时间：2018.01—2018.06
竣工时间：2019.01
获奖信息：二等奖
设计团队：梅灵灵 顾苗龙 经 鑫 余 筠 潘 磊
黄 豪 李启杰 邓春燕 胡晓亮 祝合虎
汤若飞 王海港 郭文涛 张 哲 周 珏

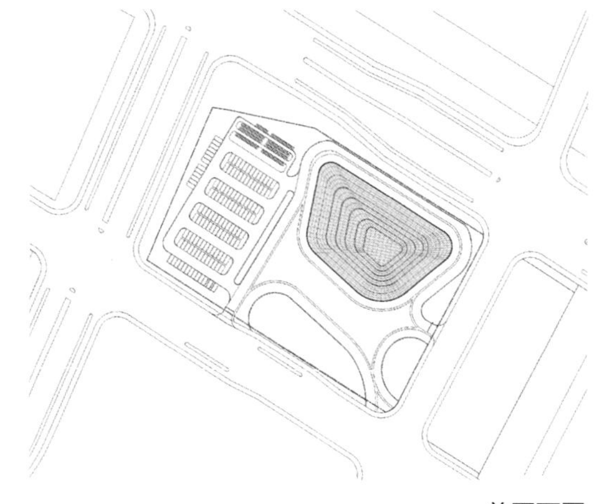
总平面图

设计简介

本项目建设内容包括高铁新城电子竞技馆，地上部分主要功能为电竞演播厅、综合服务大厅、导播间、选手休息室等；地下部分主要功能为变电所、电信机房、生活泵房、消防泵房、消防水池等设备用房。项目地块位于苏州高铁新城中部片区核心位置。用地面积约22600平方米，规划布局从电子竞技中提取“能量原石”作为设计理念，将项目主场馆与景观铺装相结合，向心布置，迸发“能量”。建筑体量在场地中以巨石形象散落其中，其整体形态犹如在环秀湖边散落的石块。

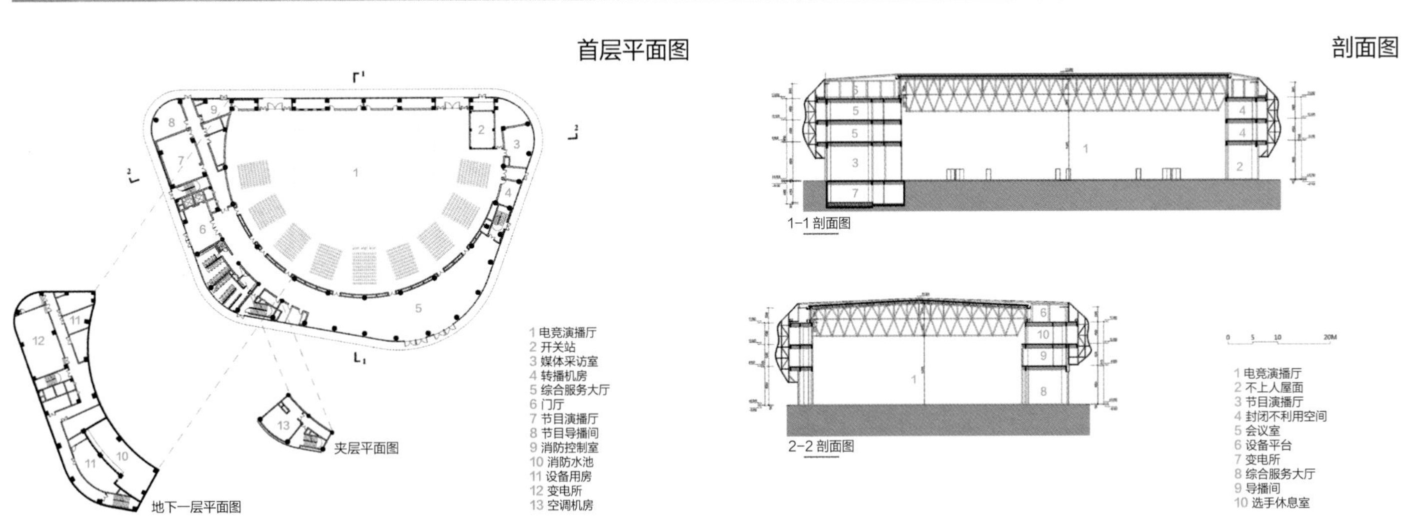
首层平面图
剖面图
夹层平面图
地下一层平面图
1 电竞演播厅
2 开关站
3 媒体采访室
4 转播机房
5 综合服务大厅
6 门厅
7 节目演播厅
8 节目导播间
9 消防控制室
10 消防水池
11 设备用房
12 变电所
13 空调机房
1-1 剖面图
2-2 剖面图
0 5 10 20M
1 电竞演播厅
2 不上人屋面
3 节目演播厅
4 封闭不利用空间
5 会议室
6 设备平台
7 变电所
8 综合服务大厅
9 导播间
10 选手休息室

明珠城丹桂苑15号地块商业体项目——新湖广场

项目类型： 公共建筑
设计单位： 启迪设计集团股份有限公司
建设地点： 苏州市吴江区
用地面积： 43473.1m^2
建筑面积： 175163.56m^2
设计时间： 2015.12—2016.05
竣工时间： 2019.06
获奖信息： 二等奖
设计团队： 王智勇　程　伟　周卫明　张劢菁　从修兰　雷婧宜　沈亚军　顾高峰　史　俊　邓春燕　武川川　胡晓亮　高展斌　钟　晓　张　哲

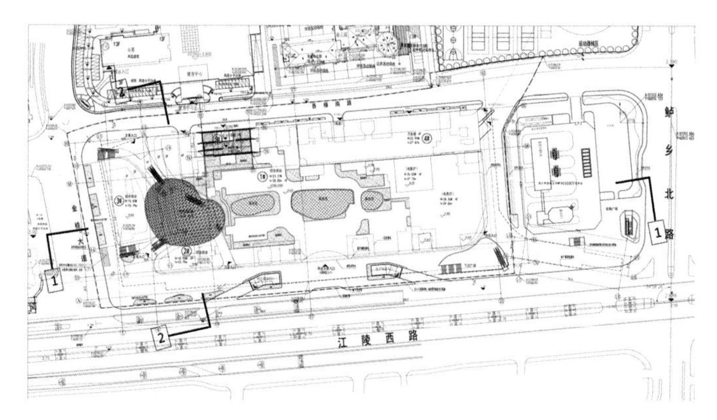

总平面图

设计简介

本项目位于苏州吴江区江陵西路和鲈乡北路交叉口，建筑面积约17.5万平方米，建筑高度约87.55米，属于大型商业综合体项目。功能涵盖商业及超市用房、零售、餐饮、影院、儿童游乐、汽车楼精品酒店等板块。

首先对设计项目总体定位布局、交通流线及商业导向做了较为细致的研究。从项目总体布局来看，建筑基本与建筑让线重合，将底层商业可利用面积及各沿街店铺长度最大化。同时在东南角设置下沉广场，在地下与轨道交通4号线相连。在解决交通流线的同时，丰富了建筑的立面设计并增大店铺沿街面。主要出入口处做退让处理，有利于人流的引导，并将入口广场面积扩大作为营销活动场所。

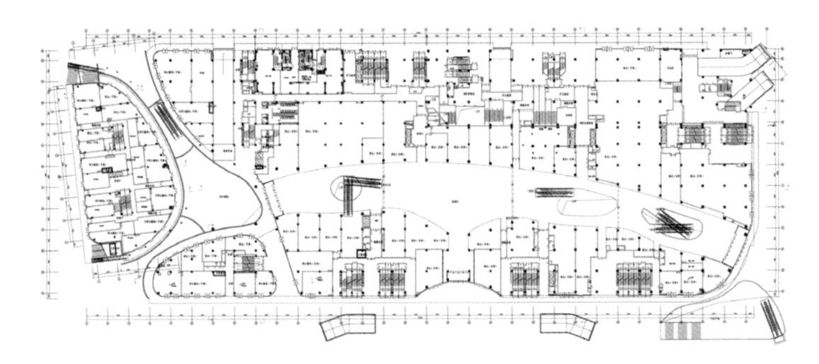

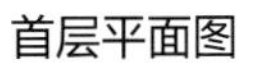

首层平面图

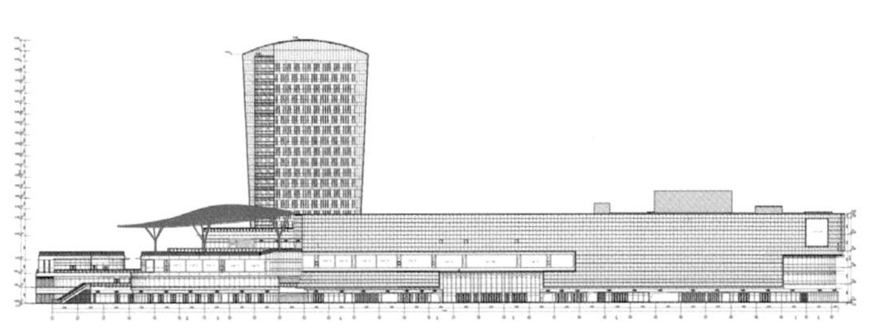

南立面图

中国移动苏州研发中心项目二期

项目类型： 公共建筑
设计单位： 启迪设计集团股份有限公司
建设地点： 苏州高新区昆仑山路北，松花江路以西
用地面积： 164216.4m^2
建筑面积： 69510.97m^2
设计时间： 2016.02—2016.11
竣工时间： 2019.04
获奖信息： 二等奖
设计团队： 靳建华 蔡 爽 李新胜 郝怡婷 赵 坚 顾淑姮 丁正方 汪 泱 石晓燕 陈 磊 陆建清 祝合虎 王海港 周 珏 张道光

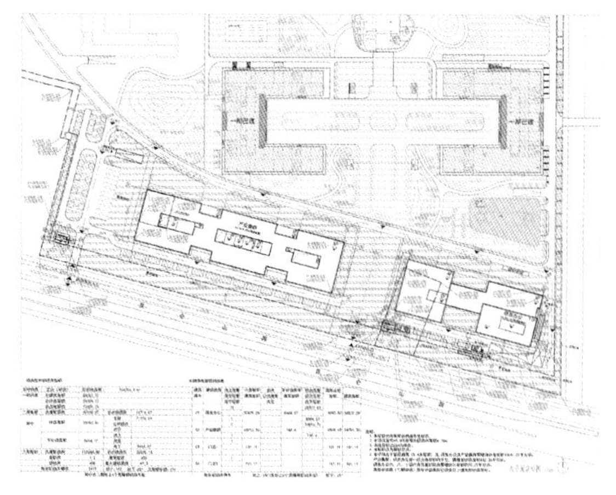
总平面图

设计简介

中国移动苏州研发中心位于苏州市高新区科技城内，北临严山公园，用地范围东至松花江路，西至嘉陵江路，南至昆仑山路。 中国移动新研发基地的主要功能是研究与开发。建成后将成为集云计算、大数据、IT 支撑系统产品于一体的现代化基地。

本方案在尊重园区建筑整体设计风格的前提下，以单纯方整的形体回应场地狭长的特性，每个体量都如雕塑一般，较小的体形系数在保证节能的同时，也实现了楼内办公空间的高利用率。两栋建筑在入口处形成方整对称的意象，设计强调广场轴线，并在水平向形成良好的延展与衔接。东侧建筑体量在场地尽端十字路口处升起，形成宏观尺度上的标志性。 建筑立面的最大特色是强调雕塑感的体块穿插，体块之间的缝隙将建筑内部的花园景观与活力展示给外界，同时将外部景观引入建筑内部营造有机质感，使建筑与场地产生联系。建筑立面采用高而窄的开窗方式，在保证合理窗墙比的前提下，带给室内更多阳光。建筑采用绿色覆层、材料和屋面并达到二星级绿色建筑标准及 LEED 银级标准。

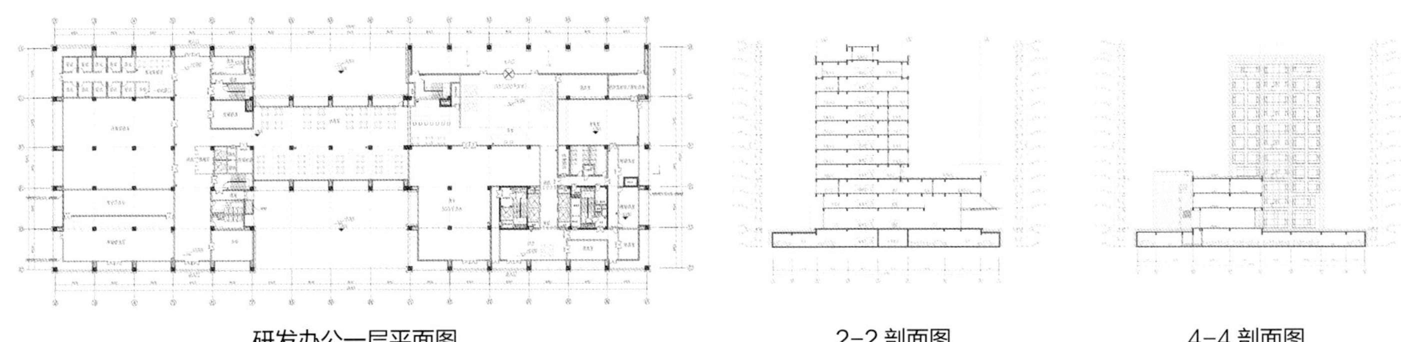

研发办公一层平面图　　　　2-2 剖面图　　　　4-4 剖面图

南京平安大厦（NO.2015G02项目）

项目类型：公共建筑
设计单位：南京金宸建筑设计有限公司
建设地点：南京市汉中路南侧，汉西门广场东侧
用地面积：12013.39m²
建筑面积：103184.85m²
设计时间：2016.04—2017.05
竣工时间：2019.04
获奖信息：二等奖
设计团队：马　莹　曾小梅　杨　静　鞠　进　王　薇
张　斌　施国鼎　余　杨　火昀霖　杨振兴
叶龚灿　张业宝　蔡慎德　李　建　俞士军

总平面图

设计简介

本项目位于南京市秦淮区汉中路与汉西门大街道路交叉口，西侧为汉中门遗址公园。基地呈梯形，南北最长处约108米，东西最宽处约122米，总用地面积1201 3.39平方米。基地原始高程在14.2~12.2之间。充分利用基地西侧的汉中门遗址公园，在地块东南角最大面积设置绿化休闲广场，将汉中门遗址公园延伸至基地内，充分提升了地块的文化休闲价值，又打破了周边老旧、高密度的城市布局。

面对局促的用地与功能面积要求之间的矛盾冲突，本项目考虑办公和公寓分开布置，减小相互的干扰。办公楼在基地西北角，沿汉中路和汉西门大街布置具备良好的空间界面和可达性。公寓塔楼位于基地东侧和南侧，下部裙房相连布置了公寓的配套功能，提升公寓的品质。商业围绕基地周边及内街布置，减小对办公和公寓人流的干扰。基地沿石鼓路设置机动车出入口，沿汉中路以及汉西门大街设置人流主要出入口。

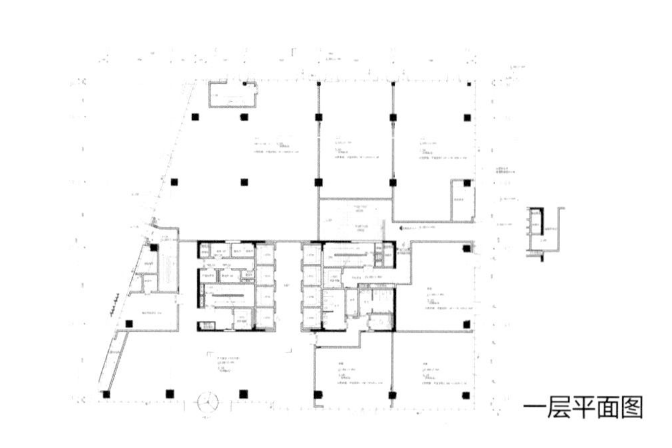
一层平面图

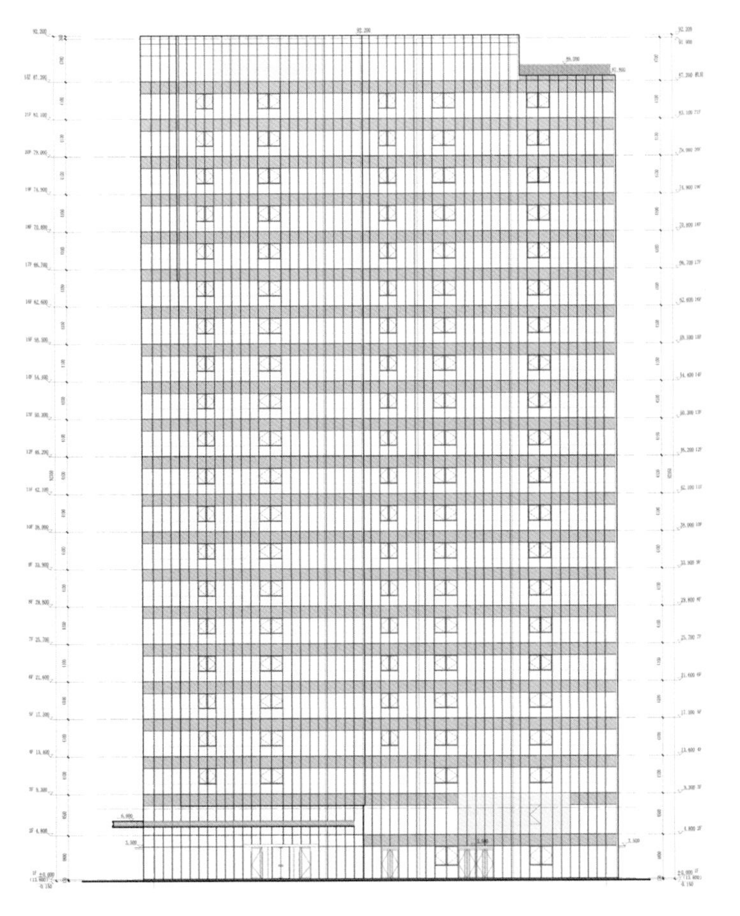

1-1~1-6 轴立面

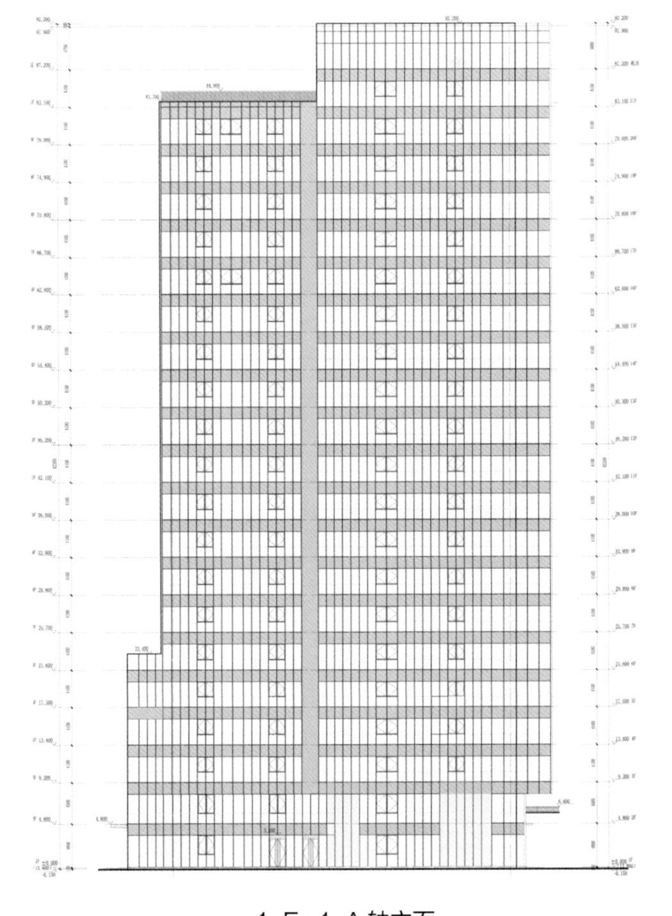

1-E~1-A 轴立面

南京普迪五金机电城板桥市场建设一期

项目类型：公共建筑
设计单位：南京大学建筑规划设计研究院有限公司
建设地点：南京市雨花台区板桥街道
用地面积：70587.66m²
建筑面积：184976.16m²
设计时间：2014.10—2016.12
竣工时间：2019.03
获奖信息：二等奖
设计团队：周 凌 廖 杰 陈晓云 倪 蕾 王 雯
潘 华 赵 越 肖玉全 丁玉宝 施向阳
董 婧 赵丽红 李文瑾 缪 霜 李 悦

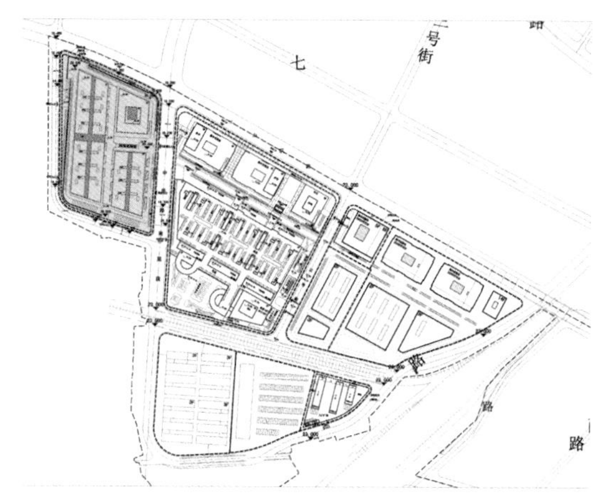

总平面图

设计简介

在总平面布局上，三栋楼围合一个广场，广场是东侧城市道路的延伸，将精品商场体块位于基地东北角，城市人流方便到达，另外两个汽车交通为主的批发市场放在西侧、南侧，之间以高架桥连接，一层二层汽车均可到达多数商铺，物流交通可覆盖一二层全部商铺。在功能布置上，将商铺等人流量大的主要功能空间设于沿城市干道的北侧。食堂、办公等辅助空间设于相对隐蔽的西南角。在景观设计上，方案在中心南路入口处设计中心景观广场，并在建筑四周设计相互连通的下沉庭院，形成立体化景观空间。在交通组织上，设计利用现有的东西向高差约4.6米的原始地形，机动车西向车流既可直接平进建筑负一层，也可通过底层的大坡道便捷上到二层；而在场地东侧，机动车又可以通过北边场地内部道路和东边的中兴南路直接平进建筑一层空间，交通组织顺畅，流线清晰。

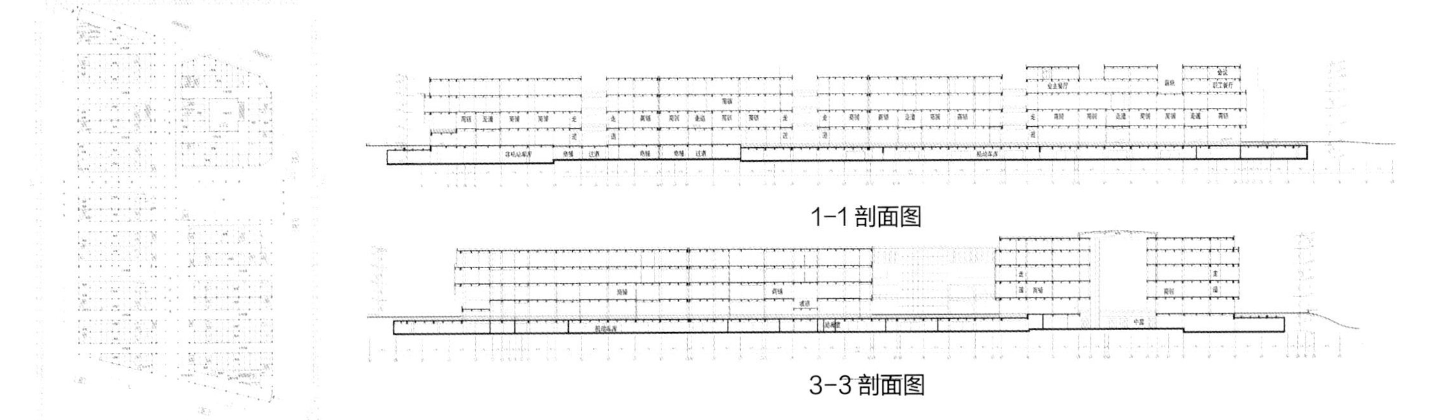

1-1 剖面图

3-3 剖面图

生态新城枫香路小学（淮安市实验小学新城校区东校区）

项目类型： 公共建筑
设计单位： 淮安市建筑设计研究院有限公司
建设地点： 淮安市新城枫香路和承恩大道交叉口
用地面积： 57704m^2
建筑面积： 51925m^2
设计时间： 2017.03—2017.10
竣工时间： 2018.08
获奖信息： 二等奖
设计团队： 王士先　朱华茂　解艳延　张　璇　宋建旭
羊　静　孙　波　孙　晗　纪登峰　王志鹏
周　超　齐国远　周　勇　云守宇　陈　阳

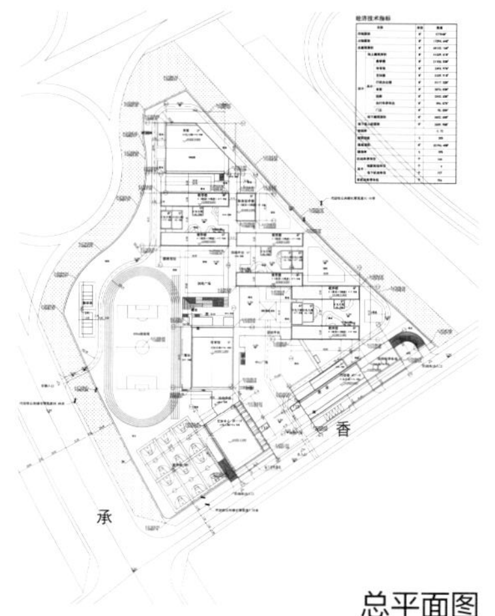

总平面图

设计简介

本设计在空间组织上强调空间形式的对比与空间类型的有机结合，开阔的入口广场与内部的建筑空间开放、包容，创造各种多样的空间形态，与建筑外部空间形态的交融穿插，为校区提供了活跃的空间氛围和尺度宜人的学习、休息场所。建筑空间布局上，将复合化的群构建筑形态融入规划中，呈现错落有致的空间层次，加强空间感和领域感。单体立面的丰富变化，形成富有韵律的天际线，单体的形象和细部都悉心推敲，注重丰富多变和韵律感。

设计结合淮安市实验小学先进的教学理念，为每个年级有针对性地配置教学资源，成为三个U形组团，使其具有最高的利用率。低、中、高年级组团相邻而不互扰，错落有致，每个组团有属于自己的独立院落，不同的组团配置有不同的专业教室，各自的年级组办公室就近布置。组团内部，两个相近年级学生互帮互助，共享相同的专用教室、教师、景观、空间资源，管理方便；组团外部，对场地东侧绿化水系景观直接引入场地，活动空间灵活而方便。组团内外部空间共同形成了大学校中的小氛围。

教学楼为单坡屋顶，与两侧山墙面形成整体折板形式；底层的专用教室灵活布置，形成多个半室外活动空间；体育馆结合看台和活动平台，创造了丰富的活动空间；行政楼和艺体中心形态舒展，屋顶和山墙面同样以折板形式一体设计，并延伸出艺术化的停车空间。建筑通过连廊相互连接，校园在教学区设置架空廊道，校园内各种功能用房通过廊道联络，在进餐、集会等人员流量较大时，廊道能起到分流的作用；在恶劣天气时，廊道还起到遮风避雨的作用。

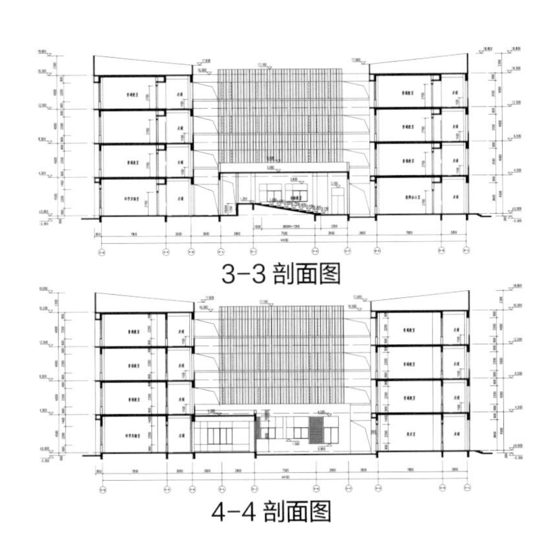

3-3 剖面图

4-4 剖面图

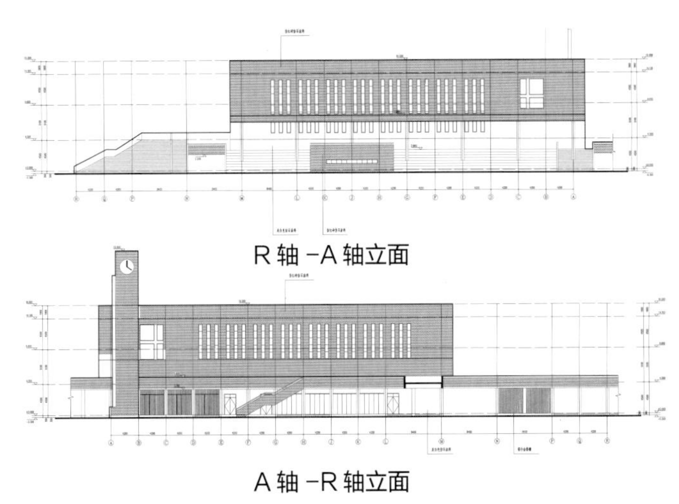

R 轴 -A 轴立面

A 轴 -R 轴立面

太湖新城吴郡幼儿园建筑工程设计

项目类型：公共建筑
设计单位：启迪设计集团股份有限公司
建设地点：苏州市东太湖路北侧、君益街南侧
用地面积：12527m²
建筑面积：20266.55m²
设计时间：2017.04—2017.08
竣工时间：2018.09
获奖信息：二等奖
设计团队：李少锋　陈苏琳　方　彪　朱　恺　张慧洁
徐剑锋　袁雪芬　张志刚　陈　光　孔　成
庄岳忠　袁　泉　吴卫平　周秀腾　张广仁

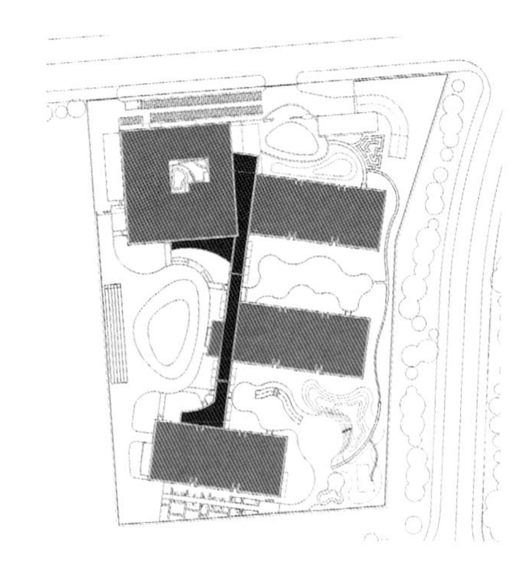
总平面图

设计简介

苏州太湖新城吴都片区是一个新兴的片区，东南方向毗邻东太湖水面，环境舒适，景色优美。吴郡幼儿园是这个片区配建的第一所公立幼儿园，占地12527平方米，9轨27班。片区里所有的居住建筑，主要为灰白土黄色调，为了给湖边环境加入一抹亮色，给社区增加更多的生机，让居民从周边高楼上看下来，能立刻找到这个以幼儿园为“注点”的滨湖空间，而不至于迷失在灰白和土黄的钢筋水泥的“森林”里。

设计方案受到英国著名当代艺术家华德·霍奇金作品启发，将色块作为建筑师给这个城市空间和幼儿园孩子们的礼物。柠檬黄、橘红和草绿是幼儿园入口的主要印象。园中主体基本教学单元上下三层叠加在一起，组成一个着色单元，每个相邻单元用不同颜色区分。在东西侧面用主色调的浅色点缀，并用同色系的着色立杆来勾勒条窗。由于色块使用了同色系的不同深浅颜色，有层级的区分搭配形成了丰富的色彩效果。

一层平面图

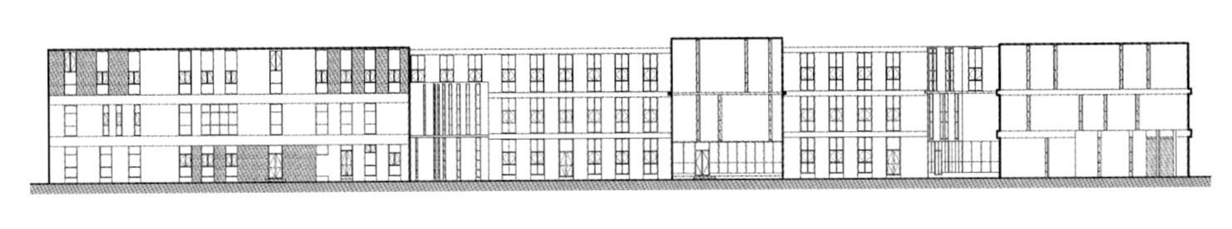

西立面图

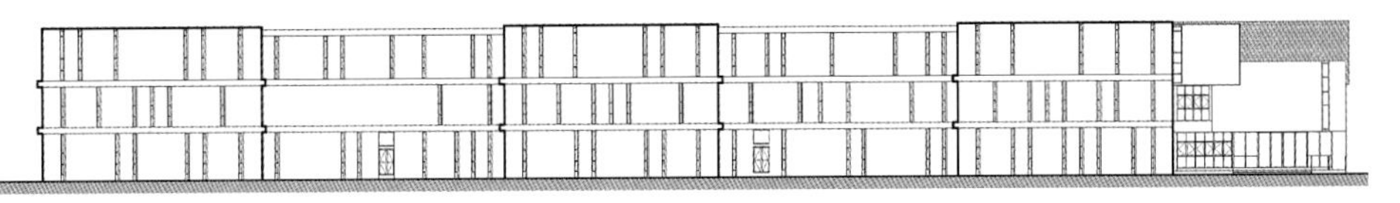

东立面图

上海师范大学附属嘉善实验学校（小学部）

项目类型： 公共建筑
设计单位： 江苏筑森建筑设计有限公司
北京和立实践建筑设计咨询有限公司（合作）
建设地点： 嘉兴市嘉善县罗星街道台基路168号
用地面积： $56598.8m^2$
建筑面积： $42201.85m^2$
设计时间： 2016.05—2017.07
竣工时间： 2018.10
获奖信息： 二等奖
设计团队： 恽　超　邹旦妮　陈　涛　陆　军　刘　攀
刘玉婧　建慧城　周国双　李丙坤　杜加清
吴　强　钱余勇　左思伟　叶　欢　徐秋玉

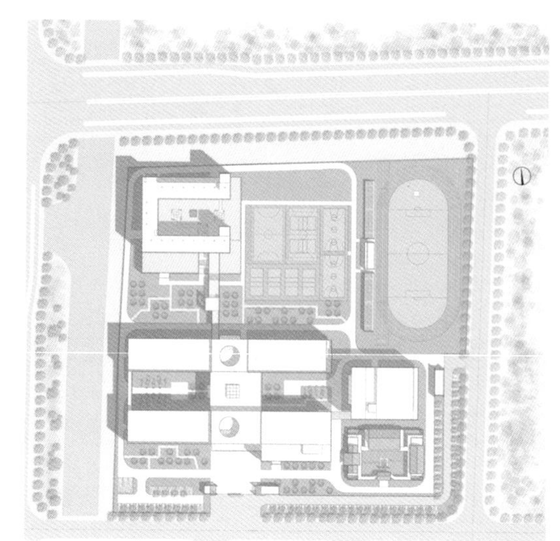
总平面图

设计简介

本方案总平面布局上划分为三个区，分别是教学组区、运动区、生活区，充分考虑各部分分区的各自独立与相互联系。其中教学区在南侧，作为对外的城市形象面，生活区布置西北侧，靠近庄桥港沿河绿化带，环境优美。南北两区之间用空中连廊相连。运动场和艺体楼布置在东侧靠近城市道路。

教学组团由三栋教学单元和剧场组成，中间通过共享中庭进行连接。剧场设置在大厅东南一翼，同时有直接对外的出入口，能同时容纳500人观演，按照标准剧场进行配置，体现了国际学校的多元化。特色书院位于入口广场东侧，是一座园林式的建筑小品，功能包括国学讲堂、招生展示、国学教室。该建筑承担了对内特色教学功能和对外展示、家长学校等功能，是学校对外展示的重要窗口，也展现了嘉善江南水乡的地方特色。

建筑立面设计遵循在“简约明快中呈现国际气息、于典雅精致中展示文化底蕴”的根本设计原则，不仅需要满足教学建筑的功能需求，更需要通过设计体现学校的人文气质，符合整个嘉善新城的新江南水乡气质。教学楼采用横向两段式设计，底层采用沉稳的灰色面砖，上部楼层以白色为主基调。教学楼采用有韵律的大面积竖向开窗，剧场则用大面积白墙突出了虚实对比。中间的门厅通过立面凹进突出了入口的层次感。大厅通过大面积的玻璃面和花格栅强调公共空间的通透和敞亮感。

景观设计上，主入口退让出入口广场，书院景观以枯山水、游廊为主，配以各季节的植物，典雅精致，打造江南园林的氛围。教学楼内庭院主要以几何形式，通过岛区将庭院划分为若干小空间，适合小学生尺度突出“游园”的感觉。教学区和生活区中间的空间设计成宽阔的大草坪，西侧沿河通过借景，将河岸景观引到场地之中。食堂顶整个设计成一个绿化屋面，作为地面绿化景观的延伸。在南侧设计绿化台阶和坡道，将二层庭院空间与一层大草坪联系起来。西侧沿河部分也设计成景观坡道，将河岸绿化引向二层庭院空间。

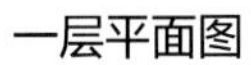

一层平面图

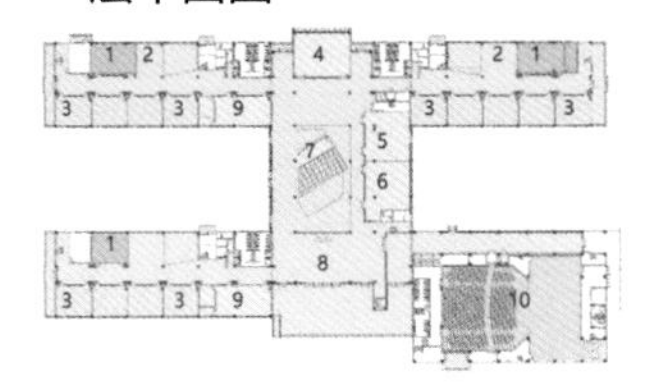

二层平面图

教学楼立面图

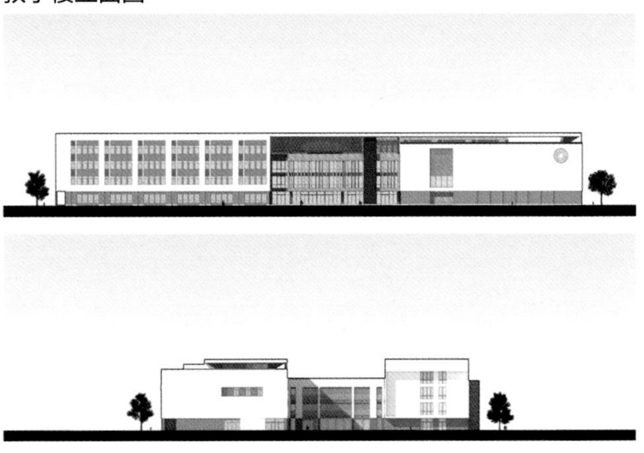

三层平面图

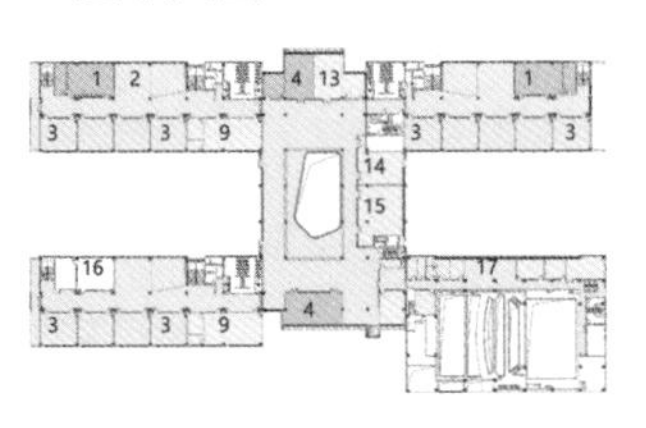

四层平面图

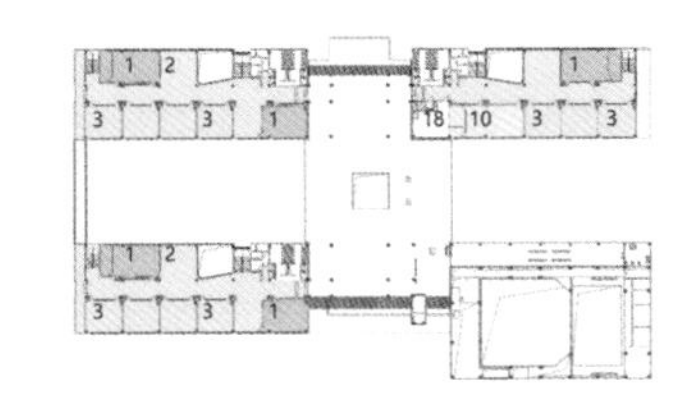

安徽金寨干部学院三期

项目类型： 公共建筑
设计单位： 东南大学建筑设计研究院有限公司
建设地点： 安徽省六安市金寨县
用地面积： 82130m^2
建筑面积： 36168m^2
设计时间： 2017.07—2020.11
竣工时间： 2019.01
获奖信息： 二等奖
设计团队： 郑 炘 桂 鹏 周 宁 王天瑜 王志明 曹 荣 刁志纬 张咏秋 罗汉新 柏 晨 章敏婕 徐雨屏 王 杨 李 昱 林 波

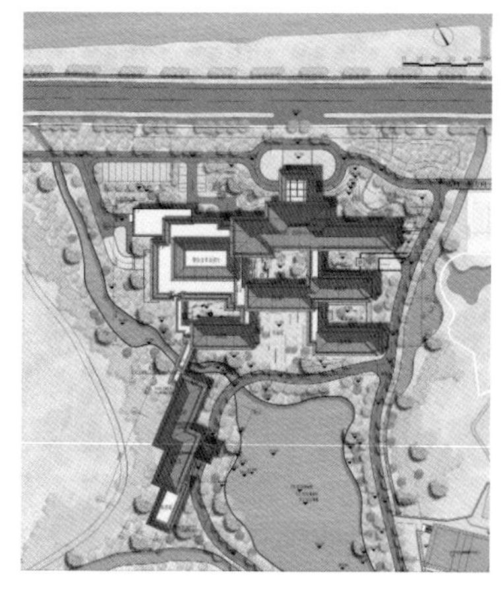
总平面图

设计简介

安徽金寨干部学院是一所立足安徽、面向全国，以弘扬大别山精神、开展党性党风党纪教育为主题的干部学院，是中组部64个重要党性教育基地之一，是传播金寨红色文化的重要载体。

本方案充分利用现有场地资源，山为背景，水为前景，以山水为轴、院落为核，集约式开发融入自然环境之中，简约之建筑借景于青山绿水，提供了学习之余清心静思的场所。设计延续一期二期现有建筑的控制界面，组团肌理，同时利用环山道路有效连接一期和二期形成环路，将山体纳入中心景观。方案将接待中心的大堂以及不同类型的客房，文体活动分组团置于不同现状环境的场地中，做到使用方便，互不干扰，便于建造，视野良好。项目围绕湖面和流水形成滨水空间，包括亲水平台、亲水广场、水上栈道等，既有自然的静谧舒适，也有人工的活泼开放，为人提供丰富的亲水体验。配合新古典风格建筑，结合山地环境，营造自然、诚朴的园林风格。或以院墙围合，配以孤植树木，形成纯净、静谧的封闭空间；或配合山地良好景观面，营造视野开阔，宁静致远的半封闭空间。

在建筑外观上，用庄重典雅的设计语言打造稳重开朗、开拓创新、与时俱进的建筑形象。接待中心位于场地最北侧地势平缓处，楼层面朝景观湖面逐渐降低形成退台。接待综合楼为庄重的新古典风格，其北侧体量通过挺拔的壁柱强调竖向线条来增加建筑的高耸感和体量感，局部的退台为建筑带来了变化的趣味。在细部上，精心设计金属坡屋面的造型和构造，以檐沟作为分隔，檐沟以上的屋面部分采用瓦楞板肌理，檐沟以下的屋面部分采用铝单板，用不同的肌理来消减檐沟对屋面整体性的影响，展现了技术与艺术的统一性。

A 区 -4.200 标高平面图

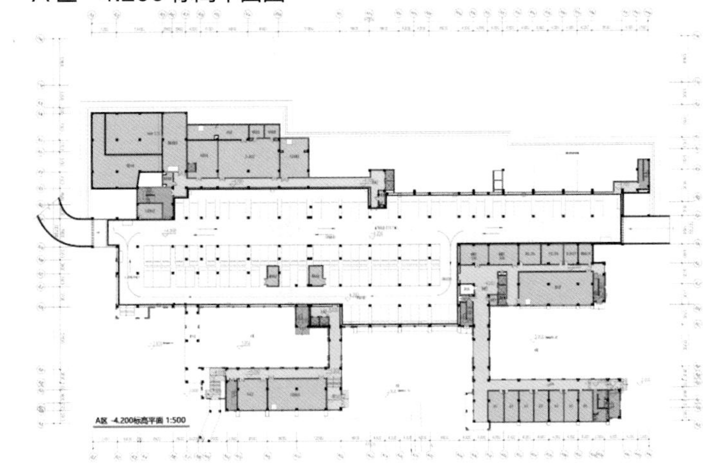

A 区 A12-A41 轴立面图

A 区 AA-2/AX 轴立面图

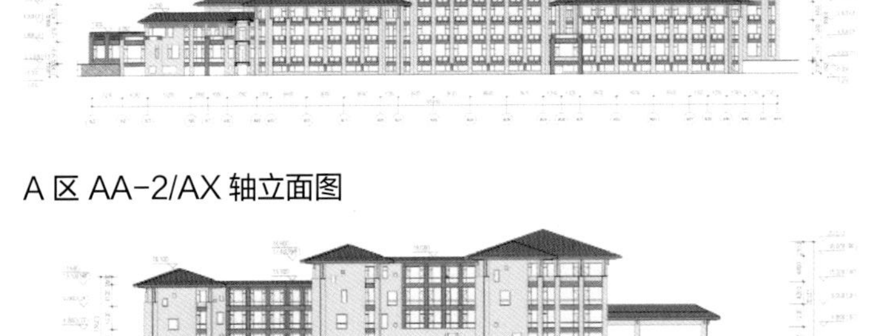

南京九间堂项目二期50栋

项目类型： 城镇住宅和住宅小区
设计单位： 中衡设计集团股份有限公司
建设地点： 南京江宁开发区康厚街以西
用地面积： 184337m²
建筑面积： 27667m²
设计时间： 2016.01—2016.06
竣工时间： 2018.06
获奖信息： 二等奖
设计团队： 平家华 顾志兴 魏 杨 张幸辰 张梦娅 谈丽华 郭一峰 孔维平 陈寒冰 李 铮 朱勇军 张 渊 黄 磊 乔驭洲 张 昕

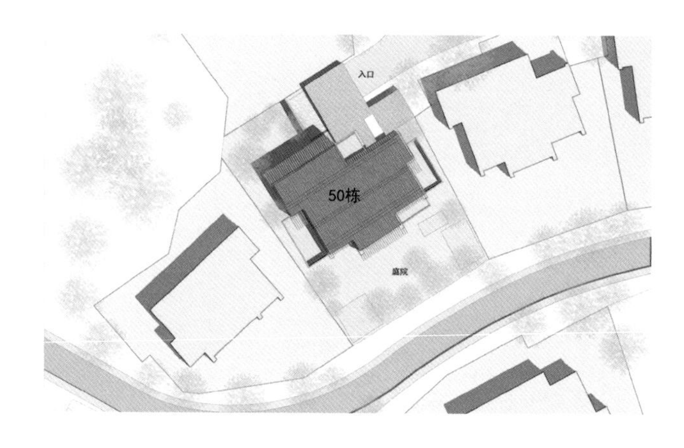

总平面图

设计简介

本方案充分利用基地周边资源，采用因地制宜的布局方式和人性化的结构特征，强调环境设计，营造优雅的居住生活氛围，为居住者提供亲切宜人的空间感受。通过对周边已形成的城市资源的研究，抓住与城市环境紧密衔接的切入点，是本设计的基础。交通、社区配套、景观资源等元素的叠加、重组，构成了该设计的基本格局。

设计体现“以人为本”，意在营造舒适宜人的活动空间尺度。在小区内设置环湖景观轴线，形成中心景观。别墅区分院到户，私家庭院最大化，并设置利于民众活动的广场及社交空间。根据地形条件合理安排车行路线，形成最快捷的回家路线。组团内部地面以步行道路为主（主要道路为5米，同时满足消防要求），将入户道路和景观路结合起来，使空间连续通透，动静相宜。

一层平面图

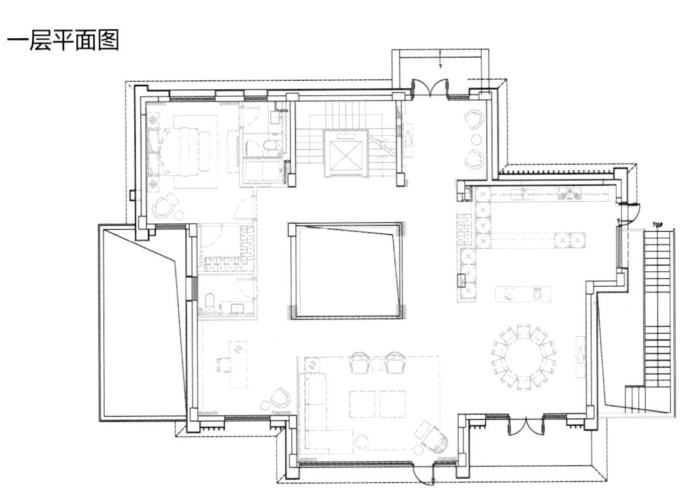

南立面图

北立面图

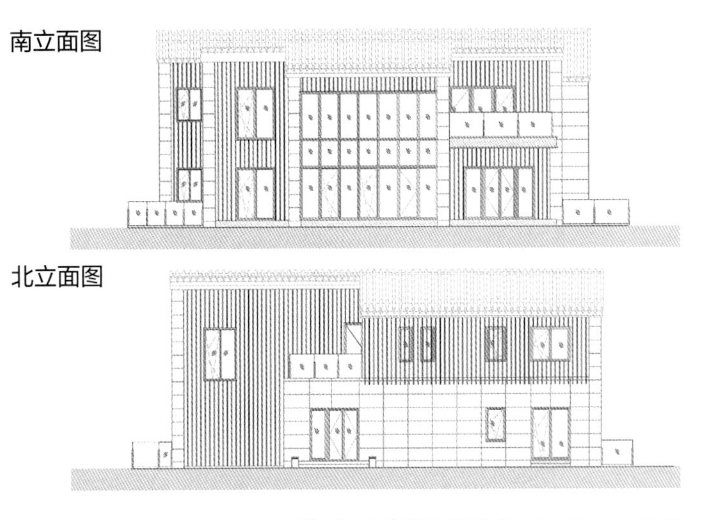

苏洲府（苏地2016-WG-2号地块）

项目类型： 城镇住宅和住宅小区
设计单位： 中衡设计集团股份有限公司
上海寰思建筑设计事务所（合作）
建设地点： 苏州景德路南、阊胥路东
用地面积： 14900m²
建筑面积： 45000m²
设计时间： 2016.12—2017.04
竣工时间： 2019.03
获奖信息： 二等奖
设计团队： 蓝　峰　陈蝶蝶　许海龙　许　理
张国良　欧　泉　唐炎君　陈　露
李国祥　陈贻辉　程　磊　陈绍军
刘义勇　顾敏龙　丁　炯

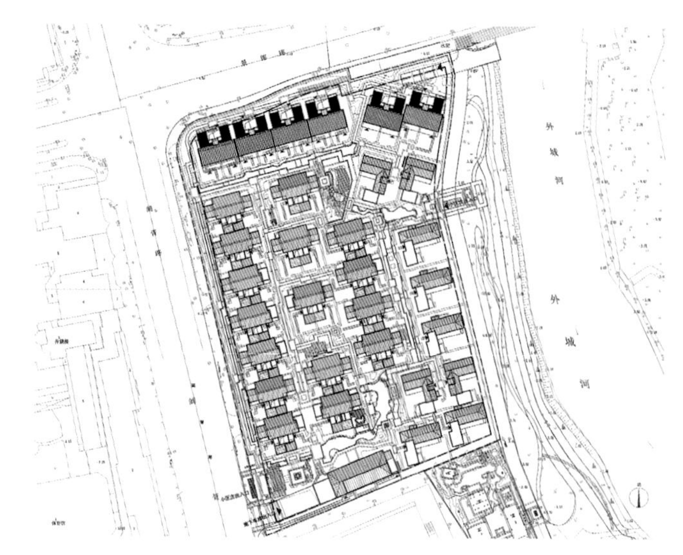
总平面图

设计简介

以苏州古典园林和街巷文化为本源，凸显“市井深宅的隐逸文化，城市山林的园林情节，咫尺庭园，多方胜境”的经典园林风格。造园是设计的精髓，设计强调对意境的深层次提炼，采用超越现实的物景及情景的普通园林营造手法。

本方案以南北双主园为中心，建筑环绕布置于景观周围，主园周边有若干辅园，布置不同主题景观节点，与主园景致相映成趣。场地内部形成多重游园流线，围合环通，主要景观流线辅以多条次要流线。利用回廊亭榭等将游人视线反复引向景物，用各种空间要素对景物进行遮挡，实现移步易景。不同大小的庭院与巷道渐次展开，空间层次收放有序，地势高低起伏。利用框景、障景、点景、对景、透景、借景、隔景等造园手法，打造地块内部景观空间。布置适当的眺望点，或使用漏窗、空窗，使视线穿越出园垣，园外之景成为园内之景。建筑通过连廊等灰空间与庭院结合，将假山、水景、植物引入其中，为住户提供幽雅私密的庭院生活，使宅院成为室内与室外的融合。

一层平面图

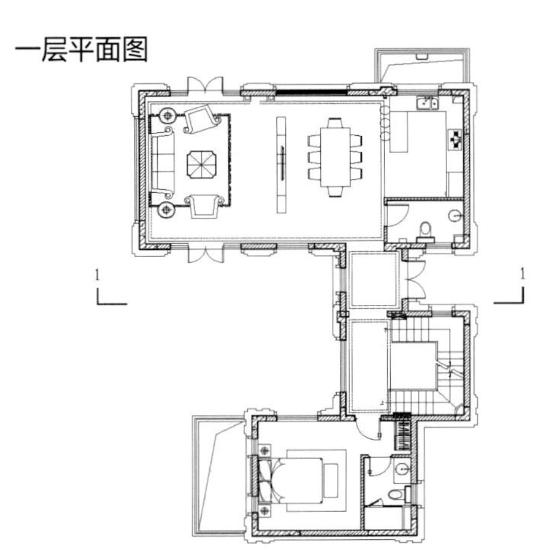

二层平面图

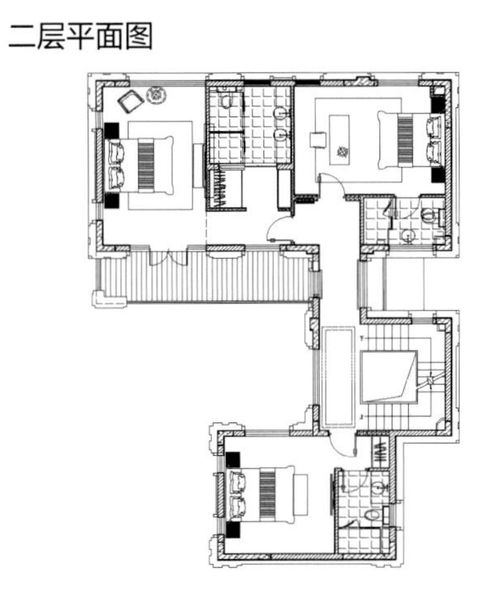

三层平面图

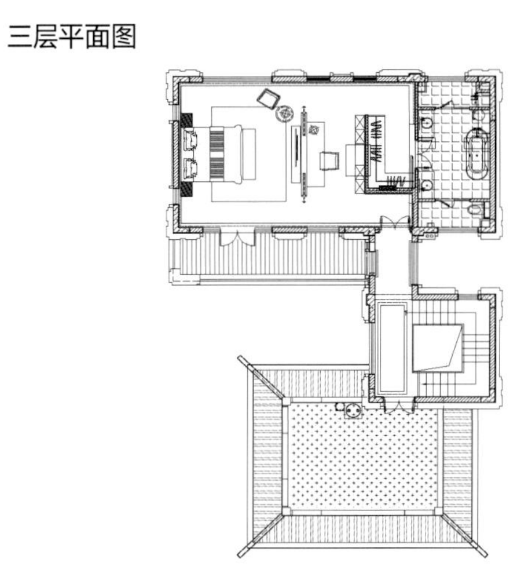

运和蓝湾（931、GZ006地块）

项目类型： 城镇住宅和住宅小区
设计单位： 江苏筑森建筑设计有限公司
建设地点： 扬州市广陵区地块东至人民路，南至锦华路
用地面积： 68908m²
建筑面积： 137007m²
设计时间： 2017.08—2017.12
竣工时间： 2019.06
获奖信息： 二等奖
设计团队： 乐　巍　陈　欣　狄永琪　程晓理　韩　玲
张　旭　陈　涛　杨喜燕　韩效民　王浩亮
黄　磊　王义正　毛统斌　郝　恺　王　伟

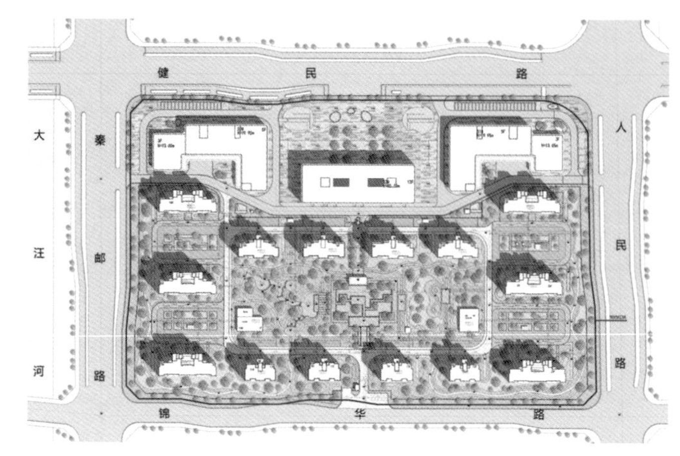

总平面图

设计简介

地块位于广陵新城，东至人民路，南至锦华路，西至秦邮路，北至健民路。用地面积68908平方米。小区北侧沿街设置商业，中心景观区内布置绿化景观，整体布局错落有致。本项目采用人车分流的理念，结合绿化、水系设置步行空间，可以消除人车混行的不安全因素，确保车行与步行系统的利用率。

设计团队认为居住水平的质量标准体现在住宅上应有两个方面的含义：一是量化标准，即居者有其屋，人均居住面积的大小是最基本的；二是品质标准，应实现居住本身的全部内涵和外延，提高城市居住的生活品质，提高住宅设计的科技含量，大力推广新技术、新工艺和新设备，倡导有利于持续发展的绿色生态住宅。

住宅单体设计根据业主及市场要求，结合市场反馈和开发建设的循序性，强调平面设计的合理性、灵活性和生长弹性，以合理的平面布局铺叙居住行为在空间上的展开，提供一种空间化人格。

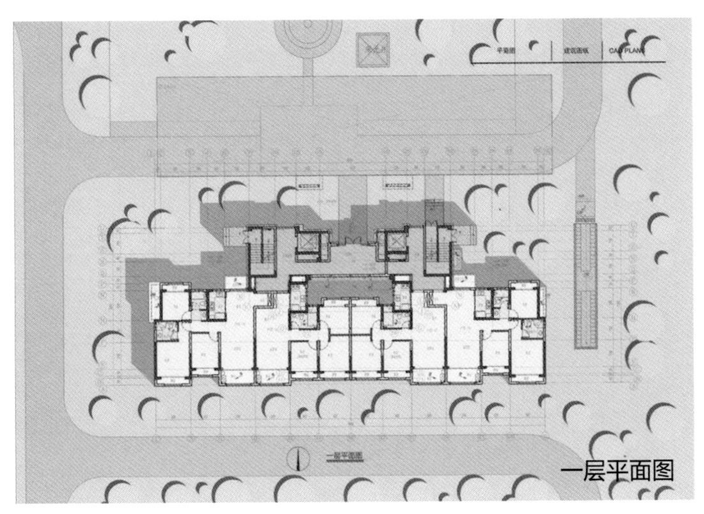
一层平面图

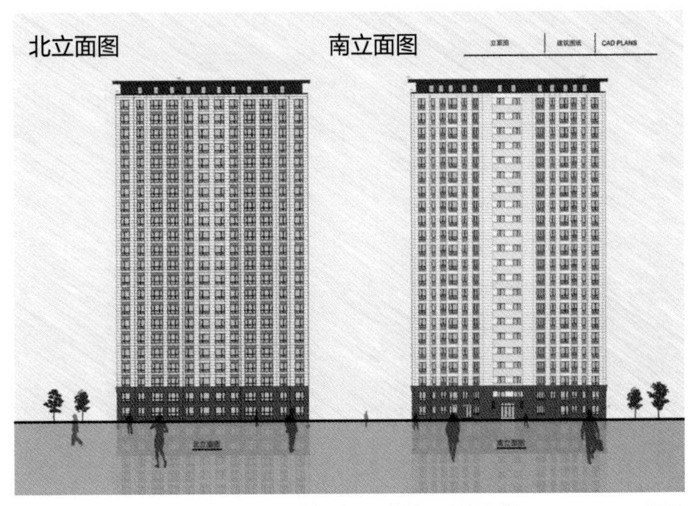
北立面图
南立面图

金东方颐养园三期

项目类型： 城镇住宅和住宅小区
设计单位： 江苏筑森建筑设计有限公司
建设地点： 常州市武进区
用地面积： 69000m^2
建筑面积： 69000m^2
竣工时间： 2019.03
获奖信息： 二等奖
设计团队： 蒋　露　朱鲜红　刘庭定　肖玲玲　华　伟
张文明　徐　晨　徐　翀　杨玲玉　张玉江
张　震　黄　磊　陶　炜　俞　洁　王　伟

总平面图

设计简介

结合区位特点及客户群体进行产品定位，力图创造良好的城市空间环境，建立充满活力、安全、优雅而有序、特征鲜明的都市住区。通过灵活组织开放型空间形态，创造一流的社区外部空间形象及优越的住区内部景观。通过较低的建筑密度和适宜的容积率、人口密度，形成有活力的城市社区，提高土地与基础设施利用的高效性。项目场地平整，保证全龄人群在社区内畅通便捷的交流活动，加入完善的养老服务配套、商业配套、社区服务配套，采用整体招商、运营的新型邻里中心模式，加入三级适老化设计、三级养老服务体系，同时社区全部覆盖数字化网络系统，力争成为武进区标杆式的全龄化养老社区，并带动武进区整体养老产业的发展。本住区注重生活空间的环境质量，最大限度为住区居民营造不同主题的邻里交往空间，打造生态、人性化的居住模式，营造良好的社区环境及和谐的邻里关系。

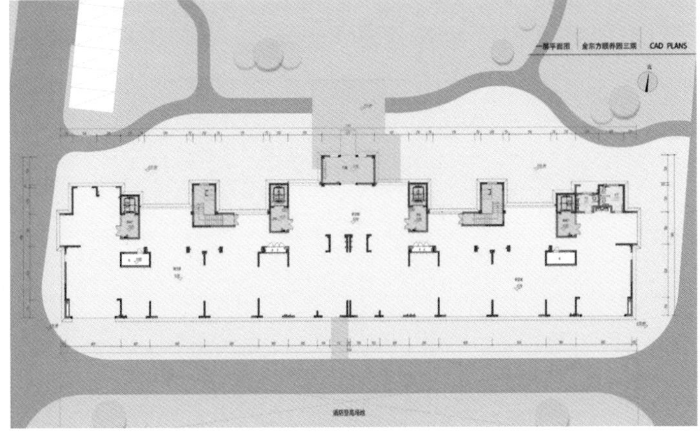

一层平面图

11 号楼北立面图

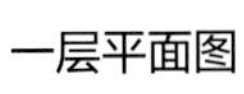

苏州香溪源(兴吴路南、鲈乡北路东地块)

项目类型: 城镇住宅和住宅小区
设计单位: 江苏筑原建筑设计有限公司
苏州华造建筑设计有限公司(合作)
建设地点: 苏州市吴江经济技术开发区兴吴路南、鲈乡北路东
用地面积: 118161.8m^2
建筑面积: 327079.51m^2
设计时间: 2017.03—2017.05
竣工时间: 2018.08
获奖信息: 二等奖
设计团队: 毛振贤 张 杰 黄宇琼 王 凯 唐炎君
张超帅 李 新 宋 辰 顾 炜 钱晓明
沈凌俊 袁晓阳 苏 斌 刘 鑫 龚春年

总平面图

设计简介

本方案地块基本形态为东西窄、南北长的梯形。北临兴吴路，西临鲈乡北路，南侧和东侧为河道。规划条件中，根据场地基本条件，考虑到周边场地的日照情况，将高层住宅布置在东侧沿河区，西侧布置相对品质较高的小高层洋房。空间形态西低东高，出现一种“递增”式格局。项目地处吴江开发区，周边交通便捷，配套齐全，自然景观资源丰富。立面风格方面，高层采用典雅尊贵“新古典风格”，小高层则融入少许中式元素，打造具有民族文化韵味的概念主题。

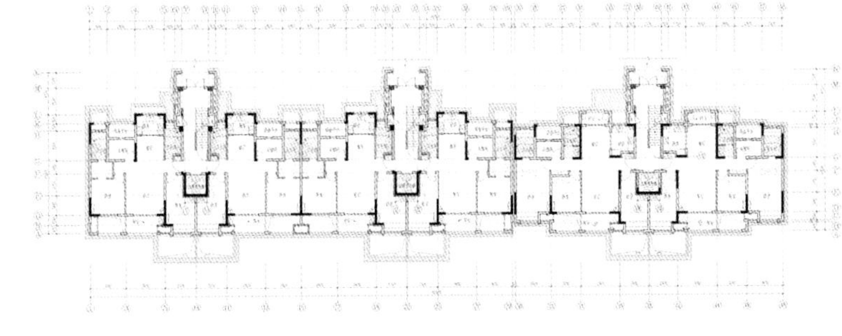

一层平面图

北立面图

美好易居城智慧养老社区（地块三领域）一期

项目类型： 城镇住宅和住宅小区
设计单位： 无锡市建筑设计研究院有限责任公司
建设地点： 泰州海陵区，泰州市迎春东路
用地面积： 42800m²
建筑面积： 21000m²
设计时间： 2015.06—2018.01
竣工时间： 2018.08
获奖信息： 二等奖
设计团队： 赵 明 钱 庆 李加刚 袁子畏 刘东旭 钱 晔 杨正明 许 晓 蒋梦麟 吴 亮 高 歌 杨谷斌 伍 俊 任 镛 朱 晟

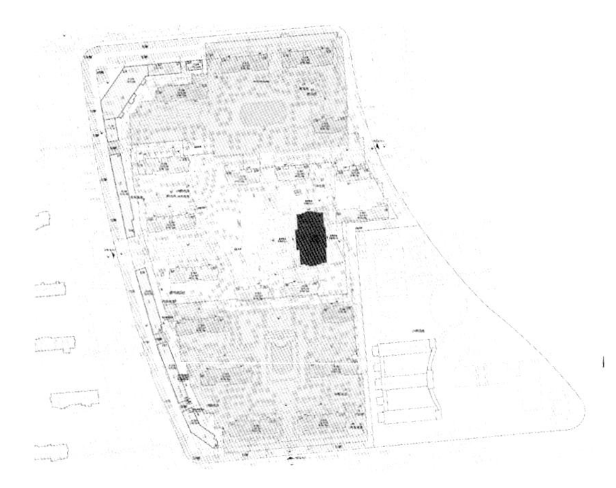

总平面图

设计简介

该住宅小区以养老配套服务为主题打造宜居养老居住社区，并提供养老便捷服务，比如老人健康咨询、体检、康养、护理、日间照料，以及老年大学、老人兴趣才艺交流等。住宅以条、点结合的方式布局，注重组团空间的形成。一期共有七幢住宅、两栋养老公寓以及一栋老年大学和体检康养会所。整个用地采用“南北中轴线左右对称”的布局方式，纵向十字形的中央景观轴贯穿整个用地，形成南、中、北三块中央景观，从而构成了项目的基本骨架。

本项目在育才路及纵五路中部设计了两个住宅主入口广场，结合住宅的主入口设计了一条贯穿南北的中央景观轴及东西向延续的景观轴。住宅布局围绕中央景观轴对称展开，住宅单体错落有致，景观视野和空间对位做到了完美统一，每个组团绿化皆与中央景观轴相连，形成了不同特色的景观与活动空间。

用地中部布置四幢点式高层住宅，尽量减少建筑对中央景观的压迫感，以便让更多的住户享受到中心景观。建筑群体的布置采用点式、短板式交错组合，板式高层建筑在用地的四周布置，建筑群体的布置强调南低北高。各高层建筑围合的中央景观和组团景观互相渗透，建筑与景观组团空间有机对话，创造出步移景换的独特空间感受。

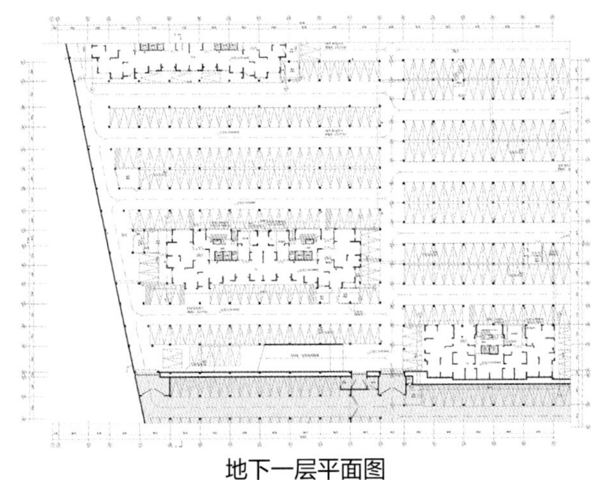

地下一层平面图

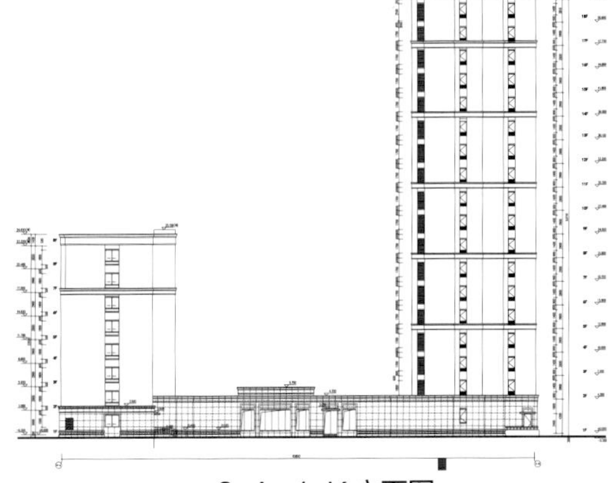

3-A~1-K 立面图

南通万科白鹭郡（R16004地块项目）

项目类型： 城镇住宅和住宅小区
设计单位： 江苏浩森建筑设计有限公司
建设地点： 南通市集贤路西，幸余路南
用地面积： 42800m²
建筑面积： 21000m²
设计时间： 2016.06—2017.05
竣工时间： 2019.01
获奖信息： 二等奖
设计团队： 陈 超 赵云威 陈 俊 李科科 顾海洋 蒋 淼 徐 鑫 马宇川 常民伟 黄剑锋 张雪瑞 葛敏敏 邢辰叶 姚志成 滕 艳

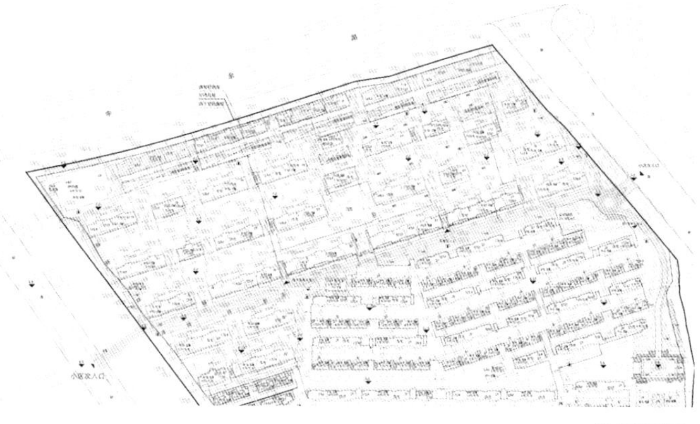
总平面图

设计简介

本项目位于千年古城南通港市，水系发达。项目所在地周边水系环绕，景观资源优越。优美的自然景观，激发了设计师对环境的尊重，对用地报以谦逊的态度成为设计方和万科的共识。在对项目地块充分理解的基础上，形成了两个规划脉络和板块——南北向和南偏东17度。南北向板块位于用地南侧，主要布置低层住宅，减少对河岸压迫。南偏东板块布置洋房，平行于北侧道路，与城市充分融合。两个板块大小均衡，相互辉映，神似中国八卦之形意，在相互衔接的“三角形”位置形成有趣的公共空间。项目在东南角景观最佳处布置1~2层的公共设施，与环境相互融合，达成和谐。

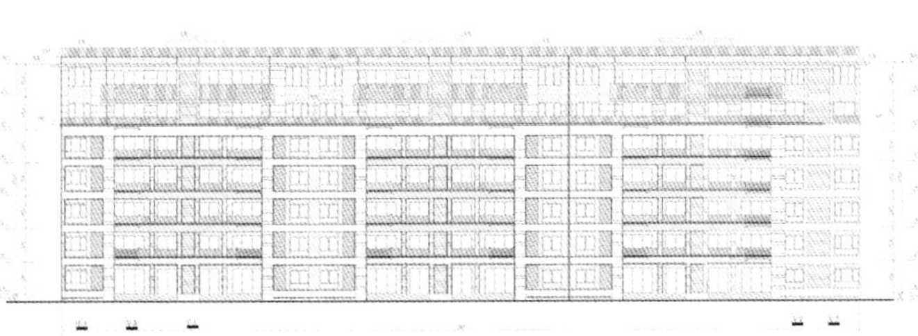

南立面图

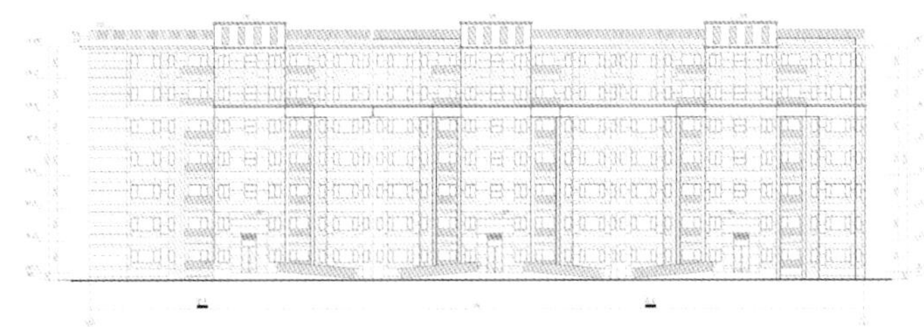

北立面图

NO. 2015G62地块项目（B地块）

项目类型： 城镇住宅和住宅小区
设计单位： 南京市建筑设计研究院有限责任公司
建设地点： 南京市雨花台区玉兰路
用地面积： 26200m²
建筑面积： 26200m²
设计时间： 2016.05—2016.12
竣工时间： 2018.12
获奖信息： 二等奖
设计团队： 马 骏 俞永咏 宋长富 吴 敏 秦 磊
周 建 徐海华 李家佳 王鑫锋 朱洪楚
袁爱伟 刘 捷 徐思捷 韩正刚 徐正宏

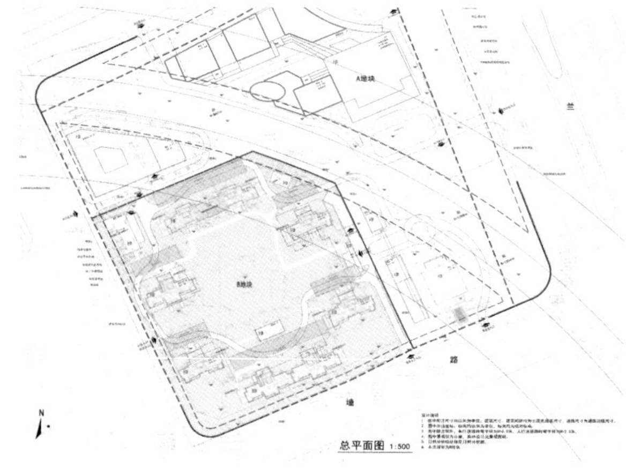

总平面图

设计简介

南京南站高候区域是《南京市总体规划（2007-2020）》中“一主三副八星城”的重要区域。对于南京而言，南京南站区域应该是一个能够承担起城市产业转移，具有城市服务功能，聚集城镇化人口的枢纽新城。项目所在地区是南京南部雨花区的南部新城，与奥体新城、主城区形成三足鼎立的格局。南部新城有四大板块。本地块属于以南站建设为核心的现代服务板块。

本项目以基地自身特质为出发点，注重交通组织、消防安全、节约能耗、抗震设防等重要方面，采用新技术和材料，优化结构形式和设备使用。项目因势利导，合理分析地块的优劣势；塑造本区形象特色，尝试规划设计新思路和新方法；强调人性化设计，构筑舒适宜人的“公园里”公共环境；着力提高房住环境质量，强化周边环境资源利用的融入性、合理性。

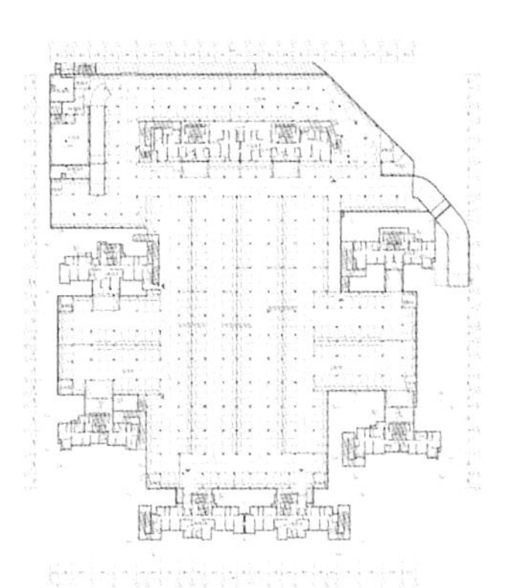

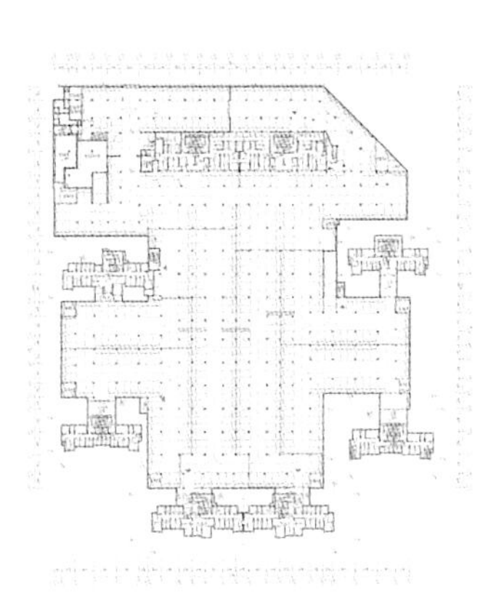

东立面图

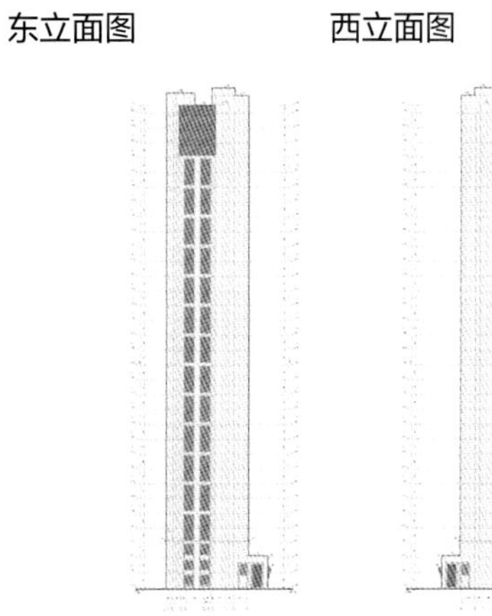

西立面图

南立面图

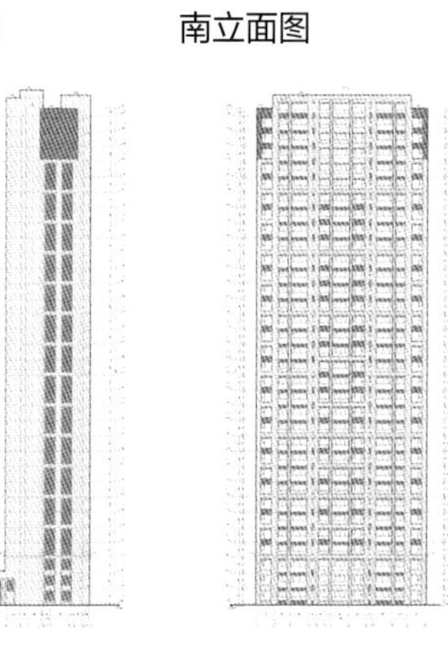

中信泰富·扬州锦园

项 目 类 型：城镇住宅和住宅小区
设 计 单 位：扬州市建筑设计研究院有限公司
建 设 地 点：扬州市经济技术开发区
用 地 面 积：311200m²
建 筑 面 积：155400m²
设 计 时 间：2018.03—2018.05
竣 工 时 间：2019.02
获 奖 信 息：二等奖
设 计 团 队：华 华 张翠芳 徐乃刚 颜廷祥 谭志祥 吴 玮 朱爱武 薛凤飞 罗 宇 花 雷 吴王策权 韩如泉 鞠亮 张文彦 吴昊通

总平面图

设计简介

在总体布局上，本方案设计出一个构图完整，与周边建筑及区域环境相呼应的建筑组群，采用点线面结合的方式，别墅类住宅依水流曲线型铺展开来，并形成向心型几何图案，小高层建筑沿规划道路序列性地排列开来，形成点线面结合的完整构图。中心绿化婆娑竹影、小桥流水、荷塘雨声……中国诗画文化的场景渲染，展现了高雅的东方情韵，如诗画般勾勒出一副动人的园林小品。

建筑朝向上，设计在合理分析地块高差变化以及当地气候条件的基础上，采用灵活的布局方式，尊重现有地形地貌，并很好地解决了建筑的日照、采光等问题，同时通过建筑退让，减少相互干扰，使建筑物拥有良好的园区景观视线。在环境影响方面，设计通过退让道路、地形高差的处理，架空建筑底层、种植大面积绿化等方式，减少甚至避免噪声干扰，致力于营造社区幽静的生活环境。在内部环境打造方面，本设计以高档优美的环境为硬件，精心宜人的设计为软件，通过对人性化尺度的精心把握，拉进了人与自然环境的关系，给予了人们贴近自然的机会。

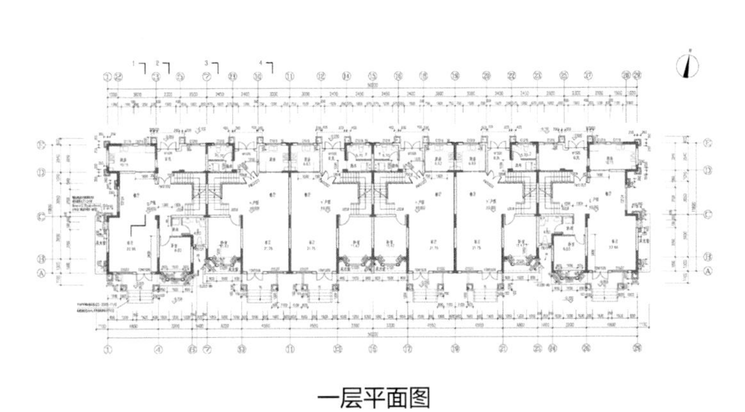

一层平面图

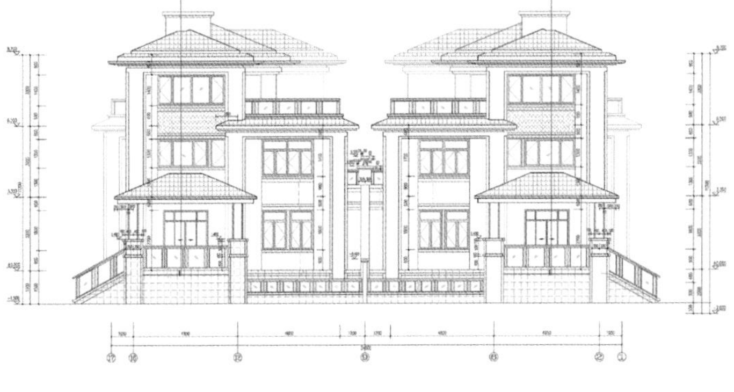

17-1 立面图

西花岗西地块保障房项目A1，A2地块

项目类型：城镇住宅和住宅小区
设计单位：南京兴华建筑设计研究院股份有限公司
建设地点：南京市栖霞区马群街道
用地面积：61743.01m^2
建筑面积：176642.28m^2
设计时间：2016.09—2017.02
竣工时间：2018.12
获奖信息：二等奖
设计团队：郭　昊　窦永佳　贺时俊　马荣荣　付小娜
高慧影　杨　磊　蔚　清　吴　涛　刘　欣
杨　震　王海海　李光宇　顾　旭　吴湘云

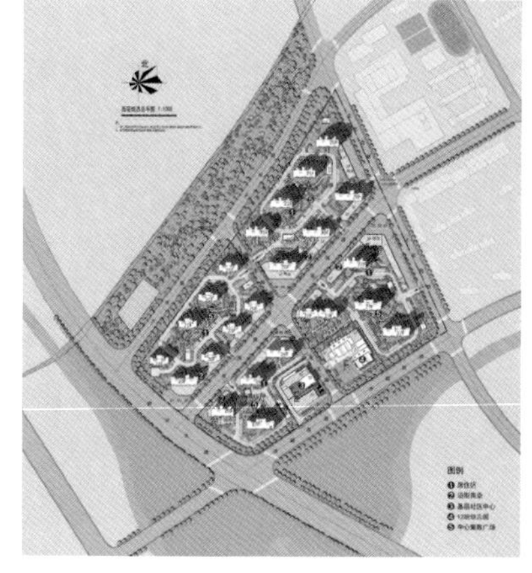
总平面图

设计简介

本设计坚持文化、生态与效益相统一的原则，力求塑造一个具有地域文化和生态特色的居住空间。

本方案注重城市脉络的延续，并根据规划设计要求，协调规划区内外部环境，合理确定功能布局，注重空间环境的渗透，结合南京气候特点，构筑多元景观层次。导入城市设计观念，注重城市景观效果，在沿街形成有节奏的动态序列，使小区成为城市整体构架中的有机一环。在主要道路上均设置车行出入口，并结合入口设置沿街商业，形成良好的商业界面，既满足当地居民的生活需求，又可以解决部分居民的生计问题。沿街商业的设立也增加了高层建筑退让，从而减轻其对城市道路的空间压迫。

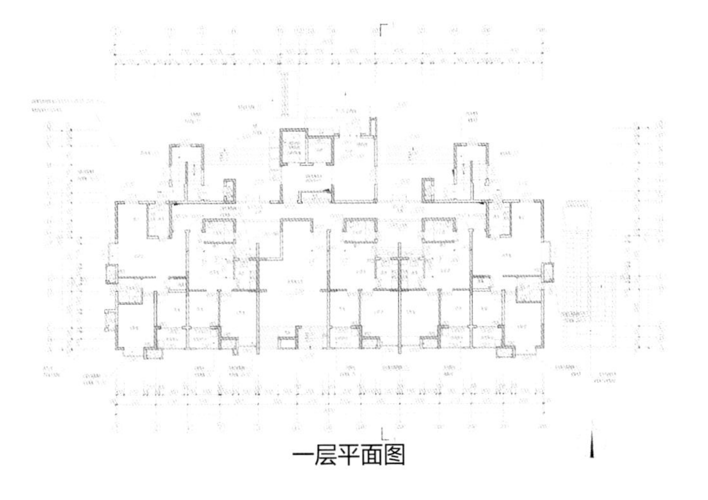

一层平面图

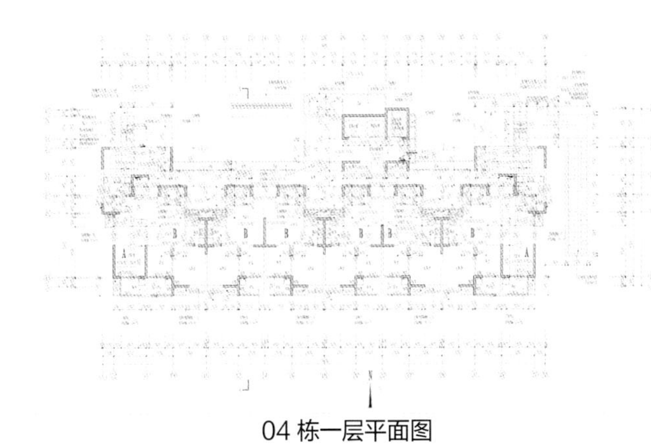

04栋一层平面图

九月森林二期

项目类型： 城镇住宅和住宅小区
设计单位： 南京市建筑设计研究院有限责任公司
GOA大象建筑设计有限公司北京分公司（合作）
建设地点： 南京市浦口区江浦街道象山路29号
用地面积： 45100m²
建筑面积： 16600m²
设计时间： 2017.05—2017.10
竣工时间： 2019.01
获奖信息： 二等奖
设计团队： 蓝　健　辛　锋　刘　飞　林映青　殷平平
高　菲　夏川江　孟礼昭　夏长春　苏冠齐
包轶楠　邹　红　祁　勇　袁爱伟　吴佳祎

总平面图

设计简介

九月森林延续老山资源，承继金陵文脉，是一处兼具城市与自然特质的理想居所，是老山群落里一座“天宫之城”，诠释着人与城市生活、自然环境的内在关系。项目设计依老山山麓的高台而建，因地制宜，将建筑、室内、社区环境与老山融为一体，守住本真的自然关系，用层层递进的叙事方式，展开园区建筑设计。建筑造型以高雅的英式风格为主，努力塑造一个高贵、古典、赏心悦目的城市住区。创造人与自然和谐共生的可持续发展的生态环境，营造均质、共享、技术与情感高度统一的社区空间。

九月森林最大限度地将建筑、室内、院落、花园、老山和城市融为一体。它守住的是城与自然的本质，强调的是回归与超越、坚守与创新：项目打破了时空的边界，延展了城市和自然的关系。项目所设计的不是建筑本身，而是这个空间容器内的美好生活与幸福时光，并试图从在地文化的礼序生活中，解读与美学的哲思。

北立面图

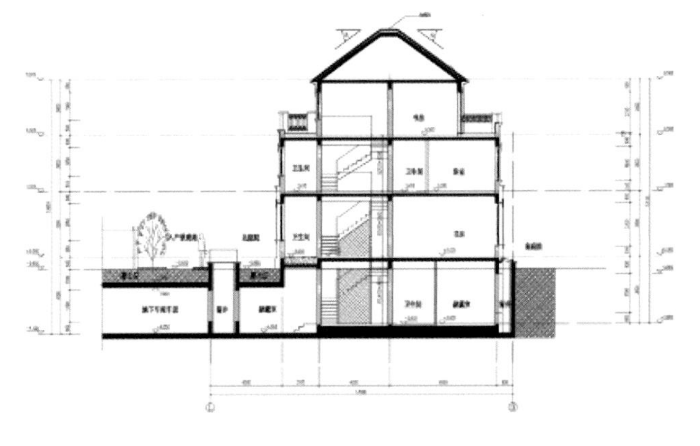

1-1 剖面图

锦绣湖畔

项目类型：城镇住宅和住宅小区
设计单位：江苏华晟建筑设计有限公司
建设地点：徐州市泉山区纺织东路东、明珠路北
用地面积：30100m^2
建筑面积：1328787.4m^2
设计时间：2014.08—2016.01
竣工时间：2018.02
获奖信息：二等奖
设计团队：徐海涛　段方武　刘利勇　袁树雄　宦　斌
秦　凯　李　炎　连　亚　张婷婷　刘　璐
庞　涛　王　萍　高　娜　孔德超　吕　艳

总平面图

设计简介

本项目的商业配套沿市政路布置，高层住宅布置在基地外围，留出大尺度中心景观，形成景观与建筑一体化布局。锦绣湖畔以新古典建筑风格为蓝本，将大气的独特气质融于整个项目规划中，将建筑融于超大尺度景观绿化中，高层围绕中心景观布置，在保证景观均衡性的前提下，强调景观共享，充分体现内侧看景，外侧与周边环境立体交融的特色。简约而气派的立面是锦绣湖畔建筑最显著的特点。设计运用刚柔并济的横竖线条、简约的顶部退台造型将简约的符号融于建筑的顶部及墙身细部，同时建筑底部则采用稳重而高雅的石材，以高贵、和谐的色彩组合，形成锦绣湖畔独特的高雅、大气、沉稳的新古典建筑气质。

在景观上，锦绣湖畔以“景观中心环绕”为理念，小区内拥有大尺度的集中绿化景观，将建筑融于景观，将建筑环抱中心景观。同时景观设计利用大尺度的中心空间，采用叠水瀑布、立体的绿化植栽、台地的艺术化处理和生活场景人物雕塑等园林景观手法，形成人与自然、人文与艺术辉映的立体园林景观。 在交通流线处理上，锦绣湖畔合理设计立体交通网络，地下车库出入口布置在基地外围，从小区入口即可入车库，最大限度地减少对住户的干扰，为车主提供最大的便利和舒适性，同时组团地面无车化设计，实现了完全的人车分流，保证组团景观的完整性，也提供了一个安全的居住环境。

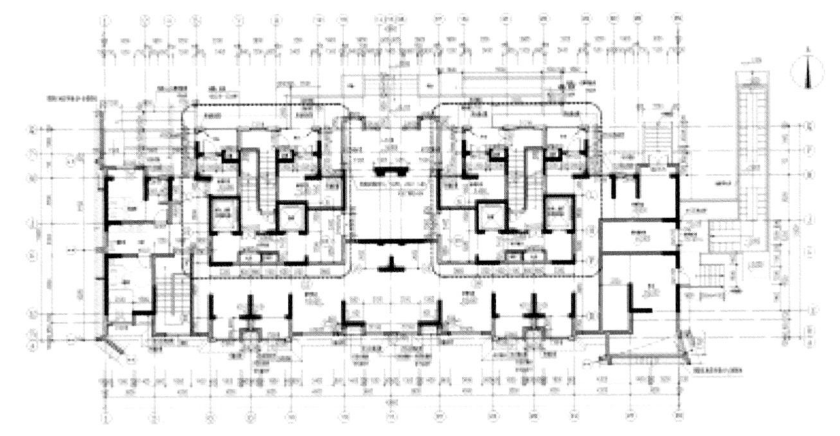

一层平面图

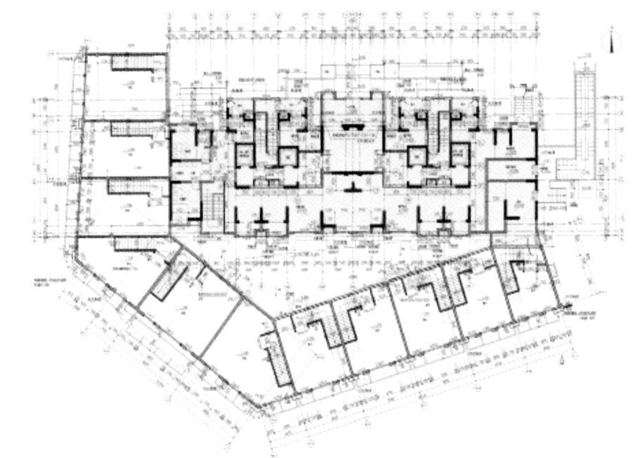

商业 4 号楼二层平面图

冯梦龙村党建文化馆二期工程（卖油郎油坊）

项 目 类 型： 村镇建筑
设 计 单 位： 启迪设计集团股份有限公司
建 设 地 点： 苏州市黄埭镇冯梗上村
用 地 面 积： 681.7m²
建 筑 面 积： 147.75m²
设 计 时 间： 2018.10—2019.03
竣 工 时 间： 2019.03
获 奖 信 息： 二等奖
设 计 团 队： 查金荣 张筠之 张 颖 陆 勤 张智俊
杨 柯 刘 阳 邓春燕 刘晓飞 陈 苏
马 琦 张 哲 周春雷 王加伟 高 翔

总平面图

设计简介

本项目选址于冯梦龙纪念馆西南侧废弃农宅。农宅分为三间民房，由北至南一字排开，与院墙围合成狭长的庭院。北侧两栋民房均为一层辅房，南侧一栋为两层主房。通过对场地的调研以及对古法榨油工艺中各工序所需空间形态的分析，设计保留北侧两栋一层民房，对南侧两层民房进行原样重建，在保留外部造型尺度不变的情况下调整内部空间尺寸。不仅维持了原有场地的场所感，保留了原有场地的空间记忆，同时还合理地植入了“油坊”这一全新的功能业态。因为植入了“油坊”生产加工性质的功能，所以涉及工艺流线，同时考虑游客的参观游线，本项目的建筑设计以流线为主导，串联各功能房间，以达到一个形式与功能相结合的有机整体。

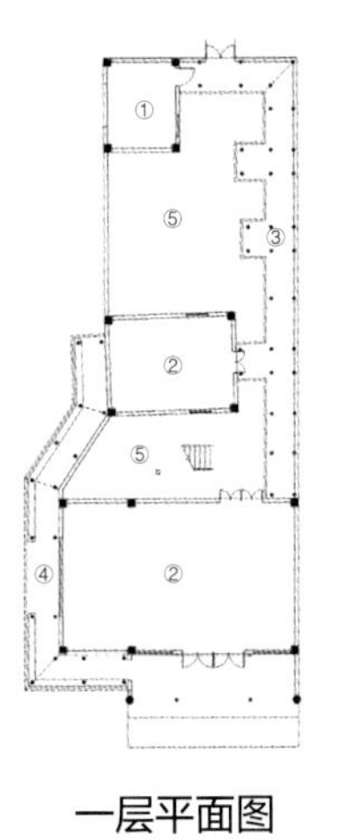

一层平面图

②
⑥

①售卖部
②展厅
③展廊
④景观廊
⑤内院
⑥阳台

二层平面图

改造分析图

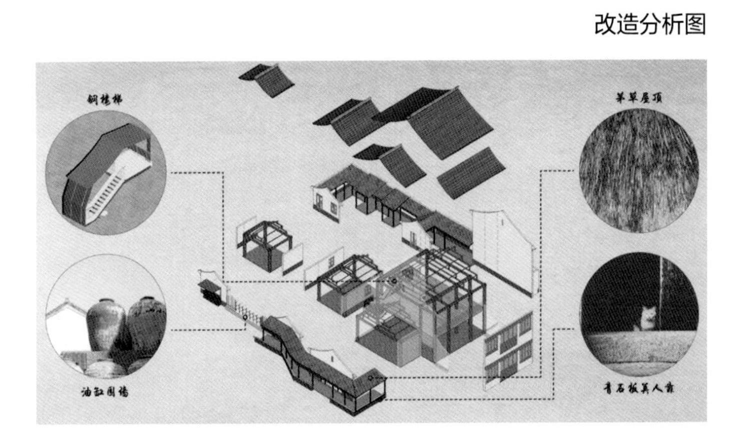

溧阳市曹山花居接待中心及主题民宿

项目类型： 村镇建筑
设计单位： 江苏美城建筑规划设计院有限公司
建设地点： 上兴塘镇牛马塘村与后张村
用地面积： 38053.75m^2
建筑面积： 13720m^2
设计时间： 2018.06—2018.09
竣工时间： 2019.06
获奖信息： 二等奖
设计团队： 孙振华 王 旭 高文桥 郑拥星 冯玉珠 胥国平 朱旭东 杨 优 陈士军 廖 振 程 鹏 杨 帆 韩立慧 韩 磊 王 静

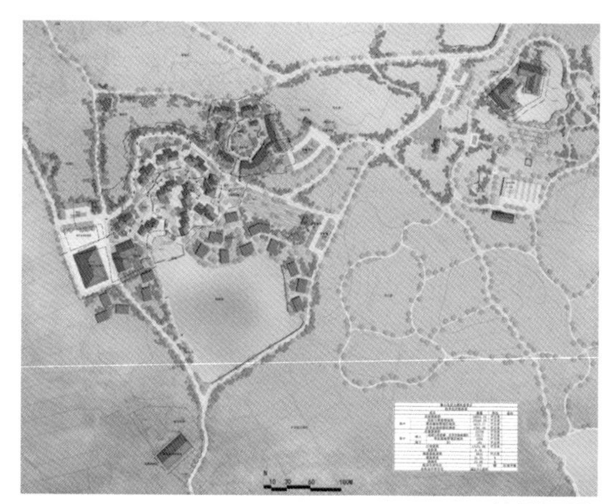
总平面图

设计简介

本规划包括花居、美食邨、文旅主题区、共享农场体验区与草花基地服务区五大部分，以花居为核心，打造完整、多功能、全服务的主题民宿。花居由9栋民宿客房组成，以花街为核心，实现了邻水景观面打造。美食邨由山里人家、汉相家宴与4栋一户一品的特色美食建筑组成。文旅主题区由两个文旅综合活动中心组成。共享农场体验区则是全区域的配套中心，兼具有机品尝与土产商超的功能。草花基地服务区由一栋接待中心组成。建筑布局遵循现状的村庄肌理，将建筑、道路、环境有机结合，体现新农村的新风尚。

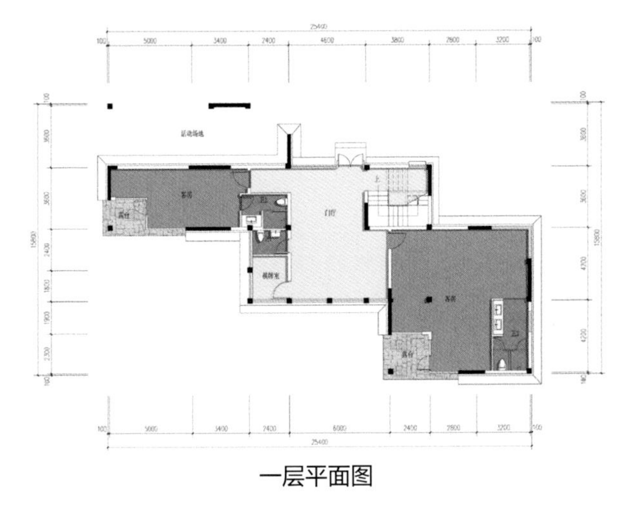

一层平面图

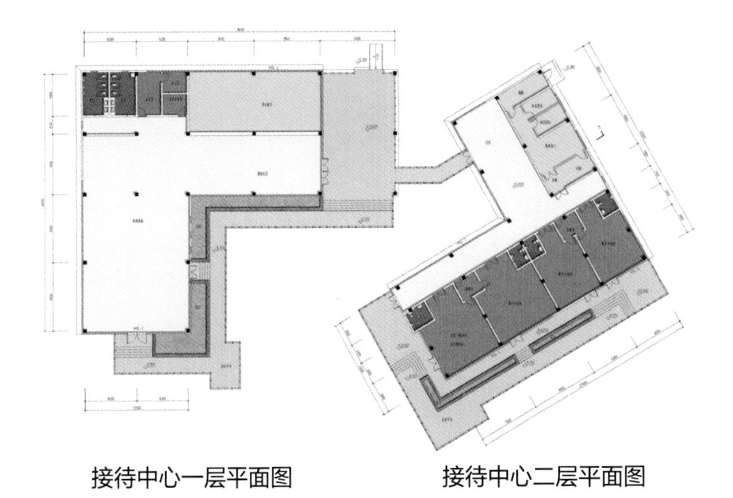

接待中心一层平面图　　接待中心二层平面图

江苏省溧阳市上兴镇牛马塘村游客服务中心工程项目

项目类型： 村镇建筑
设计单位： 江苏省城镇与乡村规划设计院
北京云翔建筑设计有限公司（合作）
建设地点： 溧阳市上兴镇牛马塘村
用地面积： 1610m²
建筑面积： 323m²
设计时间： 2017.08—2018.08
竣工时间： 2018.10
获奖信息： 二等奖
设计团队： 赵 毅 任 天 陈 超 黄明健 徐 宁
何 姝 武君臣 钟 超 钱 栋 郑刚强
蒋 伟 胡 斌 狄 超

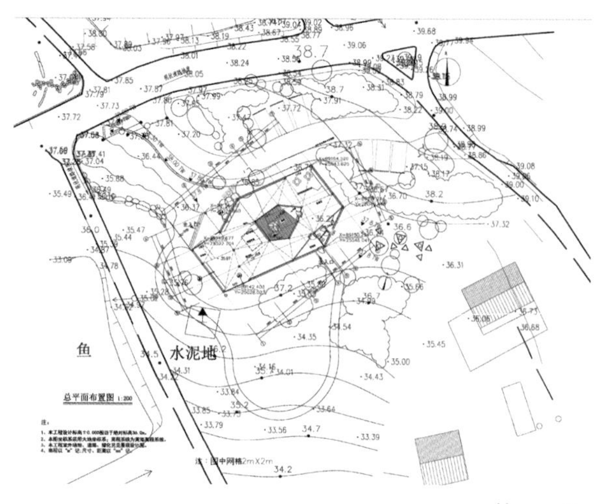

总平面图

设计简介

溧阳“一号公路”是溧阳乡村振兴的崭新名片，是推动全域旅游的重要载体。牛马塘村作为江苏省首批特色田园乡村建设试点村，坐落于曹山脚下，自然环境优越，开门见山，水系环村。牛马塘游客中心，兼具一号公路驿站功能，旨在打造集文化展示、村民游客休憩、交通驿站于一体的村口建筑。驿站的建筑形式运用连续的折面，仿佛起伏的山峰，屋面用青石石瓦，显得稳重而现代，建筑整体与不远处曹山的高低错落遥相呼应，和自然融为一体。同时建筑屋面的连续变化，使形体关系统一和谐，成为村庄入口处的亮丽景色。

一层平面图

小青瓦
夯土墙
金属檐沟
石材砌筑
管理间
展厅
庭院
展厅

1-1 剖面图

苏州大学附属第一医院平江分院地下人防工程

项目类型： 地下建筑与人防工程
设计单位： 苏州市天地民防建筑设计研究院有限公司
同济大学建筑设计研究院（集团）有限公司（合作）
建设地点： 苏州市姑苏区平洗路900号
建筑面积： 14205m^2
设计时间： 2010.04—2011.03
竣工时间： 2017.06
获奖信息： 二等奖
设计团队： 张卫东 高 晨 徐云中 王宇翔 戴 逸
吕云霞 范海江 邵 珏 韩 燕 林 炜
徐卫锋 蔡小燕 徐 栋

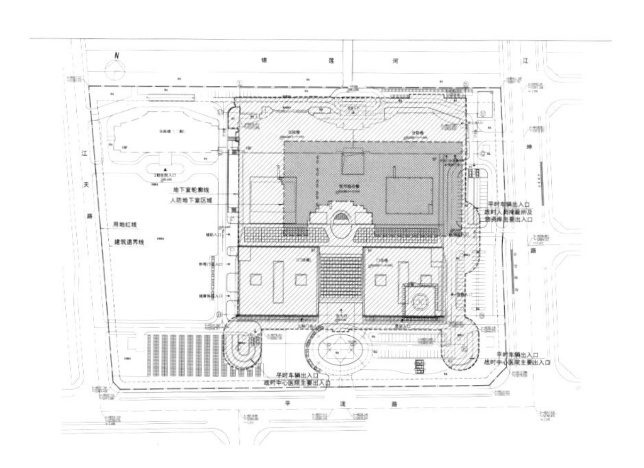

总平面图

设计简介

本设计结合地下一层“平时”医院放射治疗科、地下药库、病案室等用房设置了“战时”一等医疗救护工程（中心医院），在其上方地下一层停车库区域，设置了二等人员掩蔽、物资库等工程。人防上下叠加设置，高等级的人防工程置于低等级人防工程下方，对高等级中心医院的“战时”防护作用更加有利，中心医院也因此可以按一个人防单元考虑，对放射治疗科、地下药库、病案室等平时功能区的分隔不致带来不利影响。经多次与业主及地面医院设计方沟通和协调，基本做到了“平战时”的房间格局高度保持一致，保证“战时”医院能够在“临战”前的规定时间内，快捷迅速地转换功能，达到“战时”使用要求。中心医院结合“平时”平面布局，“战时”各功能单元独立成区成片，各单元与内部环廊连通，流线清晰，联系方便，提高了战时使用效率。

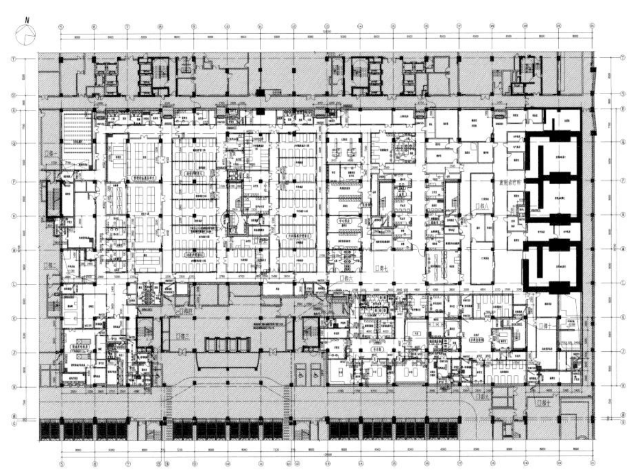

中心医院“战时”平面图

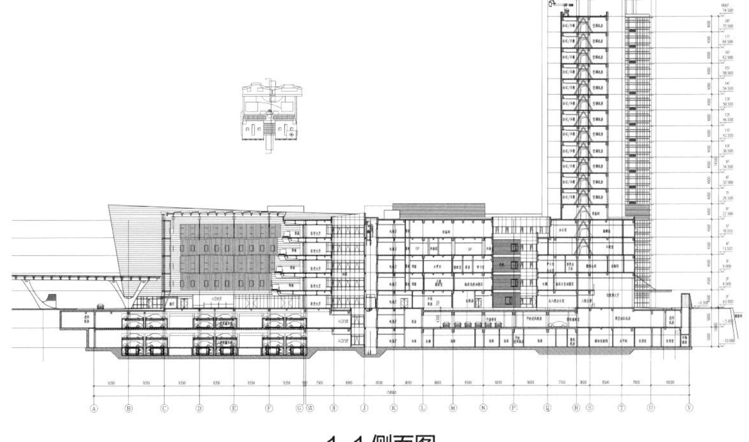

1-1 侧面图

常州工程职业技术学院地下工程技术中心

项目类型： 装配式建筑
设计单位： 常州市规划设计院
建设地点： 隔湖路以南、玉兰路以西、樱花路以东
用地面积： $489372m^2$
建筑面积： $9158.78m^2$
设计时间： 2015.12—2016.12
竣工时间： 2018.09
获奖信息： 二等奖
设计团队： 邢　亮　倪伟伟　李雪峰　赵　刚　程　震　张　坚　金林飞　朱玲玲　金立早　朱炜亮　钱　峥　姚　卫　朱天瑜　游程赢　孙大伟

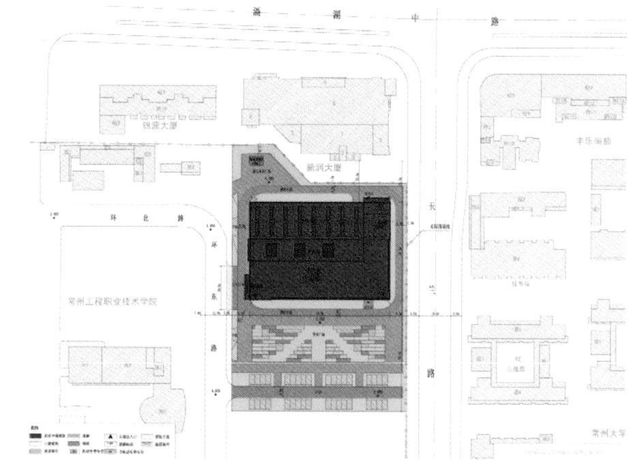

总平面图

设计简介

整个建筑功能分三个部分，北侧单跨功能为盾构机实验实训操作区，是12米通高区域；中部单跨区域功能为工程耐久性实验区、结构性能试验区，配置10T桁车；南侧和东侧为研究办公和建工实训教育。建筑立面以半实墙为主，其中多层建筑采用干挂石材，营造完整、规矩、富有肌理感的立面，单层建筑采用波纹彩钢板外包装饰，通过不同立面材质和凹凸外墙穿插组合，以适宜的比例和尺度，形成整体稳重的立面肌理，给人以心理和视觉的冲击。

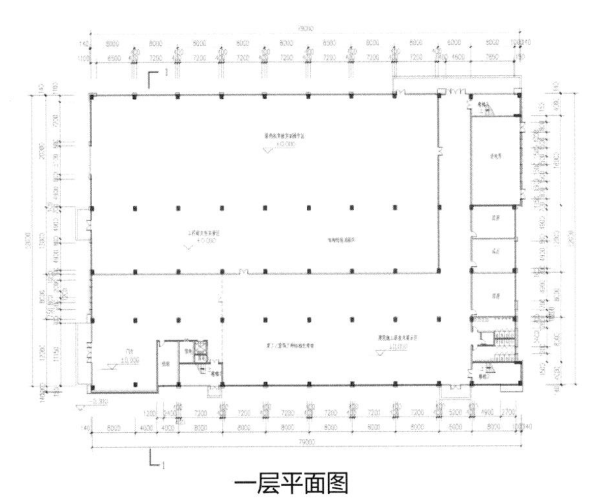

一层平面图

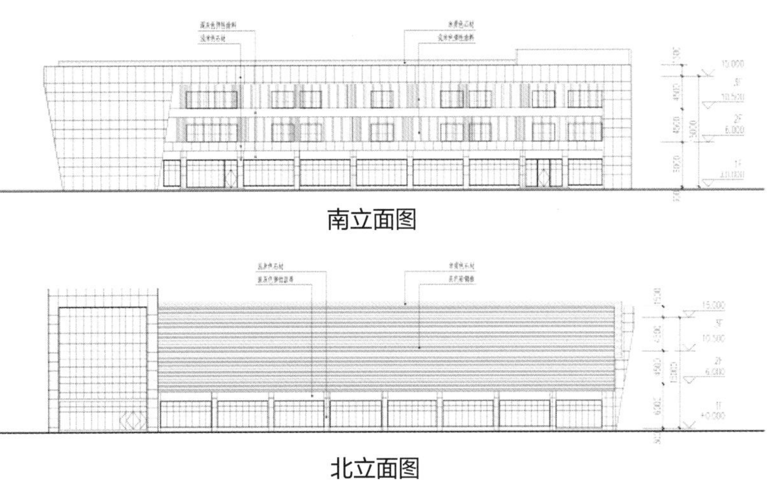

南立面图

北立面图

三等奖作品

江苏·优秀建筑设计作品
2020

公共建筑

吴江盛家库老街启动区c区
中衡设计集团股份有限公司

华衍水务安徽省江北水质检测中心
中衡设计集团股份有限公司

博世汽车部件（芜湖）有限公司新建厂房项目
中衡设计集团股份有限公司

苏州相城天虹广场
苏州华造建筑设计有限公司
悉地国际设计顾问（深圳）有限公司（合

苏州高新区实验初级中学锦峰路校区
苏州建设（集团）规划建筑设计院有限责任公司
上海力本规划建筑设计有限公司（合作）

南京大学仙林国际化校区电子科学
南京大学建筑规划设计研究院有限公司

江苏师范大学分析测试中心
东南大学建筑设计研究院有限公司

仙林湖社区服务中心
江苏龙腾工程设计股份有限公司

淮安市内城河（周信芳故居段）建筑更新与环境提升工程
江苏美城建筑规划设计院有限公司

展鸿大厦
江苏美城建筑规划设计院有限公司

江苏兴化农村商业银行办公大楼
东南大学建筑设计研究院有限公司

瘦西湖路新金融商务综合体
扬州市建筑设计研究院有限公司

娇山湖中学建设项目
江苏原土建筑设计有限公司

盐城航空大厦
盐城市建筑设计研究院有限公司

海州开发区商务中心项目
连云港市建筑设计研究院有限责任公司

无线谷科技园研发楼
东南大学建筑设计研究院有限公司

仪征市滨江新城整体城镇化一期项目（中医院东区分院）
山东省建筑设计研究院有限公司

苏州大学附属第二医院高新区医院扩建医疗项目一期工程
中国中元国际工程有限公司

将军山中学新建
江苏东方建筑设计有限公司

东方公馆6号楼
江苏政泰建筑设计集团有限公司

国家安科园园区服务中心
徐州中国矿业大学建筑设计咨询研究院有限公司

盐城市监管中心
盐城市建筑设计研究院有限公司

南通圆融——港闸C15039地块
南通市规划设计院有限公司

苏州柯利达装饰股份有限公司研发楼
中铁华铁工程设计集团有限公司
上海直造建筑设计工作室（有限合伙）（合作）

新建科技环保研发楼
苏州东吴建筑设计院有限责任公司
上海优联佳建筑规划设计有限公司（合作）

宿豫区豫新小学
淮安市建筑设计研究院有限公司
江苏天园项目管理集团有限公司（合作）

灵璧县人民检察院办案和专业技术用房
江苏华海建筑设计有限公司

泗洪县公安局交通警察大队车驾管业务用房
江苏天园项目管理集团有限公司

公共建筑

泰州市公安局特警队反恐训练基地工程设计
江苏省方圆建筑设计研究有限公司

中国医药城六期标准厂房工程设计
江苏省方圆建筑设计研究有限公司

徐州市第一中学新城区校区
深圳市建筑设计研究总院有限公司

沛县实验小学
中国江苏国际经济技术合作集团有限公

中国科学院电子学研究所——苏州园区建设项目
启迪设计集团股份有限公司

玉山幼儿园项目
启迪设计集团股份有限公司
苏州九城都市建筑设计有限公司（合作

常熟南部新城商业广场（永旺梦乐城）
启迪设计集团股份有限公司

(DK20160186地块)苏州工业园区青剑湖高中
启迪设计集团股份有限公司

大丰市丰华国际服务中心
启迪设计集团股份有限公司

环古城南新路改造整治工程
启迪设计集团股份有限公司

启东市社会福利中心建设工程
上海联创设计集团股份有限公司

南京NO.2012G84地块（H地块H-1#~H-2#(共两栋)及地下车
江苏筑森建筑设计有限公司

常州市罗溪镇全民健身活动中心
江苏筑森建筑设计有限公司
上海城拓建筑设计事务所有限公司（合作）

常州横塘河湿地公园项目——绿建
江苏筑森建筑设计有限公司

句容吾悦广场（华阳镇宁杭南路东侧、长龙山路南侧局部地块开发项目）
江苏筑森建筑设计有限公司

朗高电机新能源汽车电机工厂
启迪设计集团股份有限公司

城铁新城幼儿园
启迪设计集团股份有限公司

沭阳县档案馆
江苏远瀚建筑设计有限公司

常州市钟楼区玖玖江南护养中心
江苏筑森建筑设计有限公司

湖州潘店村金斗山郎部抗日纪念馆建筑设计
苏州园林设计院有限公司

陆家镇菉溪幼儿园（昆山市菉溪幼儿园）
苏州中海建筑设计有限公司

云舟宾客中心
苏州古镇联盟建筑设计有限公司

金证南京研发中心
江苏省建筑设计研究院有限公司

江苏省政务服务中心及公共资源交易中心二期
江苏省建筑设计研究院有限公司

南通农村商业银行总部大楼
南通勘察设计有限公司

南京海峡城A-2地块
江苏浩森建筑设计有限公司

扬州昌建广场一期
南京市建筑设计研究院有限责任公司

中海左岸澜庭生活馆项目（NO.新区2018G06地块31号楼）
南京长江都市建筑设计股份有限公司

公共建筑

常州市第二实验小学青龙校区建设项目
常州市规划设计院

华兴源创电子科技项目（DK20140094地块）
联创时代（苏州）设计有限公司

北外附属如皋龙游湖外国语学校体育、食堂综合楼
如皋市规划建筑设计院有限公司
东南大学建筑学院（合作）

醴陵市创新创业服务中心
中国核工业华兴建设有限公司

徐州市矿山路第二小学
江苏华晟建筑设计有限公司

南通市通州区南山寺——藏经楼
南通四建集团建筑设计有限公司

常州市新北区新桥第二小学
江苏筑森建筑设计有限公司

常州市第三中学易地新建工程
常州市规划设计院
华南理工大学建筑设计研究院有限公司（合作）

渔沟实验学校
江苏大洲工程项目管理有限公司（原淮东华建筑设计院有限公司）

安徽省林散之书画院
江苏东方建筑设计有限公司

吴江思贤实验小学秋枫校区
苏州市建筑工程设计院有限公司

南通中学艺术教育中心综合楼
南通市规划设计院有限公司
东南大学（合作）

微创骨科苏州项目——2号综合楼
启迪设计集团股份有限公司

常州市金坛区殡仪馆遗址新建项目
江苏凯联建筑设计有限公司

徐州市中心医院新城区分院二号全科医生临床培养基地
徐州市建筑设计研究院有限责任公司
清华大学建筑设计研究院有限公司（合作）

新海岸·熙墅湾——A10号楼
连云港市建筑设计研究院有限责任公司

XDG—2011—58地铁商业办公项目
无锡市建筑设计研究院有限责任公司

XDG—2014—39号地块开发建设项目（酒店3）
启迪设计集团股份有限公司

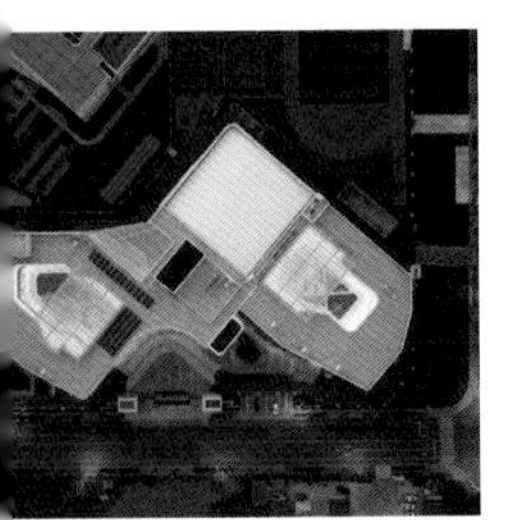

江北新区胡桥路小学（及幼儿园）
江苏省建筑设计研究院有限公司

中央商务区小学
江苏中锐华东建筑设计研究院有限公司

苏州太平中学及高铁新城第三幼儿园
中亿丰建设集团股份有限公司

XDG—2010—67号地块商业、酒店、办公用房（奥凯商业广场）
南京长江都市建筑设计股份有限公司

镇江市丹徒区宜城第一小学
江苏中森建筑设计有限公司

象山小学
江苏中森建筑设计有限公司

工程技术服务中心——食堂
江苏时代建筑设计有限公司

南通市经济技术开发区能达小学
南通市建筑设计研究院有限公司
上海久瑞建筑设计有限公司（合作）

南通大众燃气有限公司服务调度中心
南通市建筑设计研究院有限公司
同济大学建筑设计研究院（集团）有限公司（合作）

宿迁东关口历史文化公园（水关公园）仿古建筑勘察、设计项目
南京市园林规划设计院有限责任公司

公共建筑

江苏中星微电子研发测试基地
东南大学建筑设计研究院有限公司

周恩来红军小学南校区建设项目
淮安市城市建设设计研究院有限公司
江苏都市前沿建筑设计咨询有限公司（合作）

苏州农业职业技术学院东山分校
启迪设计集团股份有限公司

南通沃尔玛山姆店（C17008地块
南通市建筑设计研究院有限公司

南川园四期功能区——CR13028地块
南通市建筑设计研究院有限公司
中通服咨询设计研究院有限公司（合作）

无锡市春阳路小学新建项目
建筑方案、扩初及施工图
江苏中锐华东建筑设计研究院有限公司

古尔兹一期B地块项目
南京城镇建筑设计咨询有限公司

城镇住宅和住宅小区

融创石湖桃花源（苏地2010-B-39号项目）
中衡设计集团股份有限公司
大象建筑设计有限公司（合作）

融创山景玉园
（苏州新区58号地块项目）
中衡设计集团股份有限公司
大象建筑设计有限公司（合作）

新城公馆四期
江苏筑森建筑设计有限公司

武进高新区北区人民东路南侧、火
北路西侧地块
江苏筑原建筑设计有限公司

星河国际四期八区
江苏筑原建筑设计有限公司

安庆新城吾悦华府二期
江苏筑原建筑设计有限公司
江苏筑森建筑设计有限公司（合作）

九里花园（保利江苏常州月季路项目、银杏路北侧、月季路东侧CX——030303地块开发项目）
江苏筑原建筑设计有限公司

望山居（常熟市2016A-012地块项目）
苏州安省建筑设计有限公司

XDG-2006-48号西水东5号地块
江苏天奇工程设计研究院有限公司

澄地2010-C-104地块商品房项目（三期）
江苏中锐华东建筑设计研究院有限公司

丁家庄二期（含柳塘片区）保障性住房项目A27地块
南京鼎辰建筑设计有限责任公司
东南大学建筑设计研究院有限公司（合作）

河西南部NO.2015G08地块项目
南京长江都市建筑设计股份有限公司

梅山老生活区职工集资建房一期
南京市建筑设计研究院有限责任公司

宿迁金鹰花园4号地块（一期）
南京长江都市建筑设计股份有限公司

XDG-2009-74号地块
江苏城归设计有限公司

雅戈尔· 织金华庭（苏地2016—WG—34号地块）
苏州科技大学设计研究院有限公司

正大凯悦Z08地块
江苏博森建筑设计有限公司

NO.2017G23地块房地产开发项目
南京城镇建筑设计咨询有限公司

城镇住宅和住宅小区

花样城项目（一期、二期）
南京长江都市建筑设计股份有限公司

南京高淳海尔智慧城
江苏东方建筑设计有限公司

当代·MOMA
（苏地2016-WG-12号地块项目 ）
中铁华铁工程设计集团有限公司
上海天华建筑设计有限公司（合作）

XDG-2016-13号地块（A组团
无锡市建筑设计研究院有限责任公司

银城颐居悦见山（NO.2016G99项目）
南京长江都市建筑设计股份有限公司

江宁区江宁街道
NO2015G14地块项目
深圳华森建筑与工程设计顾问有限公

华侨城翡翠天域
（NO.2016G77—BC地块）
南京长江都市建筑设计股份有限公司

丁家庄二期保障性住房项目
南京城镇建筑设计咨询有限公司
东南大学建筑设计院有限公司（合作

无锡海岸城66号地块项目
江苏城归设计有限公司

连云港凤凰国际城（三期）
连云港市建筑设计研究院有限责任公

南山湖一号
南通四建集团建筑设计有限公司

镇建筑

昆山加拿大国际学校二期工程设计
启迪设计集团股份有限公司

常熟市锦荷学校及幼儿园新建工程
苏州安省建筑设计有限公司

迁建太平社区卫生服务中心
苏州城发建筑设计院有限公司

张浦镇金华村老年活动中心新建工程
苏州规划设计研究院股份有限公司
中国美术学院风景建筑设计研究院总院有限公司（合作）

新建敔山湾幼儿园项目
江苏中锐华东建筑设计研究院有限公司

花吉村新型农村示范社区
江苏铭城建筑设计院有限公司

下建筑与人防工程

苏州国际博览中心三期（人防工程）
启迪设计集团股份有限公司

江苏省政务服务中心及公共资源交易中心（二期）人防地下室
江苏省建筑设计研究院有限公司

南京奥南项目 B 地块地下车库
南京地下工程建筑设计院有限公司

时代国际广场地下室（人防工程）
南京地下工程建筑设计院有限公司

平泷路（广济路—人民路）地下空间工程
悉地（苏州）勘察设计顾问有限公司
中铁第四勘察设计院集团有限公司（合作）

涟水外国语学校滨河分校
扬州市建筑设计研究院有限公司

横溪街道土地综合整治安置房项目（丹阳地块）D地块幼儿园
江苏龙腾工程设计股份有限公司

长山学校附属用房（3号办公、食堂综合楼）装配式建筑设计
镇江市规划勘测设计集团有限公司

附录（获奖项目索引）

江苏·优秀建筑设计作品
2020

一等奖丨公共建筑（28项）

项目	设计单位
杜克教育培训中心（一期）3号培育楼	中衡设计集团股份有限公司
徐州回龙窝历史街区游客服务中心	中衡设计集团股份有限公司
宿迁市宿城区文化体育中心	中衡设计集团股份有限公司
第十届江苏省园艺博览会（扬州仪征）博览园建设项目——主展馆项目	东南大学建筑设计研究院有限公司 南京工业大学建筑设计研究院（合作）
启迪数字科技城（句容）科技园B地块展示中心	启迪设计集团股份有限公司
南京大学新建仙林校区新闻传播学院楼项目	南京大学建筑规划设计研究院有限公司 南京张雷建筑设计事务所有限公司（合作）
软件谷学校——南京外国语学校雨花国际学校	东南大学建筑设计研究院有限公司
西交利物浦大学（DK20100293地块）体育馆工程	江苏省建筑设计研究院有限公司
皇粮浜地块改造项目（一期）	江苏筑森建筑设计有限公司
苏州高新区成大实验小学校	苏州九城都市建筑设计有限公司
德基广场二期	南京市建筑设计研究院有限责任公司 美国 Li Min Ching Associates （LMA Design LLC）建筑设计公司（合作）
亳州市城市规划展览馆、城建档案馆	东南大学建筑设计研究院有限公司
苏州第二图书馆	东南大学建筑设计研究院有限公司 GMP 国际建筑事务所（合作）
大兆瓦风机新园区项目	启迪设计集团股份有限公司
文旅万和广场（苏地2012-G-57号地块项目）	启迪设计集团股份有限公司
永康崇德学校	江苏中锐华东建筑设计研究院有限公司
宿州市政务服务中心综合大楼——市民广场	南京大学建筑规划设计研究院有限公司
六合区文化城	东南大学建筑设计研究院有限公司

项目	设计单位
江苏省供销合作经济产业园项目	江苏省建筑设计研究院有限公司
苏州生命健康小镇会客厅	苏州九城都市建筑设计有限公司 东南大学建筑学院（合作）
新纬壹国际生态科技园（2011G68 一期项目）产业园 BC 区	江苏省建筑设计研究院有限公司
银城 Kinma Q+ 社区（NO.2003G04 地块 B-2、B-3 项目继续建设）	南京长江都市建筑设计股份有限公司
丁家庄二期保障性住房项目	南京城镇建筑设计咨询有限公司 东南大学建筑设计院有限公司（合作）
南捕厅历史城区大板巷示范段保护与更新项目	东南大学建筑设计研究院有限公司
中花岗保障性住房地块公建配套项目	东南大学建筑设计研究院有限公司
南京世茂智汇园 &52+Mini Mall（NO.2015G56 项目 B 地块）	江苏省建筑设计研究院有限公司 上海成执建筑设计有限公司（合作）
爱涛商务中心	南京大学建筑规划设计研究院有限公司
无锡恒隆广场（裙房及西塔楼）	江苏城归设计有限公司 凯达环球有限公司（合作）

一等奖 | 城镇住宅和住宅小区（5项）

项目	设计单位
苏地 2016-WG-42 号地块	苏州华造建筑设计有限公司 上海都设营造建筑设计事务所有限公司（合作）
扬州万科第五园项目（622 地块二期）	南京长江都市建筑设计股份有限公司 上海骏地建筑设计事务所股份有限公司（合作）
安品街牙檀巷	南京长江都市建筑设计股份有限公司 中国建筑设计研究院有限公司（合作）
南京鲁能公馆	南京长江都市建筑设计股份有限公司
江宁横溪甘村长库项目（NO.2009G48 地块项目）	南京兴华建筑设计研究院股份有限公司

一等奖 | 村镇建筑（3项）

项目	设计单位
苏州相城区黄埭镇冯梦龙村冯梦龙图书馆	苏州九城都市建筑设计有限公司 东南大学建筑学院（合作）
西浜村农房改造工程二期	中国建筑设计研究院有限公司 苏州金典铭筑装饰设计（合作） 中诚建筑设计有限公司（合作）
佘村社区服务中心	东南大学建筑设计研究院有限公司

二等奖 | 公共建筑（63项）

项目	设计单位
苏州工业园区旺墩路幼儿园	中衡设计集团股份有限公司
苏州工业园区东延路小学	中衡设计集团股份有限公司
浒墅关经济技术开发区文体中心	中衡设计集团股份有限公司
太湖新城吴江开平路以北水秀街以西地块商住用房项目	中衡设计集团股份有限公司 Benoy 贝诺（合作）
太湖新城吴江开平路以北风清街以西地块商住用房项目	中衡设计集团股份有限公司 Benoy 贝诺（合作）
吴江盛家库历史街区一期项目	中衡设计集团股份有限公司
博世汽车技术服务（中国）有限公司 111 生产厂房项目	中衡设计集团股份有限公司
江苏省国土资源厅地质灾害应急技术指导中心 暨国土资源部地裂缝地质灾害重点实验室项目	东南大学建筑设计研究院有限公司
南湖社区综合服务中心	南京大学建筑规划设计研究院有限公司
上饶市广丰区九仙湖婚姻民俗文化村设计	扬州市建筑设计研究院有限公司
青岛港即墨港区综合服务中心	南京大学建筑规划设计研究院有限公司 南京南华建筑设计事务所有限责任公司（合作）
上合组织（连云港）智慧物流信息服务中心	连云港市建筑设计研究院有限责任公司
中国移动通信集团江苏有限公司南通分公司生产调度中心	东南大学建筑设计研究院有限公司

江南农村商业银行“三大中心”建设工程	东南大学建筑设计研究院有限公司
中国（南京）软件谷附属小学	南京金宸建筑设计有限公司
射阳县第三中学	盐城市建筑设计研究院有限公司
如东县文化中心建设工程项目	同济大学建筑设计研究院（集团）有限公司
昆山市花桥黄墅江幼儿园	苏州九城都市建筑设计有限公司
苏州港口发展大厦	启迪设计集团股份有限公司
国裕大厦二期项目设计	启迪设计集团股份有限公司
苏地 2016-WG-10 号地块 1 号楼商品房住宅项目	启迪设计集团股份有限公司 山水秀建筑设计事务所（合作）
苏州市阳澄湖生态休闲旅游度假区阳澄湖码头游客集散中心	苏州江南意造建筑设计有限公司 隈研吾建筑都市设计事务所（合作）
江苏如皋农村商业银行股份有限公司新建办公大楼	江苏省建筑设计研究院有限公司
常州弘阳广场（DN-010302 地块）商业项目 7 号楼	江苏筑森建筑设计有限公司
扬州广陵区体操馆	江苏筑森建筑设计有限公司
南通大学附属医院新建门诊楼	东南大学建筑设计研究院有限公司
天隆寺地铁上盖物业项目	南京金宸建筑设计有限公司 法国荷斐德建筑设计公司（合作）
南京晓庄学院方山校区学生宿舍	南京金宸建筑设计有限公司
常州市轨道交通工程控制中心及综合管理用房	江苏筑森建筑设计有限公司
镇江市京口区人民法院新建审判法庭	江苏中森建筑设计有限公司
紫一川温泉馆	苏州古镇联盟建筑设计有限公司 Wutopia Lab（俞挺工作室）（合作）

中恒电气生产基地改扩建项目	江苏中锐华东建筑设计研究院有限公司
之江第一中学	江苏中锐华东建筑设计研究院有限公司
证大南京喜玛拉雅中心项目二期（南京证大大拇指广场 C、D 地块）	南京金宸建筑设计有限公司 MAD 建筑师事务所（合作）
南京青奥中心项目——超高层塔楼	深圳华森建筑与工程设计顾问有限公司 中国建筑设计研究院（合作） Zaha Hadid Architects（合作）
河西南部市政综合体	南京城镇建筑设计咨询有限公司
南京河西新城四小工程项目	江苏省建筑设计研究院有限公司
江阴九方广场	江苏中锐华东建筑设计研究院有限公司
南京江宁车辆综合性能检测站东善分站	南京长江都市建筑设计股份有限公司
南京航空航天大学将军路校区民航教学实验研究中心	南京长江都市建筑设计股份有限公司
西津渡镇屏山文化街区复兴项目	江苏省建筑设计研究院有限公司 东南大学建筑设计研究院有限公司（合作）
滨湖新区政务服务招商中心	苏州东吴建筑设计院有限责任公司
新龙路小学	南京大学建筑规划设计研究院有限公司
南京银城君颐东方国际康养社区（NO.2014G97）项目	南京长江都市建筑设计股份有限公司 栖城（上海）建筑设计事务所有限公司（合作）
江苏康缘集团总部暨创新中药研究与 GLP 安全评价中心项目二期工程	南京市建筑设计研究院有限责任公司
南京 NO.2012G83-1 号地块	南京市建筑设计研究院有限责任公司
溧阳市城投艺体馆	南京大学建筑规划设计研究院有限公司
欢乐广场项目	南京城镇建筑设计咨询有限公司
高淳区北部新城小学和初中项目	东南大学建筑设计研究院有限公司

扬州市射击运动中心	扬州市建筑设计研究院有限公司 江苏省建筑设计研究院有限公司（合作）
安徽省广德县文化中心	东南大学建筑设计研究院有限公司
新医药产业园公共服务平台一期	连云港市建筑设计研究院有限责任公司 未来都市（苏州工业园区）规划建筑设计事务所有限公司（合作） 悉地国际设计顾问（深圳）有限公司（合作）
江苏铭城建筑设计院有限公司办公大楼（燕铭华庄 28 号）	江苏铭城建筑设计院有限公司
中阿（联酋）产能合作示范园管理服务中心大楼	中国江苏国际经济技术合作集团有限公司
高铁新城体育馆项目	启迪设计集团股份有限公司
明珠城丹桂苑 15 号地块商业体项目——新湖广场	启迪设计集团股份有限公司
中国移动苏州研发中心项目二期	启迪设计集团股份有限公司
南京平安大厦（NO.2015G02 项目）	南京金宸建筑设计有限公司
南京普迪五金机电城板桥市场建设一期	南京大学建筑规划设计研究院有限公司
生态新城枫香路小学（淮安市实验小学新城校区东校区）	淮安市建筑设计研究院有限公司
太湖新城吴郡幼儿园建筑工程设计	启迪设计集团股份有限公司
上海师范大学附属嘉善实验学校（小学部）	江苏筑森建筑设计有限公司 北京和立实践建筑设计咨询有限公司（合作）
安徽金寨干部学院三期	东南大学建筑设计研究院有限公司

二等奖 | 城镇住宅和住宅小区（12 项）

南京九间堂项目二期 50 栋	中衡设计集团股份有限公司
苏洲府（苏地 2016-WG-2 号地块）	中衡设计集团股份有限公司 上海寰思建筑设计事务所（合作）
运和蓝湾（931、GZ006 地块）	江苏筑森建筑设计有限公司

金东方颐养园三期	江苏筑森建筑设计有限公司
苏州香溪源（兴吴路南、鲈乡北路东地块）	江苏筑原建筑设计有限公司 苏州华造建筑设计有限公司（合作）
美好易居城智慧养老社区（地块三领域）一期	无锡市建筑设计研究院有限责任公司
南通万科白鹭郡（R16004 地块项目）	江苏浩森建筑设计有限公司
NO.2015G62 地块项目（B 地块）	南京市建筑设计研究院有限责任公司
中信泰富 · 扬州锦园	扬州市建筑设计研究院有限公司
西花岗西地块保障房项目 A1，A2 地块	南京兴华建筑设计研究院股份有限公司
九月森林二期	南京市建筑设计研究院有限责任公司 GOA 大象建筑设计有限公司北京分公司（合作）
锦绣湖畔	江苏华晟建筑设计有限公司

二等奖 | 村镇建筑（3 项）

冯梦龙村党建文化馆二期工程（卖油郎油坊）	启迪设计集团股份有限公司
溧阳市曹山花居接待中心及主题民宿	江苏美城建筑规划设计院有限公司
江苏省溧阳市上兴镇牛马塘村游客服务中心工程项目	江苏省城镇与乡村规划设计院 北京云翔建筑设计有限公司（合作）

二等奖 | 地下建筑与人防工程（1 项）

苏州大学附属第一医院平江分院地下人防工程	苏州市天地民防建筑设计研究院有限公司 同济大学建筑设计研究院（集团）有限公司（合作）

二等奖 | 装配式建筑（1 项）

常州工程职业技术学院地下工程技术中心	常州市规划设计院

三等奖 | 公共建筑(91项)

项目	设计单位
吴江盛家库老街启动区c区	中衡设计集团股份有限公司
华衍水务安徽省江北水质检测中心	中衡设计集团股份有限公司
博世汽车部件(芜湖)有限公司新建厂房项目	中衡设计集团股份有限公司
苏州相城天虹广场	苏州华造建筑设计有限公司 悉地国际设计顾问(深圳)有限公司(合作)
苏州高新区实验初级中学锦峰路校区	苏州建设(集团)规划建筑设计院有限责任公司 上海力本规划建筑设计有限公司(合作)
南京大学仙林国际化校区电子科学楼	南京大学建筑规划设计研究院有限公司
江苏师范大学分析测试中心	东南大学建筑设计研究院有限公司
仙林湖社区服务中心	江苏龙腾工程设计股份有限公司
淮安市内城河(周信芳故居段)建筑更新与环境提升工程	江苏美城建筑规划设计院有限公司
展鸿大厦	江苏美城建筑规划设计院有限公司
江苏兴化农村商业银行办公大楼	东南大学建筑设计研究院有限公司
瘦西湖路新金融商务综合体	扬州市建筑设计研究院有限公司
娇山湖中学建设项目	江苏原土建筑设计有限公司
盐城航空大厦项目	盐城市建筑设计研究院有限公司
海州开发区商务中心项目	连云港市建筑设计研究院有限责任公司
无线谷科技园研发楼	东南大学建筑设计研究院有限公司
仪征市滨江新城整体城镇化一期项目(中医院东区分院)	山东省建筑设计研究院有限公司

苏州大学附属第二医院高新区医院扩建医疗项目一期工程	中国中元国际工程有限公司
将军山中学新建	江苏东方建筑设计有限公司
东方公馆 6 号楼	江苏政泰建筑设计集团有限公司
国家安科园园区服务中心	徐州中国矿业大学建筑设计咨询研究院有限公司
盐城市监管中心	盐城市建筑设计研究院有限公司
南通圆融——港闸 C15039 地块	南通市规划设计院有限公司
苏州柯利达装饰股份有限公司研发楼	中铁华铁工程设计集团有限公司 上海直造建筑设计工作室（有限合伙）（合作）
新建科技环保研发楼	苏州东吴建筑设计院有限责任公司 上海优联佳建筑规划设计有限公司（合作）
宿豫区豫新小学	淮安市建筑设计研究院有限公司 江苏天园项目管理集团有限公司（合作）
灵璧县人民检察院办案和专业技术用房	江苏华海建筑设计有限公司
泗洪县公安局交通警察大队车驾管业务用房	江苏天园项目管理集团有限公司
泰州市公安局特警队反恐训练基地工程设计	江苏省方圆建筑设计研究有限公司
中国医药城六期标准厂房工程设计	江苏省方圆建筑设计研究有限公司
徐州市第一中学新城区校区	深圳市建筑设计研究总院有限公司
沛县实验小学	中国江苏国际经济技术合作集团有限公司
中国科学院电子学研究所——苏州园区建设项目	启迪设计集团股份有限公司
玉山幼儿园项目	启迪设计集团股份有限公司 苏州九城都市建筑设计有限公司（合作）
常熟南部新城商业广场（永旺梦乐城）	启迪设计集团股份有限公司

（DK20160186地块）苏州工业园区青剑湖高中	启迪设计集团股份有限公司
大丰市丰华国际服务中心	启迪设计集团股份有限公司
环古城南新路地块改造整治工程	启迪设计集团股份有限公司
启东市社会福利中心建设工程	上海联创设计集团股份有限公司
南京 NO.2012G84 地块（H 地块）H-1#~H-2#(共两栋）及地下车库	江苏筑森建筑设计有限公司
常州市罗溪镇全民健身活动中心	江苏筑森建筑设计有限公司 上海城拓建筑设计事务所有限公司（合作）
常州横塘河湿地公园项目——绿建展厅	江苏筑森建筑设计有限公司
句容吾悦广场（华阳镇宁杭南路东侧、长龙山路南侧局部地块开发项目）	江苏筑森建筑设计有限公司
朗高电机新能源汽车电机工厂	启迪设计集团股份有限公司
城铁新城幼儿园	启迪设计集团股份有限公司
沭阳县档案馆	江苏远瀚建筑设计有限公司
常州市钟楼区玖玖江南护养中心	江苏筑森建筑设计有限公司
湖州潘店村金斗山郎部抗日纪念馆建筑设计	苏州园林设计院有限公司
陆家镇菉溪幼儿园（昆山市菉溪幼儿园）	苏州中海建筑设计有限公司
云舟宾客中心	苏州古镇联盟建筑设计有限公司
金证南京研发中心	江苏省建筑设计研究院有限公司
江苏省政务服务中心及公共资源交易中心二期	江苏省建筑设计研究院有限公司
南通农村商业银行总部大楼	南通勘察设计有限公司

南京海峡城 A-2 地块	江苏浩森建筑设计有限公司
扬州昌建广场一期	南京市建筑设计研究院有限责任公司
中海左岸澜庭生活馆项目(NO. 新区 2018G06 地块 31 号楼)	南京长江都市建筑设计股份有限公司
常州市第二实验小学青龙校区建设项目	常州市规划设计院
常州市第三中学易地新建工程	常州市规划设计院 华南理工大学建筑设计研究院有限公司(合作)
华兴源创电子科技项目(DK20140094 地块)	联创时代(苏州)设计有限公司
渔沟实验学校	江苏大洲工程项目管理有限公司 (原淮安东华建筑设计院有限公司)
北外附属如皋龙游湖外国语学校体育、食堂综合楼	如皋市规划建筑设计院有限公司 东南大学建筑学院(合作)
安徽省林散之书画院	江苏东方建筑设计有限公司
醴陵市创新创业服务中心	中国核工业华兴建设有限公司
吴江思贤实验小学秋枫校区	苏州市建筑工程设计院有限公司
徐州市矿山路第二小学	江苏华晟建筑设计有限公司
南通中学艺术教育中心综合楼	南通市规划设计院有限公司 东南大学(合作)
南通市通州区南山寺——藏经楼	南通四建集团建筑设计有限公司
微创骨科苏州项目——2 号综合楼	启迪设计集团股份有限公司
常州市新北区新桥第二小学	江苏筑森建筑设计有限公司
常州市金坛区殡仪馆遗址新建项目	江苏凯联建筑设计有限公司
徐州市中心医院新城区分院二号全科医生临床培养基地	徐州市建筑设计研究院有限责任公司 清华大学建筑设计研究院有限公司(合作)

项目	设计单位
新海岸·熙墅湾——A10 号楼	连云港市建筑设计研究院有限责任公司
XDG—2011—58 地铁商业办公项目	无锡市建筑设计研究院有限责任公司
XDG—2014—39 号地块开发建设项目（酒店 3）	启迪设计集团股份有限公司
江北新区胡桥路小学（及幼儿园）	江苏省建筑设计研究院有限公司
中央商务区小学	江苏中锐华东建筑设计研究院有限公司
苏州太平中学及高铁新城第三幼儿园	中亿丰建设集团股份有限公司
XDG—2010—67 号地块商业、酒店、办公用房（奥凯商业广场）	南京长江都市建筑设计股份有限公司
镇江市丹徒区宜城第一小学	江苏中森建筑设计有限公司
象山小学	江苏中森建筑设计有限公司
工程技术服务中心——食堂	江苏时代建筑设计有限公司
南通市经济技术开发区能达小学	南通市建筑设计研究院有限公司 上海久瑞建筑设计有限公司（合作）
南通大众燃气有限公司服务调度中心	南通市建筑设计研究院有限公司 同济大学建筑设计研究院（集团）有限公司（合作）
宿迁东关口历史文化公园（水关公园）仿古建筑勘察、设计项目	南京市园林规划设计院有限责任公司
江苏中星微电子研发测试基地	东南大学建筑设计研究院有限公司
周恩来红军小学南校区建设项目	淮安市城市建设设计研究院有限公司 江苏都市前沿建筑设计咨询有限公司（合作）
苏州农业职业技术学院东山分校	启迪设计集团股份有限公司
南通沃尔玛山姆店（C17008 地块）	南通市建筑设计研究院有限公司
南川园四期功能区——CR13028 地块	南通市建筑设计研究院有限公司 中通服咨询设计研究院有限公司（合作）

无锡市春阳路小学新建项目建筑方案、扩初及施工图	江苏中锐华东建筑设计研究院有限公司
古尔兹一期 B 地块项目	南京城镇建筑设计咨询有限公司

三等奖 | 城镇住宅和住宅小区（29 项）

融创石湖桃花源（苏地 2010-B-39 号项目）	中衡设计集团股份有限公司 大象建筑设计有限公司（合作）
融创山景玉园（苏州新区 58 号地块项目）	中衡设计集团股份有限公司 大象建筑设计有限公司（合作）
新城公馆四期	江苏筑森建筑设计有限公司
武进高新区北区人民东路南侧、火炬北路西侧地块	江苏筑原建筑设计有限公司
星河国际四期八区	江苏筑原建筑设计有限公司
安庆新城吾悦华府二期	江苏筑原建筑设计有限公司 江苏筑森建筑设计有限公司（合作）
九里花园（保利江苏常州月季路项目、银杏路北侧、月季路东侧 CX-030303 地块开发项目）	江苏筑原建筑设计有限公司
望山居（常熟市 2016A-012 地块项目）	苏州安省建筑设计有限公司
XDG-2006-48 号西水东 5 号地块	江苏天奇工程设计研究院有限公司
澄地 2010-C-104 地块商品房项目（三期）	江苏中锐华东建筑设计研究院有限公司
丁家庄二期（含柳塘片区）保障性住房项目 A27 地块	南京鼎辰建筑设计有限责任公司 东南大学建筑设计研究院有限公司（合作）
河西南部 NO.2015G08 地块项目	南京长江都市建筑设计股份有限公司
梅山老生活区职工集资建房一期	南京市建筑设计研究院有限责任公司
宿迁金鹰花园 4 号地块（一期）	南京长江都市建筑设计股份有限公司
XDG-2009-74 号地块	江苏城归设计有限公司

雅戈尔．织金华庭（苏地 2016—WG—34 号地块）	苏州科技大学设计研究院有限公司
正大凯悦 Z08 地块	江苏博森建筑设计有限公司
NO.2017G23 地块房地产开发项目	南京城镇建筑设计咨询有限公司
花样城项目（一期、二期）	南京长江都市建筑设计股份有限公司
南京高淳海尔智慧城	江苏东方建筑设计有限公司
当代 · MOMA（苏地 2016-WG-12 号地块项目 ）	中铁华铁工程设计集团有限公司 上海天华建筑设计有限公司（合作）
XDG-2016-13 号地块 （A 组团）	无锡市建筑设计研究院有限责任公司
银城颐居悦见山（NO.2016G99 项目）	南京长江都市建筑设计股份有限公司
江宁区江宁街道 NO2015G14 地块项目	深圳华森建筑与工程设计顾问有限公司
华侨城翡翠天域（NO.2016G77-BC 地块）	南京长江都市建筑设计股份有限公司
丁家庄二期保障性住房项目	南京城镇建筑设计咨询有限公司 东南大学建筑设计院有限公司（合作）
无锡海岸城 66 号地块项目	江苏城归设计有限公司
连云港凤凰国际城（三期）	连云港市建筑设计研究院有限责任公司
南山湖一号	南通四建集团建筑设计有限公司

三等奖 | 村镇建筑（6 项）

昆山加拿大国际学校二期工程设计	启迪设计集团股份有限公司
常熟市锦荷学校及幼儿园新建工程	苏州安省建筑设计有限公司
迁建太平社区卫生服务中心	苏州城发建筑设计院有限公司

张浦镇金华村老年活动中心新建工程	苏州规划设计研究院股份有限公司 中国美术学院风景建筑设计研究院总院有限公司（合作）
新建敔山湾幼儿园项目	江苏中锐华东建筑设计研究院有限公司
花吉村新型农村示范社区	江苏铭城建筑设计院有限公司

三等奖 | 地下建筑与人防工程（5项）

苏州国际博览中心三期（人防工程）	启迪设计集团股份有限公司
江苏省政务服务中心及公共资源交易中心（二期）人防地下室	江苏省建筑设计研究院有限公司
南京奥南项目 B 地块地下车库	南京地下工程建筑设计院有限公司
时代国际广场地下室（人防工程）	南京地下工程建筑设计院有限公司
平泷路（广济路－人民路）地下空间工程	悉地（苏州）勘察设计顾问有限公司 中铁第四勘察设计院集团有限公司（合作）

三等奖 | 装配式建筑（3项）

涟水外国语学校滨河分校	扬州市建筑设计研究院有限公司
横溪街道土地综合整治安置房项目（丹阳地块）D 地块幼儿园	江苏龙腾工程设计股份有限公司
长山学校附属用房（3 号办公、食堂综合楼）装配式建筑设计	镇江市规划勘测设计集团有限公司